Marathon im All

Reiner Klingholz

Marathon im All

Die einzigartige Reise des Raumschiffes Voyager 2

westermann

CIP-Titelaufnahme der Deutschen Bibliothek

Klingholz, Reiner:
Marathon im All: die einzigartige Reise des
Raumschiffes Voyager 2 / Reiner Klingholz. – Braunschweig:
Westermann, 1989
ISBN 3-07-509233-9

© Georg Westermann Verlag GmbH, Braunschweig 1989
Druck und Bindung: westermann druck GmbH, Braunschweig

ISBN 3-07-509233-9

Inhalt

Die sieben Milliarden Kilometer Tour
Ein rasender Roboter erreicht den Planeten Neptun   6

Aufbruch ins Unendliche
Start der Raumsonde Voyager 2 zu den Planeten
Jupiter, Saturn, Uranus und Neptun   16

Wirbelstürme und Vulkane
Jupiter und seine Monde   28

Der Herr der Ringe
Saturn und seine Monde   59

Helden, die keiner braucht
Was hat der Mensch im All verloren?   90

Der Planet der Neuzeit
Uranus und seine Monde   102

Von Parkfield zum Pluto
Nachrichten aus der galaktischen Provinz   134

Der blaue Gott der Meere
Neptun und seine Monde   150

Ist da wer?
Die vergebliche Suche nach den Außerirdischen   180

Who ist who im Weltall?
Die Planeten und ihre Monde   193

Literatur zum Thema   199

Die sieben Milliarden Kilometer Tour

Ein rasender Roboter erreicht den Planeten Neptun

Es schien, als wäre ein Raumschiff nach langer Reise in die Heimat zurückgekehrt. Die Raumsonde Voyager 2 funkte Fotos von einem tiefblauen Planeten unter weißen Wolken nach Hause, der aussah wie die gute alte Erde. Voyager fotografierte einen Mond, auf dem es speiende Vulkane und gefrorene Meere gab, die anmuteten wie das Schwarze Meer oder der Aralsee im Winter. Das Raumschiff übermittelte Bilder von einer weißen Sichel am schwarzen Himmel, die genausogut von dem Mond hätten stammen können, der zur gleichen Zeit über dem Jet Propulsion Laboratory (JPL) im kalifornischen Pasadena aufgegangen war.

Doch die Aufnahmen von Voyager kamen aus einer fernen, fremden Welt: Nach einer zwölfjährigen, über sieben Milliarden Kilometer weiten Reise bis zum Rand des Sonnensystems hatte der rasende Roboter an einem Donnerstagabend im Sommer 1989 den Planeten Neptun erreicht. Am 24. August, um 21 Uhr pazifischer Zeit, überflog Voyager den Nordpol des Neptun in einem Abstand von 4850 Kilometern, nutzte die Schwerkraft des Planeten als kosmische Schleuder und ließ sich mit Tempo 98 350 nach Süden umlenken. Fünf Stunden und 14 Minuten später passierte die Sonde den Neptunmond Triton. Die Mission von Voyager 2 war erfüllt.

Seither fliegt das Raumschiff wie ein Stein im freien Fall aus unserem Sonnensystem. Nächste Station auf der endlosen Tour durch die Milchstraße ist der Stern Ross 248. Voyager wird ihn im Jahr 40 155 in einem Abstand von 1,65 Lichtjahren passieren.

Die Flugingenieure im Kontrollzentrum des JPL mußten sich nach dem Voyager-Rendezvous mit Neptun noch vier Stunden und sechs Minuten gedulden. Dann erst, als die Funksignale der Sonde mit Lichtgeschwindigkeit durch das All gerast waren und die Riesenantennen der Nasa im australischen Canberra erreicht hatten, erfuhren die Forscher, daß der Sturzflug über den Pol geglückt war. Die erlösende Nachricht kam um kurz nach ein Uhr in der Nacht, und die Techniker hatten eine unvorstellbare Präzisionsarbeit geleistet: Nach zwölf Jahren Flug war Voyager gerade 32 Kilometer vom Kurs abgekommen und hatte das Ziel mit einer Verspätung von 1,4 Sekunden erreicht. Eine Zielgenauigkeit, als würde ein Golfer einen Ball in Oslo schlagen und direkt in ein Loch bei Algier versenken.

Anschließend konnte das Voyagerteam, seit Stunden und Tagen im Koffein- und Adrenalinrausch, den Erfolg des alternden Raumschiffes getrost mit einer Flut von kalifornischem Champagner — Jahrgang 1985 — begießen. Das liebste Spielzeug der amerikanischen Astronomen hatte auf einer genial geplanten Tour alle vier großen äußeren Planeten des Sonnensystems besucht — und das war mehr, als die Forscher ursprünglich erwarten konnten. Nur der Zwerg Pluto, normalerweise der letzte Planet der solaren Rotationsgemeinschaft, lag nicht auf Voyagers Reiseroute. Und er wird auch in absehbarer Zeit keinen Besuch von der Erde bekommen.*

Voyager 2, ein Raumschiff der amerikanischen Raumfahrtbehörde Nasa, das aussieht wie eine überdimensionale Salatschüssel mit Spinnenbeinen, hatte jeden Tag durchschnittlich 1,7 Millionen Kilometer zurückgelegt. Das entspricht einer Geschwindigkeit, mit der man in 42 Sekunden von München nach Hamburg reisen könnte.

Auf der Sightseeing-Tour von Planet zu Planet hatte die Sonde eine Menge gesehen von der Welt: Gewitterblitze über Jupiter, Schwefeleruptionen auf dessen Mond Io, Abertausende von Ringen um Saturn, ein Magnetfeld um Uranus, das einen korkenzieherartigen Schweif hinter sich herzieht oder den Mond Miranda, der in seiner Geschichte mehrfach zertrümmert wurde, und der seine turbulente Vergangenheit kaum verbergen kann. Doch dem bizarrsten Objekt sollte Voyager erst am Ende der ganzen Reise begegnen: dem eisspeienden Neptunmond Triton.

„Triton", meinte Larry Sonderblom, ein Geologe aus Flagstaff in Arizona, angesichts des astronomischen Wunderlandes, „ist das irrwitzigste Ding, das wir jemals gesehen haben." Zwei Tage nach dem Voyager-Vorbeiflug an Triton konnte Sonderblom, der Leiter der „Mond-Arbeitsgruppe" am JPL, zeigen, was er damit gemeint hatte: „Zugegeben, das ist eine verrückte Idee", sagte Sonderblom, und deutete auf ein paar dunkle Flecken eines Fotos von Triton, „aber es ist die beste, die wir haben. Was sie dort sehen, das sind Vulkane. Und wenn sie mich fragen, ich glaube, daß die heute aktiv sind. Es scheint, als seien sie während der letzten hundert Jahre ausgebrochen."

Vulkane auf einem Mond, auf dem Temperaturen von minus 236 Grad Celsius herrschen? Geysirartige Eruptionen und fließende Lava an dem kältesten Ort, den die

---

* Pluto ist eigentlich der neunte und äußerste Planet im Sonnensystem. Da er sich aber auf einer sehr exzentrischen Bahn um die Sonne bewegt, kreuzt er mitunter für einen relativ kurzen Zeitraum den Orbit des Neptun und steht der Sonne dann näher als dieser. Eine solche Phase begann im Jahr 1977 und sie wird 1999 enden. Während dieser zwanzig Jahre nimmt Neptun die Position des äußersten Sonnentrabanten ein.

Wissenschaftler im gesamten Sonnensystem kennen? Das war in der Tat eine verrückte Idee. Auf den Fotos, die Sonderblom präsentiert hatte, waren eigenartige Löcher zu erkennen, von denen dunkle Flecken ausgingen, die wie vom Winde verweht erschienen. Es sah wirklich so aus, als hätte Voyager mit den Kameras von oben in einen Vulkanschlund fotografiert, der einen dunklen Staub herausgepustet hatte. Von den Südwestwinden abgetrieben, war er offenbar stromlinienförmig über einer Fläche von einigen tausend Quadratkilometern abgeregnet. Eine ganze Reihe dieser verdrifteten Vulkanauswürfe waren auf der Südhemisphäre des Mondes zu sehen. Aus der Ferne schien es, als hätten auf Triton Dutzende von Buschfeuern gewütet.

Instant Science

Im Prinzip ist es ziemlich gleichgültig, ob auf einem Mond des Neptun ein Vulkan ausbricht, der Busch brennt, oder die Linde rauscht. Für die Bewohner des Planeten Erde — immerhin viereinhalb Milliarden Kilometer von diesem seltsamen Gebilde entfernt — hätte keine der drei Möglichkeiten eine größere Bedeutung. Die Erkundung des äußeren Sonnensystems hat keinen zwingend praktischen Grund. Weder gibt es dort etwas zu holen, noch wird je ein Mensch seinen Fuß auf Triton setzen. Es ist reine wissenschaftliche Neugier, die den Bewohner der Erde dorthin treibt, wo er eigentlich nichts verloren hat.

Und wissenschaftlich gesehen war die Voyagermission eine Sensation. Die Sonde hatte eine neue, unbekannte Welt entdeckt. Kein anderer Roboter hatte zuvor vier Planeten hintereinander besucht. „Es wird andere Raumschiffe geben", sagte Bradford Smith, der Chef des Voyager-Bildteams, „aber im kommenden Jahrtausend wird man sich immer an diese Reise erinnern. Das ist wie bei Magellan, der als erster die Welt umsegelt hat. Viele folgten ihm, aber wer kennt noch ihre Namen?"

Natürlich hatten die Forscher eine gewisse Vorstellung davon, was sie am Ende des Sonnensystems erwarten würde. Aber je weiter Voyager in die Tiefen das Alls vordrang, um so weniger hatten diese Gedankengebäude mit der Realität zu tun. Auch zu Triton, dem eisigen Mond am Rande unserer kleinen Welt, hatten sich die Astronomen allerlei Theorien ausgemalt. Die meisten lösten sich im Vakuum des Raumes auf, als Voyager die ersten Ergebnisse zur Erde funkte. Daraus entstanden neue Ideen, die genauso schnell wieder verworfen wurden. „Genau das ist Wissenschaft", sagte Andrew Ingersoll vom California Institute of Technology in Pasadena, „wenn wir alles schon vorher wüßten, bräuchten wir ja gar nicht erst hinzufliegen."

„Instant Science", nennen die Astronomen am JPL dieses Feuerwerk neuer Theorien während einer Encounterphase: Ein Roboter liefert Daten aus dem All, die in Pasadena wie eine Art Tütensuppe ankommen. Die Planetologen schütten diese Daten in ihre Computer, rühren einmal kräftig um und servieren die Ergebnisse. Daß dabei nicht immer die edelsten Speisen entstehen, liegt auf der Hand. Tütensuppen bleiben eben Tütensuppen. Irgendetwas fehlt ihnen.

Vor fast dreißig Jahren, als die Forscher am JPL zum ersten Mal über eine „Grand Tour" zu den äußeren Planeten nachdachten, waren Monde wie Triton so ziemlich das letzte, wofür sich Wissenschaftler interessierten. Sie galten als steinige, eisige Objekte, seit Urzeiten erkaltet und geologisch tot, allenfalls gebeutelt von dem Bombardement der Meteoritenschauer — kurzum: leere, öde Kraterwüsten. Ein Blick auf den Erdenmond schien diese Vorurteile zu bestätigen, und als 1969 die ersten Apollo-Astronauten im „Meer der Stille" landeten, fanden sie tatsächlich einen recht langweiligen Ort vor.

Doch Voyager stellte alle Erwartungen auf den Kopf: Auf dem Jupitermond Io fanden die Kameras des Raumschiffes brodelnde Vulkane, die 300 Kilometer hohe Schwefelfontänen in den schwarzen Himmel spuckten. Europa, der Nachbarmond von Io, war in eine kilometerdicke Eisdecke gehüllt, unter der womöglich ein riesiger Ozean aus Wasser schwappt. Der Saturnmond Titan verbarg sich unter einer dichten rotbraunen Smogschicht, in der vielleicht Reaktionen ablaufen, die zu einer Vorstufe von biologischem Leben führen. Auf Enceladus, dem hellsten Mond im Sonnensystem, scheint es zumindest in früheren Zeiten einmal Eisvulkane gegeben zu haben, die das Terrain mit einer blendend hellen Schicht aus Eiskristallen bedeckt haben. Der Uranusmond Miranda entpuppte sich als planetarisches Sammelsurium aus allen möglichen geologischen Formationen — vermutlich ein Resultat gewaltiger Kollisionen mit Meteoriten oder Kometen. Neben diesen Sehenswürdigkeiten fand Voyager Dutzende von kleinen, zuvor unbekannten Monden.

Im Kühlfach des Kosmos

Die Wissenschaftler am JPL waren also auf einiges gefaßt, als der Roboter sich dem Neptunmond Triton näherte. Dennoch mußten sie sich verwundert die geröteten Augen reiben, als in der langen Encounternacht das erste superscharfe Bild des Mondes über die Fernsehschirme flimmerte. „Wow! Welch ein Abschied vom Sonnensystem", jubilierte Larry Sonderblom. Die Fotos zeigten gefrorene Seen zwischen Bergen und Hügeln, Flächen mit Meteoritenkratern, Spalten und Gräben, eine magische Landschaft in orangenen, violetten und blauen Farbtönen.

Vor dem Voyager-Vorbeiflug war Triton ein weißer Fleck auf der Karte des Sonnensystems. „Mit Sicherheit können wir nur zwei Dinge sagen", meinte der Nasa-Astronom

Dale Cruikshank, einer der wenigen „Experten" des unbekannten Triton, „wir wissen wo der Mond ist, und wie er heißt." Kein Wunder, daß angesichts des dürftigen Wissensstandes die Spekulationen nur so blühten. Sie reichten von der Vorstellung, der Mond sei unter einer dichten Wolkendecke versteckt, bis zu der Möglichkeit von Leben auf Triton, beziehungsweise in seinem Inneren.

Dale Cruikshank und sein Kollege Peter Silvaggio hatten 1975 durch das Teleskop auf dem Vulkan Mauna Kea in Hawaii geschaut und auf Triton Methan entdeckt — eine Substanz, die wir hierzulande als Erdgas kennen und zum Heizen und Kochen benutzen. Die Forscher glaubten, daß der größte Teil des Methans als Eis an der Oberfläche läge, ein kleinerer Teil aber als Gas in einer dünnen Hülle um den Mond waberte. Mit anderen Worten: Triton sollte eine Atmosphäre besitzen.

Aus dem Methan an der Oberfläche (und dem Wasser, dem Hauptbestandteil der Mondkruste) läßt sich bei Temperaturen um minus 210 Grad (so kalt, glaubten die Wissenschaftler, sei es auf Triton) eine wunderbare Landschaft modellieren: Gebirge aus felsenfestem Eis, fließende Gletscher, dazwischen Ozeane aus flüssigem Stickstoff und Vulkane, die aus dem Inneren des Mondes Wasserfontänen in den tags wie nachts schwarzen Himmel schleudern, die umgehend zu feinen Kristallen gefrieren.

Eine phantastische Vorstellung, vor allem deshalb, weil Ozeane und Meere uns Menschen den Eindruck von Oasen des Lebens vermitteln — selbst wenn sie mit einer rund minus 200 Grad kalten Flüssigkeit angefüllt sind.

Manche Planetologen glaubten, der Kern des Triton könnte genug Hitze bergen, um den Mantel des Mondes auf eine mäßig warme Temperatur anzuheizen. Warum, fragten sich einige Forscher, insbesondere, wenn sie zu lange in der „Loch Ness Monster Bar" unweit des JPL gesessen hatten, sollten in diesen warmen Gewässern keine biologischen Wesen existieren können, ähnlich wie im unwirtlichen Dunkel unserer irdischen Weltmeere? Dort schwimmen Kreaturen herum, die ohne Licht, ohne Sauerstoff und unter extremen Druckverhältnissen überleben können. Wenn es auf der Erde die Ozeane außen gibt, warum sollten dann nicht andere Welten existieren, auf denen die Meere innen liegen — mit einfachen Wesen wie Quallen, Würmern oder Seegurken, die sich dort wohl fühlen wie bei uns ein Fisch im Wasser? Ein tritonischer „Fisch", den es zufällig mit einem Vulkanausbruch an die Oberfläche schleudern würde, wäre allerdings supertiefgefroren, bevor er nur einmal mit den Flossen schlagen könnte.

So unwahrscheinlich dieses Szenario eines Innenlebens des Triton ist, so gute Gründe gab es für die Existenz eines Meeres auf dem Mond: „Wir glauben", schrieben Robert Hamilton Brown und Dale Cruikshank 1985 in einem Beitrag für den *Scientific American*, „daß Triton einen Ozean besitzen kann."

Die beiden Wissenschaftler hatten Anfang der achtziger Jahre nach dem Methan auch noch Stickstoff auf dem Mond ausfindig machen können. Stickstoff, ein Gas, das auf der Erde den größten Teil der Atmosphäre ausmacht, kann bei Temperaturen um minus 218 Grad fest *oder* flüssig sein, je nachdem, was für ein Atmosphärendruck herrscht, und wie die tritonischen Temperaturen angesichts der seltsamen Tages- und Jahreszeiten auf dem Mond variieren. Vielleicht, grübelte Charles Kohlhase, ein Projektmanager des Voyagerteams, könnten die Kameras des Raumschiffes beim Überflug durch die Atmosphäre des Mondes spähen und in der Sonne funkelnde Stickstoffmeere fotografieren.

Welch ein atemberaubendes Bild: Am Horizont von Triton, dem Sohn des Meeresgottes Neptun, versinkt eine blitzende Sonne im Ozean, nicht größer als ein superheller Stern, während auf den Strand leise der Methanschnee rieselt und sanfte Stickstoffwogen an die gleißend hellen Gestade schlagen. Dale Cruikshank, der „Erfinder" der Triton-Gewässer, dachte allerdings eher an flache Pfützen oder kleinere Kraterseen — nicht an weite Ozeane.

Am Morgen des 21. August 1989, einen Tag nach dem zwölften Geburtstag von Voyager 2, war von diesen erhofften Mysterien noch nicht viel zu sehen. Auf den Bildschirmen im JPL flimmerte ein blauer Planet und daneben ein kleiner Punkt — der Mond Triton. Voyager war zu diesem Zeitpunkt drei Tage, elf Stunden und 43 Minuten, beziehungsweise 5 150 710 Kilometer von Neptun entfernt. Die Distanz zur Erde betrug 4,4 Milliarden Kilometer und die bisherige Reisedauer 4384 Tage, eine Stunde und 52 Minuten. Das Raumschiff raste mit einer Geschwindigkeit von 60 421 Kilometern in der Stunde auf den Planeten zu und wurde, angezogen von dessen Schwerkraft, mit jeder Sekunde schneller und schneller.

Triton, davon gingen die Planetologen aus, sollte ein großer Mond sein, vergleichbar mit dem Saturnmond Titan oder mit dem Erdenmond. Die genaue Größe des Neptuntrabanten war von der Erde aus nicht zu bestimmen — sie sollte irgendwo bei einem Durchmesser von 3000 bis 4000 Kilometern liegen. Doch Triton narrte die Experten: Der Satellit war kleiner als erwartet. „Je näher wir kamen, um so mehr ist er geschrumpft", berichtete Bradford Smith, „wir dachten schon, der verschwindet ganz, bis wir ihn erreichen. Aber im Moment scheint sich sein Durchmesser bei 2760 Kilometern stabilisiert zu haben."

Tage vor dem Vorbeiflug wurde auch deutlich, daß Triton heller war als vermutet. „Und heller bedeutet kälter", sagte Smith, „denn nur eine dunkle Oberfläche kann die Strahlung der Sonne ausreichend absorbieren." Eine große Hitze war auf dem fernen Mond ohnehin nicht zu erwarten, der nur 1/900 des Sonnenlichtes abbekommt, das wir auf der Erde empfangen.

Am 21. August schickte Voyager ein paar Bilder zum JPL, die mit der Telekamera der Sonde aufgenommen waren, und auf denen eine Art schmutziger, fusseliger Tennisball zu sehen war, auf dem der Haushund schon ein paar Wochen lang herumgekaut hat. Für den Laien haben derartige Aufnahmen den Charme eines Telefonbuches mit 800 weißen Seiten. Doch die Mondfreaks in Pasadena verbrachten bereits Tage und Nächte damit, an ihren Bildcomputern aus den Schemen ein paar Einzelheiten herauszuquälen.

Sie fanden, daß der violett anmutende Mond in zwei Zonen unterteilt war, dunkel im Norden und hell im Süden. Was immer diese Grenze zu bedeuten hatte, Voyager würde das Rätsel wahrscheinlich lösen können. „Genau in diesem Grenzgebiet", sagte Larry Sonderblom, „werden die Kameras in den frühen Morgenstunden des 25. August ein Mosaik von 12 hochauflösenden Schwarzweißfotos aufnehmen."

Aber warum war der Mond violett? Die Messungen von Dale Cruikshank hatten ihn in einer rotorangenen Farbe gezeigt. Und die war vermutlich entstanden, weil hochenergetische Strahlen aus dem Umfeld des Neptun das Methan bombardiert und zu langkettigen, gefärbten Molekülen umgewandelt hatten. Die Wissenschaftler hatten solche Methanzertrümmerung in ihren Labors auf der Erde rekonstruiert. Immer verfärbte sich das Methan zu rotorangenen Substanzen, die bei langer Bestrahlung zu einer teerartigen Masse verklebten. „Offenbar hat sich Triton in den vergangenen zehn Jahren verändert", bemerkte Cruikshank lapidar, „vielleicht hat das etwas mit den Jahreszeiten zu tun."

„Was hat dann die violette Farbe zu bedeuten?", wollten die ungeduldigen Reporter von Bradford Smith wissen. „Sind denn schon Meteoritenkrater auf Triton zu erkennen? Gibt es wirklich Ozeane aus flüssigem Stickstoff?" Und vor allem: „Wird man durch die Atmosphäre des Mondes blicken können, oder verhüllt Triton sein wahres Gesicht unter einem dichten Schleier?" Diese Fragen hatte sich Smith natürlich längst selbst gestellt. „So wartet doch noch ein paar Tage", wehrte der Astronom ab, „dann sehen die Tritonbilder ohnehin wieder ganz anders aus".

„Der Mond ist zu hell und damit zu kalt für flüssigen Stickstoff", konnte Smith wenig später mitteilen, als sein Team die neuesten Bilder gesichtet hatte. Also: keine Ozeane, keine Meere, nicht einmal Pfützen auf Triton. Voyager war dem Mond ein paar hunderttausend Kilometer nähergekommen, und schon verrannen Theorien, an denen die Astronomen Monate und Jahre gearbeitet hatten.

Triton gebärdete sich inzwischen wie ein Chamäleon. Als Smith am 23. August mit den neuesten Bildern unter dem Arm ankam, hatte sich das Farbspektrum schon wieder geändert: „Wir sehen jetzt einen violetten Mond mit einer blauen Region im Osten. Das ist das erste Mal, daß Voyager überhaupt die Farbe Blau auf einem Satelliten gefunden hat." Feine, nur mikrometergroße Methaneiskristalle könnten für die Färbung verantwortlich sein, spekulierte Smith, der sich mittlerweile sicher war, auf den verwaschenen

Aufnahmen wenigstens die Oberfläche des Mondes und nicht nur eine Wolkendecke zu erkennen.

Längst hatten die Meteorologen eine Erklärung für die Hell-Dunkel-Grenze auf dem Neptuntrabanten parat: Auf Triton herrschen extreme, jeweils 41 Erdenjahre lange Jahreszeiten. Jeder Pol liegt für 82 Jahre in der Sonne und anschließend genauso lange im Dunkeln. Zeit genug, so meinten die Wetterkundler, daß der Schnee im Laufe der Sommerzeit sublimieren* könnte, einem dunklen Untergrund Platz schaffen würde und sich auf der sonnenabgewandten Seite von Triton niederschlagen sollte. „Das Methan ist sozusagen immer auf der Flucht vor der Sonne", erläuterte Andrew Ingersoll, ein Fachmann für jede Art von Atmosphären.

In der Zwischenzeit drohten die Bildauswerter im JPL in einer Flut von Material zu ertrinken. Auf den Tischen der Büros und Labors türmten sich die Fotos, Kaskaden immer besserer Bilder kamen herein, und zur gleichen Zeit zogen auf den Fernsehmonitoren die allerneuesten „real time images" auf: Unbearbeitete Fotos, die direkt aus den Funksignalen von Voyager zusammengestellt und in allen Räumen im JPL zu sehen waren — im Pressezentrum, auf den Fluren, selbst in der Cafeteria und beim Pförtner. Jeder, vom Professor für Plasmaphysik bis zum bewaffneten Sicherheitsbeamten, konnte sich live davon überzeugen, welch ein faszinierender Mond Triton war.

Der orange-violett-blaue Mond hatte dem blauen Planeten mit seinen weißen Wolken und dem tiefschwarzen Ringsystem die Schau gestohlen. „Seit fünf Jahren predige ich, daß Triton ein interessanter Ort ist", sagte Ed Stone, der wissenschaftliche Leiter der Voyagermission, „aber das war wohl eine maßlose Untertreibung."

Währenddessen rätselte das Mondteam weiterhin über die Atmospäre Tritons. „Entweder wir finden eine dünne Methanhülle und einen niedrigen Luftdruck", erklärte Torrence Johnson vom JPL, der zuvor die verschiedensten Zusammensetzungen einer möglichen Atmosphäre durchgerechnet hatte, „oder eine dichte Stickstoff-Atmosphäre mit einem relativ hohen Druck." Letzteres sprach für ein regelrechtes „Wetter" auf dem Mond, mit Wolken und Winden, eventuell mit Schneestürmen.

Johnson brauchte nicht mehr lange auf die Lösung dieser Frage zu warten, denn am 24. August hatte Voyager ein atemberaubendes Programm zu bewältigen: Zappelnd und schwenkend flog die Sonde durch das All, richtete ihre Kameras und Meßinstrumente von einem Objekt auf das nächste. Hier ein paar Aufnahmen des Planeten Neptun, der mittlerweile das Bildfeld der Weitwinkelkamera füllte, dort einen Blick durch das Fernrohr auf Nereid, den kleinen, entfernten Bruder von Triton, den die Wissenschaftler nur als Punkt im Kosmos kannten, und den auch Voyager nur aus einer Distanz

---

* Eine Substanz sublimiert, wenn sie von einem festen in den gasförmigen Zustand übergeht (oder umgekehrt), ohne zwischenzeitlich die flüssige Phase zu durchlaufen.

von 4,7 Millionen Kilometern zu sehen bekam. Zwischendurch versuchte der Roboter die Zusammensetzung und die Temperatur der blauen Neptunatmosphäre zu ergründen, beobachtete, wie ein Stern hinter dem Horizont des Planeten versank, hielt nach den geheimnisvollen Neptunringen Ausschau und fotografierte die erst Tage zuvor neuentdeckten Kleinstmonde. Die Sonde sauste durch das Partikelgewitter der Ringebene, warf schnell noch einen Blick auf „1989 N1", den größten der „Neu-Monde", raste 46 Minuten später über Neptuns Nordpol und wurde dabei um rund 50 Grad nach Süden abgelenkt. Sechs Minuten danach verschwand Voyager im Schatten des Planeten und jagte schnell noch eine Ladung Radiowellen über Neptuns Horizont. Die Kameras schwenkten, schauten zurück Richtung Sonne, um den Planeten und die Ringe im Gegenlicht zu studieren, dann fegte das Raumschiff ein zweites Mal durch die Ringebene. Anschließend ging es Richtung Triton: Voyager überflog den Mond um zwei Uhr 14 pazifischer Zeit in der Nacht in einem Abstand von 46 000 Kilometern.

„Dies sind die 24 Stunden, auf die wir gewartet haben", sagte Ed Stone, als das Raumschiff gerade mit seinem Tagespensum begann. „Ich weiß nicht, wann Sie heute nacht ins Bett gehen wollen. Mich finden sie dort sicher nicht."

Voyager bewältigte das Mammutprogramm ohne die geringsten Probleme — ein kleines Wunder angesichts der Tatsache, daß die Sonde ein Uraltgerät auf dem technischen Stand der siebziger Jahre ist. Die Speicherkapazität der Bordrechner ist geringer als die eines Kaufhauscomputers; die Sendeleistung des Roboters nicht größer als die Leistung einer Kühlschrankbirne. Und die Kameras der Sonde haben eine Lichtstärke, die heutzutage von jedem Heimvideogerät übertroffen wird. „Die Dinger sind das letzte, was man heute in ein Raumschiff packen würde", meinte Bradford Smith. Die Flugingenieure am JPL mußten daher das Raumschiff so stabilisieren, daß die Kameras auch bei Tempo 80 000 noch unverwischte Fotos von bis zu zehn Minuten Belichtungszeit aufnehmen konnten. Während einer solchen Aufnahme legte Voyager eine Strecke zurück, die der Entfernung vom Nordpol bis nach Kapstadt entspricht.

Weil das Raumschiff an jenem hektischen 24. August einen großen Teil der Daten auf Band zwischenspeicherte, kamen die Nahaufnahmen von Triton mit einer zum Teil tagelangen Verspätung zur Erde. Der Mond schien eine Puzzle aus den verschiedensten Orten des Sonnensystems zu sein — gerade so, als hätte Voyager die lange Reise noch einmal Revue passieren lassen und alle Eindrücke in einem Phantasiemond zusammengefaßt: Da gab es kreuz und quer verlaufende Risse und Gräben; schwarze, runde Flekken, die wie Brandwunden aussahen, und um die sich konzentrisch ein strahlend weißer Hof ausbreitete; strudelförmige Eisstrukturen, die erschienen wie erkaltetes Silikatmagma; gefrorene Kraterseen, in die die Meteoriten eingeschlagen waren, und deren Ränder wie eingebrochen wirkten, vergleichbar einem Alpenstausee, aus dem man im

Winter das Wasser abgelassen hat. Und über allem lag ein hauchfeiner Schleier einer Atmosphäre, die 600 Kilometer weit in das All hineinreichte. „Da ist für jeden etwas dabei", triumphierte Larry Sonderblom, „für Geologen, für Chemiker oder für Meteorologen."

„Bei der Atmosphäre rechnen wir mit einem Druck von etwa einem Millibar*", meinte Sonderblom. Tags darauf legte Bill Sandel von der University of Arizona in Tucson die gemessenen Atmosphärendaten vor: die Gashülle bestand aus Stickstoff, mit Spuren von Methan, und der Druck betrug nur zehn Mikrobar. Ein solches Szenario hatte keiner der Experten vorausgesagt. Triton hatte die Irdischen erneut genarrt.

„Dieser Mond ist ein seltsames Objekt", grübelte Bradford Smith, als er wenig später die neueste Triton-Schrumpfung bekannt geben mußte: Die jüngsten Untersuchungen hatten einen Durchmesser von nur mehr 2720 Kilometern ergeben. Dann zeigte Smith weitere Fotos des Neptunsatelliten: „Ich sage dazu gar nichts mehr, das überlasse ich lieber Larry. Einige unserer Leute wollen Schneeverwehungen an der Oberfläche gesehen haben. Aber unsere Atmosphären-Spezialisten meinen, das könne nicht angehen, bei dieser dünnen Gashülle."

Dann kam Sonderblom mit seiner „verrückten Idee" von den Vulkanen auf Triton: „Aber wenn eine Idee verrückt ist", erläuterte er, „muß sie ja nicht zwangsläufig falsch sein". Stickstoff, in tiefen Schichten unter der Mondoberfläche begraben, könnte sich verflüssigen, spekulierte der Geologe, irgendwann explosionsartig über Vulkane ausbrechen und schwarzes Material aus dem Boden über den Mond verstreuen.

„Vor zwölf Jahren hätte uns das keiner geglaubt", sagte Torrence Johnson, „aber nach allem, was wir heute über Monde wissen, ist das überhaupt keine verrückte Idee."

Andere im Team waren sich da nicht so sicher. „Das ist eine gute Theorie", bemerkte Larry Esposito von der Universität in Boulder, Colorado, „aber ob sie zutrifft? Vielleicht sind diese dunklen Flecken irgendwelche Strukturen, die aus dem Boden auftauchen, wenn das Eis sublimiert. An dieser Idee kann sich noch viel ändern. Unsere eigentliche Arbeit beginnt ja erst jetzt, wo wir alle Daten auf der Erde haben."

Fünf Tage nach der langen Encounternacht war sich Sonderblom, blaß und gezeichnet von dem Wissenschaftsmarathon, nicht mehr ganz so sicher, ob die Vulkane noch aktiv sind. „Möglicherweise sind sie ja schon 100 Millionen Jahre alt", erklärte er, „aber das ist immer noch sehr jung, geologisch jung, meine ich."

Möglicherweise.

Vielleicht ist alles aber auch ganz anders. Larry Sonderblom wäre der letzte, den das stören würde.

---

* Ein Bar entspricht dem Erdluftdruck auf Meereshöhe; 1 Millibar = 1/1000 Bar; 1 Mikrobar = 1/1 000 000 Bar.

Aufbruch ins Unendliche

Start der Raumsonde Voyager 2 zu den Planeten Jupiter, Saturn, Uranus und Neptun

Cape Canaveral, Florida, 20. August 1977: Es ist ein drückend schwüler Sommertag, als auf dem Raumfahrtzentrum an der Atlantikküste die Triebwerke einer Titan-Centaur-Rakete zünden. Ein Geschoß, das aussieht wie drei überdimensionale, zusammengebundene weiße Zigarren, donnert in den wolkenlosen Himmel. Wenige Sekunden später ist die Titan entschwunden, und am Boden bleibt nichts als eine Wolke aus Qualm zurück. Ein Raketenstart wie viele.

Ungewöhnlich ist allenfalls die Last der Rakete: Eine 825-Kilogramm schwere Sonde, ausgerüstet mit Kameras, Detektoren und Antennen, die eine ungewöhnliche Reise vor sich hat. Die weiteste Reise, die Wissenschaftler je geplant haben. Die größte, und wie sich später herausstellen wird, die erfolgreichste Forschungsmission der Raumfahrtgeschichte. Ein Marathon im All, das die Sonde „Voyager 2" zu insgesamt vier unserer Nachbarplaneten führen soll, dann über Jahrzehntausende durch die Oort-Wolke*, in der sich Milliarden von Kometen bewegen, bevor das Raumschiff für immer auf Südkurs geht und unser Sonnensystem verläßt.

Zehn Stunden nach dem Start hat die spinnenartige Sonde bereits den Mond passiert. Zwölf Jahre später wird sie den Planeten Neptun erreichen. Etwa im Jahr 2010 wird Voyager an die Heliopause stoßen, die äußerste Grenze der Solarwinde, jenen Teilchenstrom aus Elektronen und Protonen, der permanent der Sonne entweicht. Sollten bis zu dieser Zeit die Instrumente an Bord noch intakt sein, könnten die Wissenschaftler erstmals erfahren, wo sich die Heliopause tatsächlich befindet. Danach wird man auf Erden nichts mehr hören von dem Raumschiff, das mit einer Geschwindigkeit von rund 3,5 astronomischen Einheiten** pro Jahr oder 53 000 Kilometern in der Stunde in das Nichts des Weltalls rast.

---

* Die Oort-Wolke, benannt nach dem holländischen Astronom Jan Oort, ist eine sphärische Region fern der Planetenbahnen, in der sich nach der Oort'schen Hypothese praktisch alle Kometen aufhalten, bevor sie in die Nähe der Sonne gelangen.
** 1 astronomische Einheit entspricht 150 Millionen Kilometern. Das ist die mittlere Entfernung der Erde zur Sonne.

Die Voyager-Zwillinge

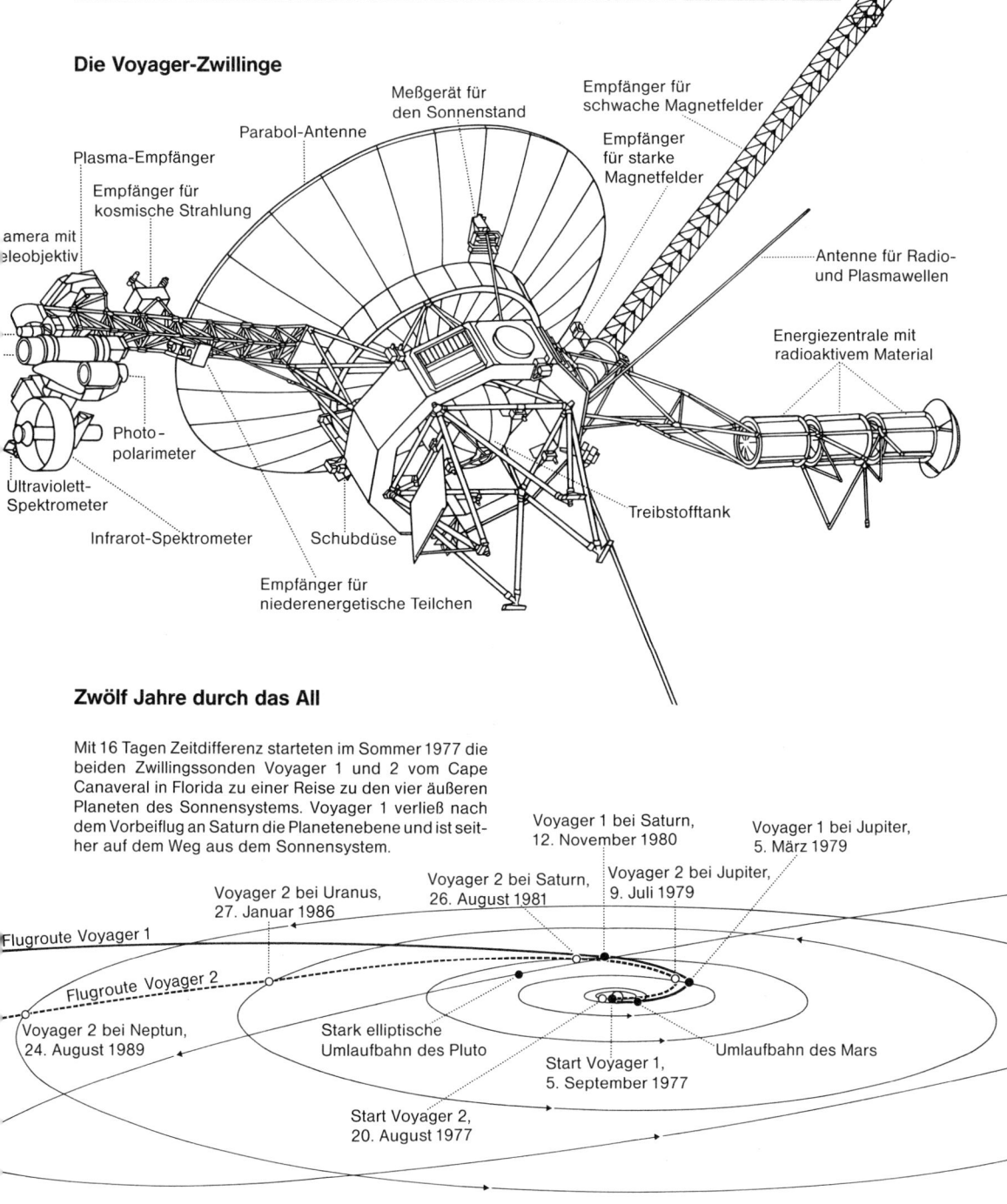

Zwölf Jahre durch das All

Mit 16 Tagen Zeitdifferenz starteten im Sommer 1977 die beiden Zwillingssonden Voyager 1 und 2 vom Cape Canaveral in Florida zu einer Reise zu den vier äußeren Planeten des Sonnensystems. Voyager 1 verließ nach dem Vorbeiflug an Saturn die Planetenebene und ist seither auf dem Weg aus dem Sonnensystem.

Zur gleichen Zeit bewegt sich mit der fünffachen Geschwindigkeit ein Stern mit der Katalognummer Ross 248 auf Voyager zu. Nach über 40 000 Jahren, die Sonde hat dann gerade die Oort-Wolke hinter sich gelassen, werden sich Stern und Raumschiff „begegnen" – in einem Abstand von 1,7 Lichtjahren*.

Es ist unklar, ob Ross 248 ein eigenes Planetensystem besitzt. Und wenn, dann ist es unwahrscheinlich, daß dort Leben existiert. Denn der Stern ist vermutlich zu klein und zu kalt, um einem Planeten, der ihn umkreist, genug Lebenswärme zu spenden. Sollte es dort wider Erwarten dennoch intelligente Wesen geben, würden sie von der kleinen irdischen Sonde kaum etwas mitbekommen. Voyager wird also unbemerkt, stumm, blind und taub lichtjahrtausendelang weiterfliegen – mit einem letzten Auftrag: Denn für den Fall, daß sie irgendwann einmal einer fremden Zivilisation begegnet, ist sie gut vorbereitet: Das Voyager-Raumschiff hat eine Nachricht für E.T. dabei.

An der Außenseite der Sonde haben die Irdischen in einer Aluminiumhülle eine kupferne, goldbelegte Langspielplatte verankert. Auf der Hülle ist in Zeichensprache eine Gebrauchsanweisung eingraviert. Eine Grammophonnadel liegt bei. Die Platte ist spielbereit – mit 16 2/3 Umdrehungen pro Minute. Ein Alien** – vorausgesetzt, er ist intelligent genug und interessiert sich für die Nachrichten aus der galaktischen Provinz – bräuchte die Platte nur abzuspielen.

Dann hört er (oder sie?, oder es?) das, was die Produzenten der Voyager-LP für das Größte an Musik hielten, was die Menschheit je hervorgebracht hat: eine Fuge von Bach, ein Blues von Louis Armstrong, Flötenmusik aus Japan, ein bulgarisches Hirtenlied, den Gesang der Navajo-Indianer, oder ein Initiationslied zairischer Pygmäenmädchen. Insgesamt 27 Musikstücke. „Here Comes the Sun", von den Beatles, dachten die Plattenmacher, wäre ein wunderschöner Begrüßungssong für die Extraterrestrischen gewesen. Alle vier Beatles hatten schon zugestimmt, doch dann ließen sich die Urheberrechte nicht klären. Die Beatles mußten auf der Erde bleiben.

Neben dem Liedgut sollen sich die Außerirdischen auch die archaischen und künstlichen Laute unseres Planeten anhören: Donner, Wind und Wellenschlag. Hundegebell, Schritte, Gelächter; auch einen Morsecode, den Lärm eines Traktors, einen Zug, einen Düsenjäger oder das sanfte Geräusch eines Kusses. Die Auswahl für die Tonschau hatte sich eine kleine Runde von Raumfahrt-Enthusiasten während eines Abendessens bei dem amerikanischen Astronomieprofessor Carl Sagan ausgedacht. Es war ein wunderschöner Frühlingstag im Mai, und es kam eine lange Liste von Geräuschen zusammen.

---

* 1 Lichtjahr entspricht der Entfernung von 9,5 Billionen Kilometern, jener Distanz, die ein Lichtstrahl während eines Jahres im Vakuum des Weltalls zurücklegt.
** Alien = Außerirdischer; Fremder

Die Journalistin Ann Druyan sollte danach das beste Material für den „Sound-Essay" zusammenstellen.

Sie begann am nächsten Tag mit ihrer Arbeit und telefonierte alle größeren Ton-Bibliotheken und Universitäten Amerikas durch: „Man sagte mir, Sie hätten in Ihrem Archiv die besten Aufnahmen von quakenden Fröschen. Kann man davon eine Kopie bekommen?" „Wozu brauchen Sie denn das?" „Ja, wissen Sie, ich bin dabei, die Geräusche zusammenzustellen, die wir auf Erden hören. Das ist für eine Platte, die wir in den interstellaren Weltraum* schicken wollen."

Ann Druyan gab sich alle Mühe, seriös zu klingen. „Aber danach", erinnert sie sich, „war erstmal Ruhe in der Leitung." Doch aufgelegt hat letztlich keiner.

Manche waren sofort begeistert. Roger Payne beispielsweise, ein Zoologieprofessor der Rockefeller Universität in New York, ein unermüdlicher Erforscher des Gesanges der Wale: „Wer spricht da? Ooh, endlich; wunderbar", stammelte Payne, als er erfuhr, daß auch ein Gruß der Wale ins All geschickt werden sollte. „Sie können alles haben, was Sie wollen. Ich bringe es gleich selbst vorbei. Den besten Walgesang haben wir 1970 vor den Bermudas aufgenommen. Das ist die Stimme, die unsterblich werden muß."

Ann Druyan fand das Grunzen eines Orang-Utans im Archiv der National Geographic Society, trieb das Donnern eines australischen Erdbebens auf und brachte das beeindruckende Liebessolo eines Grillenmännchens der Spezies *Teleogryllus oceanicus* mit ins Tonstudio. Alles wurde in Rillen gepreßt.

Am schwierigsten aber, meint Ann Druyan, war der Kuß. Es mußte ein erkennbar heterosexueller Kuß sein, das hatte die Nasa strikt vorgegeben. Die Behörde gilt als ordentlich und bürokratisch, und ein unverfängliches Foto zweier unbekleideter Menschen durfte beispielsweise nicht an Bord. Nach einer Reihe von unbrauchbaren Versuchen, die alle zu sanft oder zu leise klangen, küßte Timothy Ferris, der Produzent der Schallplatte, Ann Druyan auf die Wange. „War nicht schlecht", sagt Ann, „und es klang gut."

Auf die Platte kamen dann noch die Nachrichten der Erdenbürger in 55 Sprachen – vom „Silima khemen"** im längst ausgestorbenen Sumerisch bis zum „Hello from the children of the planet Earth", das der fünfjährige Nick Sagan ins Mikrophon krächzte. Auch Kurt Waldheim, damals noch Generalsekretär der Vereinten Nationen, entsandte seine Grüße „im Auftrag der Menschen des Planeten" ins All: „...wir dringen aus unserem Sonnensystem in das Universum, einzig auf der Suche nach Frieden und Freundschaft..." Letztlich wurden noch 116 Fotos vom Planeten Erde in Tondaten umgesetzt und auf die kupferne Scheibe eingraviert. Dafür mußten die Plattenproduzenten ein

---

* interstellarer Weltraum = Raum zwischen den Sternen
** Silima Khemen = sumerischer Willkommensgruß

spezielles Aufnahmegerät in das Studio in Boulder, Colorado, einfliegen. Die Zeit drängte, und das Ding war verdammt wertvoll. Niemand hätte gewagt, den Apparat als gewöhnliche Luftfracht zu verschicken. Also wollte Dan Mittler vom National Astronomy and Ionosphere Center der Cornell Universität einen Sitzplatz für das Gerät reservieren. Damit aber hatten die Fluggesellschaften Probleme, weil sie keine Passagierplätze an Geräte verkaufen konnten. Schließlich erwarb Mittler ein Ticket für „Mr. Equipment". Und da Mr. Equipment nicht älter als zehn Jahre war, durfte das Aufnahmegeräte für den halben Preis fliegen. „Ad astra per bureaucratia", kommentierte Carl Sagan, der das interstellare Plattenprojekt leitete.

Das Ganze war schon eine spektakuläre Sache. Ein PR-Gag ganz nach dem Geschmack der Nasa, den die meisten am Voyager-Projekt beteiligten Wissenschaftler eher albern fanden. Immerhin wiegt die kosmische Flaschenpost zwei Kilo und ist an einer Sonde befestigt, bei der die Ingenieure um jedes Gramm feilschen mußten.

Dabei ist es ziemlich unwahrscheinlich, daß irgendein intelligentes Wesen fernab unserer Welt irgendwann einmal diese Platte abspielen wird. Voyager ist nämlich, gemessen an den galaktischen Distanzen, ein recht lahmes Gefährt. Allein zwölf Jahre waren für die Tour zum Neptun eingeplant, und auf diesem Teil der Reise gab es erwartungsgemäß keine Begegnung mit Außerirdischen. Selbst Optimisten unter den Astronomen schätzen die Entfernung zur nächsten möglichen Zivilisation auf einige zehn Millionen Reisejahre. Und ob unsere kleine, irdische Sonde ausgerechnet in diese Richtung zielt, ist äußerst fraglich. Im Vergleich zu der Suche nach den Aliens ist es ein Kinderspiel, mit verbundenen Augen eine Nadel im Heuhaufen zu finden.

Die Außerirdischen zu finden, ist auch nicht der eigentliche Auftrag von Voyager. Das Raumschiff sollte vielmehr die unmittelbare kosmische Nachbarschaft der Erde erkunden. Es sollte auf ein und derselben Reise möglichst nahe an den vier Riesenplaneten unseres Sonnensystems vorbeifliegen – an Jupiter, Saturn, Uranus und Neptun; die Meßgeräte sollten Aufbau und Zusammensetzung der Himmelskörper untersuchen, die Monde und die Ringsysteme fotografieren und unzählige Bilder zur Erde funken. Mit den gesammelten Daten, so hofften die Wissenschaftler der Nasa, ließe sich vielleicht die Entstehung unseres Sonnensystems besser erklären.

Wie aber plant man ein Marathon zu den äußeren vier Riesenplaneten des Sonnensystems? Zu Himmelskörpern, deren Dimensionen fast das menschliche Vorstellungsvermögen überfordern?

Ein einfacher Vergleich mag einen Eindruck von den Größenverhältnissen unserer nächsten Umgebung im All vermitteln: Angenommen, die Sonne wäre so groß wie eine Grapefruit, dann hätte die Erde den Durchmesser eines millimetergroßen Sandkorns. Dieses Korn kreist einmal pro Jahr in einem Abstand von zehn Metern um die

Grapefruit. Jupiter und Saturn hingegen, so groß wie etwas zu klein geratene Kirschen, ziehen ihre Runden in 50 beziehungsweise 100 Meter Abstand. Uranus und Neptun, von den Ausmaßen eines Maiskorns, sind bereits 200 respektive 300 Meter von der Grapefruit entfernt.

Könnte ein Mensch mit einem Raumschiff bis zum Neptun fliegen, erschiene ihm die Sonne nicht größer als der Punkt am Ende dieses Satzes. Kein Wunder, daß der Neptun nur sehr wenig Sonnenlicht und Wärme abbekommt. Er benötigt auf seinem weiten Orbit* für eine Tour um die Sonne so lange, daß er seit seiner Entdeckung im Jahr 1846 bis heute noch nicht eine Umrundung vollbracht hat. Erst im Jahr 2011 wird er eine Runde beendet haben.

Eine Reise zu den Maiskörnern ist für eine Sonde, die von den Bewohnern des Sandkornes konstruiert wurde, nicht nur extrem weit, sie ist auch kompliziert zu berechnen. Denn alle Planeten bewegen sich auf ihren verschiedenen Orbits mit unterschiedlichen Geschwindigkeiten. Für den irdischen Beobachter, der selbst auf einem dieser Orbits mitreist, vollführen die Planeten augenscheinlich wirre Schnörkelbahnen.

Die antiken Astronomen hatten damit ihre liebe Not und sie brauchten eine Weile, um herauszufinden, daß sich die Bahnen der damals bekannten fünf „Wandelsterne" periodisch wiederholten. (Nur Merkur, Venus, Mars, Jupiter und Saturn lassen sich von der Erde aus mit dem bloßen Auge ausmachen.) Aber die Forscher erkannten noch nicht die tatsächlichen Wege der Planeten.

Lediglich ein Gelehrter hatte die Himmelsmechanik schon sehr früh begriffen – Aristarch von Samos, der ungefähr von 310 bis 230 vor Christus in Griechenland lebte. Aristarch gilt als Urschöpfer des revolutionären, heliozentrischen Weltbildes – ein Modell, bei dem sich alles um die Sonne, und nicht um die Erde dreht. Pech für den genialen alten Griechen: Seine wichtigsten Bücher gingen allesamt verloren, und so dauerte es fast zwei Jahrtausende, bis andere seine Thesen neu entdeckten.

So lange währte die dunkle Ära der Himmelsforschung, die mehr durch Dogmen der katholischen Kirche, denn durch wissenschaftliche Erkenntnisse geprägt wurde. Währenddessen hatten die astronomischen Dilettanten – allen voran der ansonsten sehr kluge Ptolemäus – Zeit, ihr eigenes, falsches Weltbild zu berechnen und immer wieder zu korrigieren.

Vieles von dem, was sie vollbrachten, war pure Astrologie. So die Vorstellung, daß die Planeten und die Sterne alles Irdische diktierten und daß die Erde starr und majestätisch im Zentrum des gesamten Weltgeschehens throne.

---

* Orbit = Umlaufbahn

Ptolemäus mußte für sein geozentrisches Modell beachtliche mathematische Klimmzüge veranstalten. Denn von der Erde aus gesehen bewegten sich die Planeten erkennbar auf Nicht-Kreisbahnen. Also schlug der Gelehrte vor, daß Sonne, Mond und Wandersterne zusätzlich zu ihrer Bewegung um die Erde auf diesen Bahnen kleinere Kreise beschrieben. Erstaunlicherweise ließen sich mit diesem Modell die Planetenbahnen mit einer gewissen Genauigkeit vorausbestimmen.

Die päpstlichen Inquisitoren sorgten durch Jahrhunderte hindurch folternd und mordend für das Überleben dieser Theorie. Auch Nikolaus Kopernikus, Domherr zu Frauenburg in Ostpreußen, wagte gegen Ende des 16. Jahrhunderts nur zögernd ein neues Weltbild zu beschreiben: Er rückte die Sonne erneut ins Zentrum des Geschehens. Die Astronomie stand ein zweites Mal vor einer Revolution – mit einer Lehre, die zweitausend Jahre alt war.

Kopernikus' Idee mit den Kreisen um die Sonne war allerdings nur eine Näherung an die tatsächlichen Vorgänge am Nachthimmel. Kopernikus' wissenschaftlichen Nachfahren blieb somit der Feinschliff am Gedankengebäude der Planetenmechanik. Zunächst beobachtete Johannes Kepler, als er zu Beginn des 17. Jahrhunderts die akribischen Aufzeichnungen seines dänischen Zeitgenossen Tycho Brahe auswertete, daß sich die Planeten auf Ellipsen-, und nicht, wie Kopernikus angenommen hatte, auf Kreisbahnen um die Sonne bewegten. Die Astronomie folge den Gesetzen der Physik, schrieb darauf der Theoretiker Kepler, und nicht den Vorgaben eines göttlichen Wesens. Die Kirche wollte sich freilich weder auf Kreise noch auf Ellipsen einlassen und exkommunizierte kurzerhand den ketzerischen Schwaben.

Nur wenig älter als Kepler war Galileo Galilei. Der italienische Gelehrte, der an einem Gedankenaustausch mit Kepler nicht sonderlich interessiert war, verbrachte zahllose Nächte hinter dem neu erfundenen Fernrohr und konnte mit seinen Beobachtungen das heliozentrische Weltbild untermauern. Vermutlich als erster entdeckte er drei Monde des Jupiter, die Ringe des Saturn (ohne zu erkennen, um was es sich handelte), und in der Nacht des 28. Dezember 1612 den bis dahin unbekannten Neptun, den er allerdings nicht für einen Planeten hielt.

Auch an dem Astronom in Padua fand die katholische Kirche keine rechte Freude: „Die Bibel zeigt den Weg ins Himmelreich", schrieb Galilei, „aber nicht den Weg der Himmelskörper." Das war zuviel für Rom. Der Italiener mußte widerrufen, wurde zu Hausarrest in Florenz verurteilt und starb blind und verbittert im Jahr 1642. Nach Galilei blieben nur noch zwei der „Wandelsterne" ungesichtet – Uranus und Pluto, der fernste und kleinste der Sonnensatelliten, der womöglich gar kein echter Planet ist. Damit war das Sonnensystem, grob gesagt, komplett: Eine Rotationsgemeinschaft aus neun Planeten, 54 Monden und einer Schar von kosmischen Vagabunden –

Asteroiden* und Kometen**, die nicht so recht zu wissen scheinen, wo sie hingehören. Im Zentrum dieses Geschehens glüht ein gigantischer Ball aus Gas mit einem Durchmesser von 14 Millionen Kilometern, ein verhältnismäßig kleiner Stern – die Sonne. Gegen ihre Masse ist der Rest des Systems nicht viel mehr als eine Handvoll Staub.

Die Schleudertour

Heute lassen sich die Bahnen der Planeten auf Sekunden genau und für Jahrhunderte im voraus berechnen. Einen dieser einsamen Sonnensatelliten mit einem Raumschiff zu treffen, ist also theoretisch kein Problem. Praktisch hingegen erfordert eine Tour zu den fernen Planeten des Sonnensystems einen Aufwand ohnegleichen – und eine Reihe kosmischer Zufälle.

In den sechziger Jahren arbeitete ein junger Forscher namens Gary Flandro am Jet Propulsion Laboratory (JPL) in Kalifornien. Er war damit beschäftigt, alle möglichen Planetenkonstellationen zu berechnen. Dabei fand er unter anderem eine Anordnung heraus, bei der die vier großen äußeren Planeten so in einer Reihe standen, daß man sie auf einem einzigen Flug hätte erreichen können. Sie hingen nicht etwa wie Perlen auf einer Schnur im All, aber wenn Flandro eine Linie von Planet zu Planet zog, entstand eine Art abgeknickter Kurve. Genau auf dieser Strecke, dachte der Nasa-Experte, könnte man mit einem Trick ein Raumschiff entlangschießen.

Schon lange zuvor hatten Astronomen beobachtet, wie Kometen aus der Bahn gelenkt wurden, wenn sie nahe genug an dem Schwerkraftfeld eines Planeten vorbeiflogen. Eine Sonde, glaubte Flandros Kollege Michael Minovich, der damals am JPL seine Doktorarbeit schrieb, müßte von der Gravitation ähnlich beeinflußt werden. Die beiden Wissenschaftler sahen sich so gut wie nie, weil Minovich meist nachts und Flandro tags arbeitete. Aber Flandro wußte immerhin von den Ideen seines Mitstreiters. Er schlug daher vor, einen Roboter zunächst nahe an Jupiter vorbeizuschießen, damit er in Richtung Saturn abgelenkt werde. Gleichzeitig würde er durch die Anziehungskraft des Jupiter eine zusätzliche Beschleunigung erfahren. Am Saturn sollte der Roboter dann zum Uranus abbiegen und von dort, immer schneller werdend, zum Neptun weiterrasen.

„So seltsam es klingt", meint Flandro, „aber 1965 hatten viele JPL-Ingenieure falsche Vorstellungen von solchen Schwerkraftflügen." Sie dachten, ein Raumschiff würde bei einem Anflug auf einen Planeten immer schneller, aber nach dem Vorbeiflug entspre-

---
* Asteroid = kleiner, planetenähnlicher Körper
** Komet = Schweif- oder Haarstern mit elliptischer oder parabolischer Bahn im Sonnensystem

chend langsamer, so daß sich die Geschwindigkeit durch die Begegnung mit dem Planeten insgesamt nicht veränderte. Im Gegenteil: Sie glaubten, die Sonde würde – stets die Schwerkraft der Sonne im Rücken – auf Dauer sogar an Fahrt verlieren.

Die Wissenschaftler übersahen dabei, daß die Planeten selbst in Bewegung sind, und einen (winzig kleinen) Teil dieser kinetischen Energie an das vorbeirasende Raumschiff abgeben können – vorausgesetzt, die Sonde nähert sich dem Planeten von hinten. Für Flandro war es klar, daß Jupiter mit seiner gewaltigen Masse (Jupiter ist 318mal schwerer als die Erde) die erste und beste „Energie-Tankstelle" auf dem Flug durch das Sonnensystem war.

Die Reisezeit für diese „gravitationsunterstützte" Schleudertour von immerhin sieben Milliarden Kilometern betrug nur zwölf Jahre – ein Bruchteil dessen, was ein gewöhnlicher Flug erfordert hätte. Die geniale Abkürzung hatte einen Haken: Nur alle 177 Jahre stehen die Planeten in der erforderlichen günstigen Position. Das letzte Mal war dies der Fall gewesen, als Europa unter den Napoleonischen Kriegen litt.

„Um den richtigen Zeitpunkt für ein solches Projekt zu finden", erinnert sich Flandro, „habe ich ungefähr tausend Flugbahnen berechnet. Das beste Startfenster bot der September 1978, auch für die Jahre 1977 und 1979 hätte man einen Flug planen können." Die nächste Chance gab es erst wieder im Jahr 2154. Es blieben genau elf Jahre, um das Unternehmen Voyager vorzubereiten.

Als Flandro über seinen Berechnungen brütete, war die Raumfahrt noch keine neun Jahre alt. Die ersten Großrechenanlagen hatten noch Saurierformat, mußten mit Bergen von Lochkarten gefüttert werden und besaßen Fähigkeiten, die nicht größer waren als bei einem heutigen Heimcomputer. Die amerikanischen Gemini-Piloten sammelten damals gerade ihre Erfahrungen für einen späteren Flug zum Mond. Die ersten unbemannten interplanetaren Sonden der Nasa und der Sowjets waren gerade mal gen Mars oder Venus gestartet – und sie hatten ihre vergleichsweise nahen Ziele meist verfehlt. Die glorreichen Tage der Nasa hatten noch nicht begonnen, als Gary Flandro schon von einer „Grand Tour" zu den äußeren Planeten träumte. Kein Mensch konnte sich damals vorstellen, wie ein Raumschiff eine Zwölf-Jahresreise technisch überstehen sollte. Wie eine Sonde in 4,5 Milliarden Kilometern Entfernung von der Sonne funktionieren sollte, in einer Umgebung, in der die Temperaturen bis auf minus 240 Grad sinken. Irdische Atemluft, gäbe es sie in diesen unwirtlichen Breiten, wäre dann längst zu einer Flüssigkeit gefroren.

Dennoch schlug die Nasa Anfang der siebziger Jahre offiziell ein Minovich-Flandro-Projekt vor. Um die seltene Planetenkonstellation zu nutzen, wollte die Behörde gleich vier Raumschiffe starten. Zwei sollten zu Jupiter, Saturn und Pluto fliegen. Zwei weitere Sonden sollten Jupiter, Uranus und Neptun besuchen. Kostenpunkt des Mammutprojektes: fast eine Milliarde Dollar.

So günstig die Planeten standen, der Zeitpunkt für solch ein Weltraumabenteuer hätte nicht schlechter kommen können: Für das gerade beendete, sündhaft teure, aber wissenschaftlich uninteressante Mondprogramm hatte die Nasa alle Kassen geplündert. Waren die ersten Landungen auf dem Erdsatelliten noch eine Sensation, so wurden die nachfolgenden Mondflüge dem verwöhnten amerikanischen Fernsehpublikum bald langweilig. Die letzten geplanten Apollo-Flüge strich die Nasa kurzerhand vom Startkalender. Die große Nation war weltraummüde geworden. Zur gleichen Zeit hatte der Vietnamkrieg die Vereinigten Staaten Unsummen gekostet. Für eine „Grand Tour" war kein müder Cent in Aussicht.

Am JPL begannen die Forscher kleinere Brötchen zu backen. Aus der Asche der Enttäuschung erwuchs ein Miniprojekt, ein kurzer Ausflug zu Jupiter und Saturn. Für diesen Plan bewilligte der Kongreß im Sommer 1972 die Summe von 360 Millionen Dollar. Geplanter Starttermin für das Unternehmen „Mariner/Jupiter-Saturn-Projekt", war das Jahr 1977.

Die Wissenschaftler waren enttäuscht und erleichtert zugleich. Jetzt brauchten sie nur noch eine Sonde zu konstruieren, die gerade mal vier Jahre lang durchhielt.

Im Prinzip ist so ein Raumschiff nichts als eine Plattform voller Meßinstrumente, die mit einem Sender und einer fast vier Meter breiten Antennenschüssel gekoppelt sind. Letztere zeigt immerfort Richtung Heimat, um Nachrichten zu empfangen und Meßdaten zur Erde zu senden. Ihre Energie bekommen die Geräte aus einer Art Kernreaktor, der die Abwärme von zerfallendem Plutonium nutzt, um eine Stromleistung von etwa 400 Watt bereitzustellen. Eine Energieversorgung mit Solarzellen, wie sie bei den meisten erdnahen Satelliten üblich ist, war bei dem Marathon im All von vornherein ausgeschlossen. Schon beim Jupiter (bis dorthin benötigt das Licht bereits 43 Minuten) war die Sonde zu weit von der Sonne entfernt, um sich mit dem Strom aus Solarzellen versorgen zu können.

Gesteuert wird das Raumschiff in den Leeren des Weltalls durch kleine Triebwerke, die mit dem Brennstoff Hydrazin befeuert werden. So läßt sich das Gefährt in jede beliebige Position dirigieren. Ähnlich beweglich ist die Arbeitsplattform mit den Geräten zur „Fernerkundung", die an dem langen Auslegearm der Sonde befestigt ist. Von dort aus operieren eine Fernsehkamera, je ein Spektrometer* für ultraviolettes und für infrarotes Licht und ein Photopolarimeter**. Daneben hat Voyager Geräte an Bord, um Magnetfelder zu messen, geladene Teilchen, etwa in den Solarwinden, wahrzunehmen oder um kosmische Strahlung aus der Ferne des Alls zu empfangen.

---

* Spektrometer = optisches Meßgerät zum Zerlegen des Lichtes in seine Wellenlängen
** Photopolarimeter = optisches Meßgerät, um die Größe von Partikeln z. B. in Atmosphären zu ermitteln

Kopf des kosmischen Flugobjektes ist ein Computersystem aus drei Rechnern, die jeweils durch ein Ersatzgerät gesichert sind. Eines, um die Meßdaten direkt an Bord und vor der Übermittlung zur Erde aufzubereiten; ein zweites zur Navigation; und ein drittes als autonome Denkzelle. Dieser Computer überwacht laufend das ganze Raumschiff, kann selbständig Fehler ermitteln und korrigiert sie gegebenenfalls sofort. Damit ist Voyager in der Lage, vollautomatisch und ohne irdische Hilfe zu arbeiten. Dennoch ist es möglich, über einen der beiden Radioempfänger an Bord (der zweite dient wiederum als Reserve) in das Computersystem einzugreifen und das Programm zu verändern.

Das größte Problem stellt die begrenzte Speicherkapazität der Bordcomputer von nur 32 Kilobyte dar. (Das ist weniger, als heutzutage die billigsten Kaufhaus-PC's zu bieten haben.) Schon ein schwarz-weißes Videobild der Voyager-Kameras setzt sich aus 640 000 Einzelpunkten zusammen. Diese werden jeweils in acht digitalen Bits erfaßt, um verschiedene Grauwerte wiedergeben zu können. Farbbilder erfordern die dreifache Speicherkapazität. Bei dieser Informationsmenge übersteigt selbst ein Schwarzweißfoto die Merkfähigkeit der Voyager-Computer um ein Vielfaches. Die Bilder an Bord entstehen einfach weitaus schneller, als die Sonde sie zur Erde senden kann. Die Nasa-Ingenieure haben daher zusätzlich ein simples Tonbandgerät eingebaut, um die Datenflut für eine bestimmte Zeit zwischenzulagern und dann verzögert vom JPL in Pasadena abzurufen.

Anfang 1977 war das Raumschiff endlich fertiggestellt und mit den modernsten Geräten ausgerüstet, die man sich damals vorstellen konnte – Instrumente, die heute allenfalls einen Platz im Museum fänden.

Zwischenzeitlich hatte auch die Minovich-Flandro-Schleudertechnik ihre Feuertaufe bestanden: 1974 erreichte die Sonde Mariner 10 die Venus und ließ sich von dem Schwerkraftfeld des „Morgensterns" in Richtung Merkur ablenken. Dieser Flug wurde zur ersten Doppelmission der Raumfahrtgeschichte.

Die „Grand Tour" zu den vier äußeren Planeten war zwar gestorben, doch die Zeichen für eine erfolgreiche Reise zu Jupiter und Saturn standen nicht schlecht. Vor allem: Die Forscher hatten ihre alten Pläne nie ganz aufgegeben. Insgeheim rechneten sie immer noch mit einer winzigen Chance auf ein Marathon im All.

Die Nasa hatte nämlich vor, aus Sicherheitsgründen zwei identische Sonden loszuschicken. Eine baugleiche Zweitsonde kostet verhältnismäßig wenig Geld, und wenn sie zeitversetzt zur ersten startet, lassen sich während des Fluges eventuelle Fehler korrigieren. Sollte die erste ihre Aufgaben ohne Probleme erfüllen, ließe sich die zweite womöglich noch auf eine andere Bahn lenken – hin zu Uranus und Neptun.

Zunächst aber mußten die Raumschiffe, die erst kurz vor ihrem Start die Namen Voyager 1 und 2 bekamen, ihr Plansoll erfüllen und möglichst nahe an dem Jupitermond Io und später an Titan, dem größten der Saturnmonde, vorbeifliegen. Dies war allerdings der Weg, der niemals zu Uranus und Neptun führen würde. Nur für den Fall, daß Voyager 1 seine Mission ohne Probleme abschließen würde, bot sich die einzigartige Chance einer Bahnkorrektur für den Nachzügler, um ihn doch noch auf die große Reise zu schicken. Die Entscheidung dazu konnte erst im Jahr 1981 fallen.

Am 20. August 1977, um 10 Uhr 29 Ortszeit, startet Voyager 2 an der Spitze einer Titan-Centaur-Rakete. Ein paar Stunden nach dem Start registriert die Bodenstation die ersten Probleme mit der Sonde. Es scheint, als ließe sich eine Meßplattform mit vier der elf Instrumente an Bord nicht ausfahren. 16 Tage später folgt Voyager 1 auf einer direkteren und schnelleren Route, um die erste Sonde auf dem Weg zum Jupiter zu überholen. Wieder vollführt die Atlas-Centaur einen blendenden Start auf Cape Canaveral. Minuten später gibt es Probleme mit dem Antrieb, der gleich in der Anfangsphase zuviel des wertvollen Treibstoffes verbrennt. Es sieht aus, als würde Voyager 1 gar nicht erst auf die rechte Bahn in Richtung Jupiter kommen. Für diesen Fall hätten die Ingenieure am JPL Voyager 2 nur bis zum Saturn geschickt – und nie auf das erhoffte Marathon im All.

Wirbelstürme und Vulkane

Jupiter und seine Monde

Die erste Etappe des Marathons war abgeschlossen. Anderthalb Jahre nach dem Start richtete Voyager 1 ihre Kameraaugen auf den Planeten Jupiter und funkte Bilder zur Erde, die selbst den abgebrühtesten unter den Astronomen die Sprache verschlug. Am 5. März des Jahres 1979 flog die Sonde so nahe an der sturmzerfetzten Atmosphäre des Jupiter entlang, daß die Wissenschaftler im Kontrollzentrum des JPL in Pasadena den Eindruck bekamen, sie säßen selbst in dem Raumschiff.

Dann kamen die Fotos der „Planeten" des Planeten: Von Amalthea, dem winzigen roten Jupitermond, der eher aussieht wie eine plattgedrückte Kartoffel; von Europa, dem Mond, dessen krustige Oberfläche an eine zerborstene Autoscheibe erinnert; von dem verkraterten Ganymed, dem größten Satelliten im gesamten Sonnensystem; von Kallisto; oder von Io, dem die Sonde so nah kam wie keinem anderen Jupitermond und dessen Oberfläche anmutet wie eine vergammelte Pizza.

Ein paar Tage nach der Begegnung hatte sich die erste Aufregung gelegt, und die meisten Wissenschaftler erlebten nach der heißen Encounter-Phase ihr erstes ruhiges Wochenende seit langem. Die Daten waren abgespeichert und konnten schließlich auch später analysiert werden. Linda Morabito war eine der wenigen Expertinnen, die bereits am Freitag, dem 9. März, vor dem Bildschirm saß, um mit der langwierigen und normalerweise wenig spektakulären Arbeit der Auswertung zu beginnen. Sie war dabei, anhand der neuesten Fotos die genaue Bahn des Jupitermondes Io zu berechnen, den Galilei vor rund vierhundert Jahren mit seinen archaischen Fernrohren entdeckt hatte. Im Hintergrund des Bildes suchte die Forscherin nach Sternen, die sie als Referenzpunkte auf der Himmelskarte benutzten konnte. Genauer gesagt, sie suchte einen fahlen Stern namens AGK3-10021. Um ihn zu finden, mußte Linda Morabito das falschfarbene Computerbild auf die volle Empfindlichkeit aussteuern. Als sie das tat, entdeckte sie etwas, das vor ihr noch kein Mensch je gesehen hatte: Am Horizont des Mondes stieg ein halbkreisförmiger Geysir in den Himmel – gerade so, als regne die Asche eines Vulkanausbruches auf den Mond herab.

Aktiver Vulkanismus außerhalb der Erde war bis dato unbekannt. Das Sonnensystem galt, mit Ausnahme unseres Planeten, als geologisch tote Zone. Linda Morabito und ihre Kollegen wollten nicht glauben, was sie auf den Bildschirmen sahen und schlugen sich das ganze Wochenende um die Ohren, um dem Phänomen auf den Grund zu gehen. Alle Versuche, das Foto als fehlerhaft zu interpretieren, scheiterten. Als sie dann eine ganze Reihe weiterer Eruptionen fanden, gab es keinen Zweifel mehr an den Vulkanen auf Io. Wie sich später herausstellte, ist Io geologisch weitaus aktiver als die Erde, und bei den regelmäßigen Ausbrüchen werden gewaltige Schwefelfontänen einige hundert Kilometer weit in die Höhe geschleudert.

Diese Vulkane waren die größte Entdeckung auf dem ersten Teil der Voyager-Reise. Die Sonde hatte Informationen gesendet, die alle Erwartungen übertrafen.

Nach solch einem Erfolg hatte die Mission zunächst nicht ausgesehen. Die Pannen, die bald nach dem Start im Sommer 1977 auftraten, bereiteten den Ingenieuren arge Kopfschmerzen: Bei Voyager 1 hatte die Centaur-Antriebsstufe versehentlich zuviel Sprit verbrannt. Nur mit Müh und Not kam das Raumschiff aus der Erdumlaufbahn auf Jupiter-Kurs – im Tank nur noch eine Treibstoffreserve für ganze drei Sekunden. Danach hatte die Sonde im Laufe ihrer Tour erstaunlich wenig Probleme.

Voyager 2 hingegen wurde bald zum Sorgenkind der Ingenieure. Schon am Anfang der Mission war, wie der Computer meldete, der Arbeitsarm nicht richtig ausgefahren. Ohne die Geräte auf der Plattform hätte es keine Bilder von der ganzen Reise gegeben. Doch der Fehler war nicht gravierend, und der Arm hatte seine optimale Position fast erreicht. Aber für den Rechner war es eben ein Fehler, den er vergebens zu beseitigen versuchte. Das Problem war erst aus der Welt geschafft, als die Bodenkontrolle Voyager anwies, diese Marginalie einfach zu ignorieren. Ein halbes Jahr später gab es eine Unstimmigkeit bei dem ersten der beiden Radioempfänger. Normalerweise wäre das kein Problem, denn die Computer schalten in solch einem Fall automatisch auf das Reservegerät um und warten dann zwölf Stunden auf eine Nachricht von der Erde. Kommt von dort keine Korrektur (und aus irgendwelchen Gründen kam keine), gehen die Rechner davon aus, daß wieder alles in Ordnung ist.

Da auch weiterhin keine Anweisungen vom JPL kamen (im Kontrollzentrum gab es offenbar andere Dinge zu tun), wurde programmgemäß wieder das Zweitgerät eingeschaltet. Das aber hatte längst unbemerkt einen Defekt erlitten. Kurz darauf zerstörte ein Kurzschluß das Erstgerät vollends. Als die Bodenkontrolle endlich eingreifen wollte, war dies kaum mehr möglich: Der Ersatzempfänger nahm die Erdsignale nur noch in einem sehr engen Frequenzbereich wahr. Geringste Temperaturunterschiede an Bord von Voyager 2 veränderten diesen Bereich.

Ein halbes Jahr nach dem Start – und bevor einer der angesteuerten Planeten auch nur in Sicht war – hatte die Sonde 99,9 Prozent ihrer Empfangsmöglichkeiten verloren. Voyager 2 war so gut wie taub.

Doch die Nasa-Wissenschaftler ließen sich nicht entmutigen. Es gelang ihnen, den Computer so neu zu programmieren, daß sich der Empfänger aus einem Angebot an Frequenzen immer etwas Passendes heraussuchen konnte. Um den Empfang nicht zu stören, mußte sich die Bodenstation nach jedem wärmeerzeugenden Manöver an Bord 48 Stunden lang gedulden, bis sie eine Nachricht an Voyager 2 senden konnte.

Das alles war nur ein Vorgeschmack auf die Probleme, die noch kommen sollten: Bald erfuhren die Ingenieure, daß Voyager 2 zum Manövrieren im All weitaus größere Mengen des Treibstoffes Hydrazin verbrannte, als vorgesehen. „Und Jahre nach dem Start", erzählt Edward Stone, ein Physiker und Magnetosphärenexperte vom California Institute of Technology in Pasadena und wissenschaftlicher Leiter des Projektes, „bekam das taube Raumschiff auch noch die Arthrose und wurde leicht senil."

Dennoch: nach einer ferngesteuerten Genesungskur der Computerspezialisten am JPL sind die beiden Voyager wieder in bester Verfassung, als sie sich nacheinander Jupiter nähern, dem Gasgiganten im Sonnensystem. Schon Mitte Dezember 1977, dreieinhalb Monate nach dem Abflug von Cape Canaveral, hat Voyager 1 ihre Schwestersonde auf dem Weg dorthin überholt. Noch ein Jahr vergeht, dann spähen die Kameraaugen der Raumfähre erstmals in Richtung des Planeten. Am Neujahrstag 1979 funkt sie die ersten „Nahaufnahmen" zur Erde – fotografiert aus einer Distanz von 50 Millionen Kilometern.

Am 28. Februar trifft Voyager 1 auf die „Schockfront", die unsichtbare Grenze der Magnetosphäre des Planeten. Hier kollidieren die geladenen Teilchen der Sonnenwinde, die sich mit einer Geschwindigkeit von 1,5 Millionen Kilometern pro Stunde von dem Stern entfernen, mit anderen Teilchen, die von dem Magnetfeld des Jupiter in Bann gehalten werden. Die meisten der Sonnenpartikel werden an dieser Stelle abgelenkt wie ein flacher Kieselstein, den man auf einen See wirft. Einige wenige aber, auf 400 000 Kilometer pro Stunde abgebremst, dringen in das Feld ein.

Überraschenderweise registrieren die Meßgeräte der Sonde schon an diesem Ort geladene Schwefelteilchen, für die es zunächst keine Erklärung gibt. Später stellt sich heraus, daß sie den Vulkanen des Mondes Io entstammen. Durch den Zusammenstoß mit den Sonnenwinden heizen sich die Partikel auf eine Temperatur von 300 Millionen Grad auf – das ist wesentlich heißer als im Inneren der Sonne.

Bald übertrifft die Bildqualität der Voyager-Fernsehkameras alles, was die Astronomen je durch ihre besten Teleskope auf Erden gesehen haben. Die Forscher sind zu diesem Zeitpunkt besonders an der Wolkendecke und dem Wetter, vor allem aber am

„Großen Roten Fleck" des Jupiter interessiert. Von der Atmosphäre des Planeten hatten bereits die Sonden Pioneer 10 und 11 in den Jahren 1973 und 1974 Fotos zur Erde gesandt. Jetzt waren die Beobachter am JPL gespannt, ob sich an der Wetterlage in der Zwischenzeit etwas geändert hatte.

Gemeinhin glauben wir, Wind und Wetter seien irdische Phänomene. Aber die Verhältnisse auf Jupiter (und ähnlich auf Saturn) sind mit jenen auf unserem Planeten durchaus vergleichbar. Vor allem die Wirbelstürme unserer tropischen Regionen ähneln den strudelförmigen Wolkengebilden des Jupiter. Auf Erden lösen sich diese Zyklone rasch auf, sobald sie, vom Meer kommend, auf eine feste und rauhe Oberfläche stoßen. Auf Jupiter hingegen bleiben die Wetterbedingungen über lange Zeit konstant, weil es keine Landmassen gibt, die die Wolken auf neue Bahnen zwingen. Der Große Rote Fleck verharrt vermutlich schon 300 Jahre an mehr oder weniger dem gleichen Ort. Die drei weißen Ovale südlich des Flecks beobachten die Wissenschaftler seit vierzig Jahren.

Die frühen Astronomen, die noch nichts von dem gasförmigen Zustand des Jupiter wußten, hielten den Großen Roten Fleck für eine treibende Scholle in irgendeinem roten Meer. Auf den Voyager-Fotos sieht das rotweiß-orange Schlierenauge aus, als hätten die Götter Blut und Milch in einen kosmischen Topf gegossen und einmal kräftig umgerührt. Tatsächlich ist der Fleck ein gigantischer Wirbelsturm, der beständig und gegen den Uhrzeigersinn auf der Stelle tobt. Es gibt unzählige, kleinere Wirbel, aber der „Große" ist so mächtig, daß die Erde zweimal in ihm Platz fände.

Als die Techniker des JPL während des Voyager-Anfluges die Sequenzbilder von Strudeln und Wirbeln, von Hurrikans und Jet-Streams* zu einem kurzen Wettervideo zusammenkoppelten, bekamen die Forscher zum erstenmal einen Eindruck von der Dynamik der Jupiteratmosphäre. Und sie erkannten, daß sich seit „Pioneer"-Zeiten tatsächlich einiges geändert hatte.

Kleinere Strukturen haben offenbar nur eine kurze Lebensdauer, Zonen mit weniger als 1000 Kilometer Durchmesser verwirbeln im unergründlichen Chaos. In der Äquatorgegend des Jupiter erreichen die Stürme Geschwindigkeiten von bis zu 500 Kilometern pro Stunde. Ein extremes Wetter, das trotz gewisser Gemeinsamkeiten andere Ursachen haben muß als jenes, das wir auf Erden kennen. Bei uns nämlich entstehen die wichtigsten Winde durch die hohen Temperaturunterschiede zwischen den Tropen und den polaren Bereichen. Auf Jupiter dagegen herrschen in der gesamten äußeren Wolkendecke überhaupt keine Temperaturdifferenzen. Wie also bauen sich derart dramatische Stürme auf?

Schon vor den Voyager-Flügen wußten die Forscher, daß Jupiter mehr Energie in Form von Wärme abstrahlt, als er von der Sonne erhält. Es muß also im Inneren des Pla-

---

* Jet-Stream = Starkwindströmung

neten eine zusätzliche Wärmequelle verborgen sein, die eine Wettermaschinerie mit der notwendigen Energie versorgt. Doch wie sieht es unter der Wolkendecke und im Kern des Jupiter aus?

Um diese Frage zu beantworten, müssen wir für einen Moment auf die Erde zurückkehren.

Sterne, Monde und Planeten

Unsere kleine Erde ist ein seltsamer Ort: Eine Kugel aus flüssigem, eisenhaltigem Magma mit einer erstarrten Kruste, die in einen hauchdünnen Gaskokon gehüllt ist – die Atmosphäre. Mars und Venus sind der Erde im Aufbau fast zum Verwechseln ähnlich. Doch, um darauf zu leben, taugen sie nicht.

Es ist vor allem der rechte Abstand zur Sonne, der unseren Planeten von seinen Nachbarn unterscheidet. Er bestimmt, wieviel Strahlung bis zur Erde gelangt. Die Temperatur, die dabei entsteht (sie ist des weiteren abhängig von der Art einer Atmosphäre auf dem Planeten), bestimmt, ob eine Form von Leben erwachsen kann. Wichtig ist auch die Rotationsgeschwindigkeit der Erde: Wäre sie geringer, so würde sich die Sonnenseite vorübergehend zu stark erhitzen und die Schattenseite auskühlen. Ganz ohne Bewegung um die eigene Achse wäre das Wasser auf der erleuchteten Seite der Erde verdampft – und hätte sich auf der anderen Seite als Schnee und Eis niedergeschlagen.

Flüssiges Wasser ist aber die Voraussetzung für jede Form von Leben. Könnten wir eine Reise quer durch das Sonnensystem unternehmen, wir fänden nicht eine einzige Pfütze Wasser außerhalb der Erde. Merkur und Venus kreisen so nahe an der Sonne, daß jedes Wasser längst verdampft ist. Merkur hat zudem eine zu kleine Masse, um eine so leicht flüchtige Substanz an sich zu binden. In der dichten Atmosphäre der Venus soll es Spuren von Wassermolekülen geben, aber die haben sich zu einem ätzenden Nebel aus Schwefelsäure, Salzsäure oder Fluorwasserstoffsäure verbunden. Auf dem Mond ist es trockener als im Inneren der Wüste Gobi. Auf dem Mars scheint an den Polkappen zu Eis gefrorenes Wasser zu existieren. Möglicherweise hat dieser Planet einmal wärmere Zeiten erlebt, in denen das Wasser in Strömen floß. Aber heute ist der Planet eine staubige und kalte, rote Wüste, die den Raumfahrern, die dort womöglich einmal landen sollen, eine unwirtliche Bleibe bieten wird. Jenseits des Mars, auf den äußeren Riesenplaneten, wird es noch weitaus kälter – keine Chance, dort auf flüssiges Wasser zu stoßen. Eine blaue Oase findet der kosmische Reisende erst, wenn er auf die Erde zurückkehrt.

Jenseits des Mars beginnt das Reich des Wasserstoffs, jenes einfachsten und leichtesten aller Elemente, aus dem der größte Teil der Welt besteht. Ein Wasserstoffatom ist

STURM IM PLANETENGAS: Vermutlich seit einigen hundert Jahren tobt am gleichen Ort in der Jupiteratmosphäre der „Große Rote Fleck", ein Wirbelsturm, in dem die Erde zweimal Platz fände. Die Wolkenbilder auf Jupiter bleiben so lange erhalten, weil es auf dem Planeten keine feste Landoberfläche gibt, die das System der Winde in neue Bahnen lenken würde. Getrieben wird das Wettergeschehen von der inneren Wärme, die dem Jupiter seit seiner Entstehung vor 4,6 Milliarden Jahren entweicht.

AUF TOUR UM DEN GIGANTEN: Die Monde Io (links) und Europa (rechts) umkreisen Jupiter, den mächtigsten Planeten im Sonnensystem. Obwohl Io so groß ist wie der Erdenmond, verschwindet er fast vor dem „Großen Roten Fleck" der Planetenatmosphäre. Voyager 1 war zum Zeitpunkt dieser Aufnahme etwa 20 Millionen Kilometer von Jupiter entfernt.

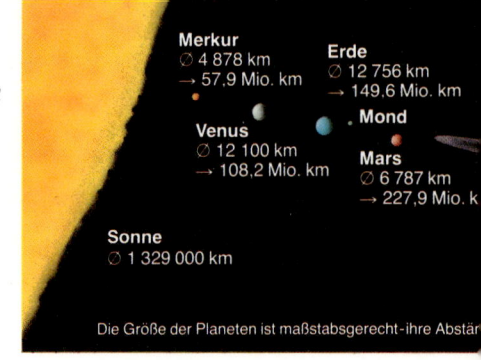

Merkur
⌀ 4 878 km
→ 57,9 Mio. km

Venus
⌀ 12 100 km
→ 108,2 Mio. km

Sonne
⌀ 1 329 000 km

Erde
⌀ 12 756 km
→ 149,6 Mio. km

Mond

Mars
⌀ 6 787 km
→ 227,9 Mio. k

Die Größe der Planeten ist maßstabsgerecht - ihre Abstä

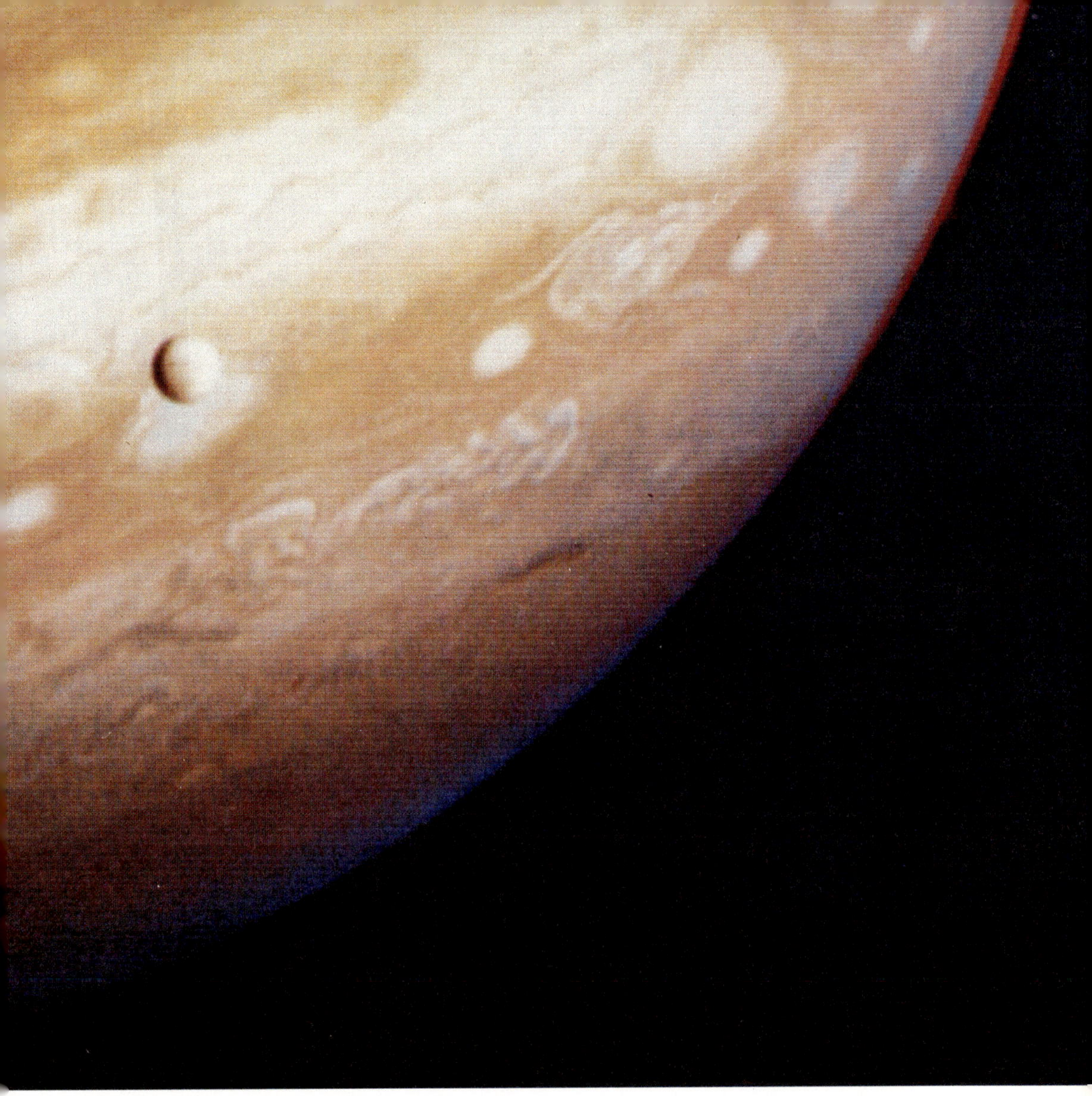

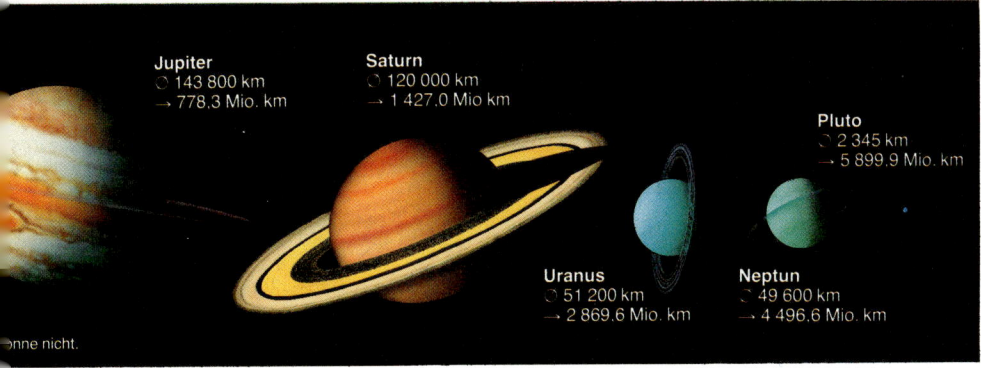

Jupiter
○ 143 800 km
→ 778,3 Mio. km
Saturn
○ 120 000 km
→ 1 427,0 Mio km
Pluto
○ 2 345 km
→ 5 899,9 Mio. km
Uranus
○ 51 200 km
→ 2 869,6 Mio. km
Neptun
○ 49 600 km
→ 4 496,6 Mio. km
onne nicht.

DER MOND, DER SCHWEFEL SPEIT: Bei der Auswertung eines farbverstärkten Voyagerfotos des Mondes Io entdeckte die amerikanische Wissenschaftlerin Linda Morabito den ersten aktiven Vulkan außerhalb des Planeten Erde. Später fanden die Wissenschaftler eine ganze Reihe von Eruptionen und Kratern auf der orangefarbenen Oberfläche des Jupitersatelliten, der vollständig mit einem Vulkanauswurf aus Schwefel und Schwefeldioxid bedeckt ist.

Weil Io auf seiner Umlaufbahn nicht nur von Jupiter, sondern auch von der Schwerkraft seiner Nachbarmonde Europa und Ganymed beeinflußt wird, entsteht im Inneren des Mondes eine Gezeitenwelle. Die Reibungswärme, die sich dadurch bildet, verflüssigt die Silikat-, Schwefel- und Schwefeldioxidschichten im Mantel des Mondes. Die aufgestaute Hitze entweicht gelegentlich über Vulkane durch die feste Silikatkruste. „Pele-artige" Eruptionen schleudern einen Schwefelregen bis zu 300 Kilometer hoch. Kleinere „Prometheus-Ausbrüche" blasen Schwefeldioxid empor, das wie Schnee auf den Mond herabfällt. Daneben gibt es auf Io Lavaseen und gewaltige Einsturzkrater, sogenannte Calderen.

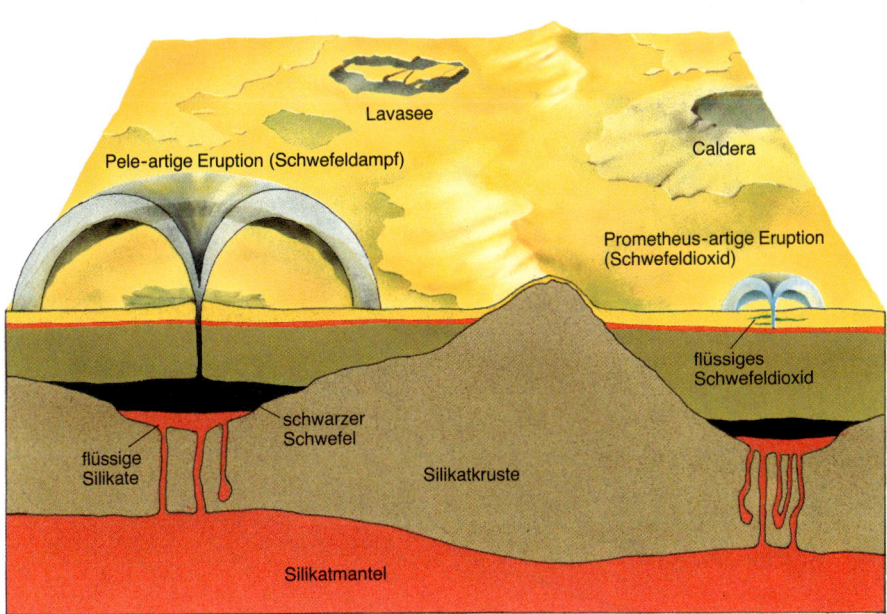

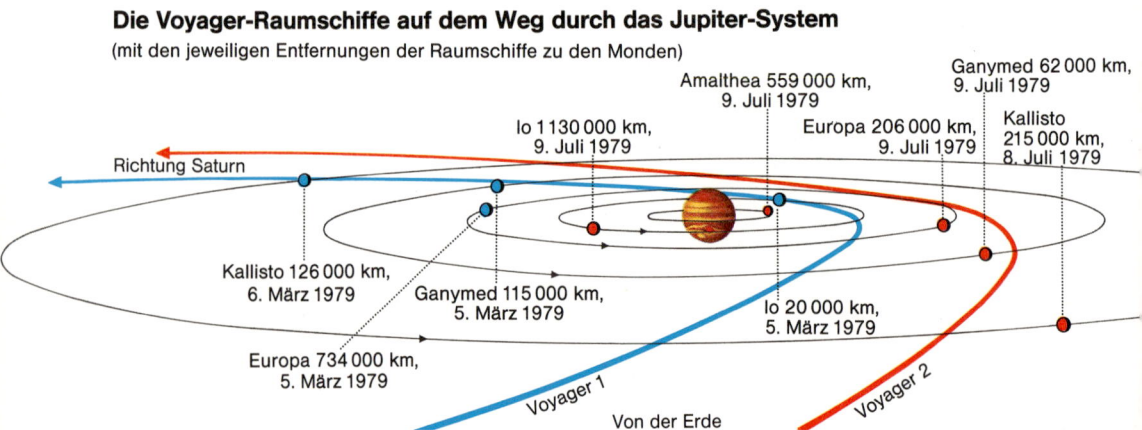

Die Voyager-Raumschiffe auf dem Weg durch das Jupiter-System
(mit den jeweiligen Entfernungen der Raumschiffe zu den Monden)

 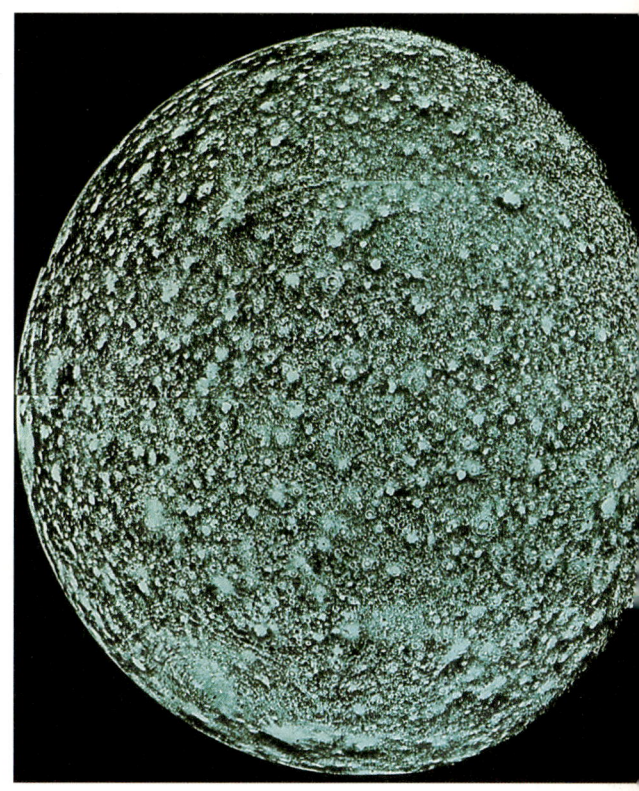

GALILEIS MONDE: Nach ihrem Start im Sommer 1977 erreichten die beiden Voyagersonden 1979 das System des Jupiter. Von der Schwerkraft des Planeten abgelenkt, gingen beide Raumschiffe anschließend auf Saturnkurs. Im Vorbeiflug fotografierten sie neben dem vulkanischen Io auch die drei weiteren „Galileischen Monde": Europa (links), mit seiner geborstenen Eiskruste, Ganymed (Mitte), den größten Mond im Sonnensystem und Kallisto (rechts), der mit Meteoriteneinschlägen übersät ist.

Europas Oberfläche ist vermutlich sehr jung. Wasser oder ein Brei aus Eis scheint dort die alten Krater zugeschüttet zu haben. Ganymed besteht zu rund 50 Prozent aus Wassereis, das an den hellen Stellen des Mondes sichtbar ist. Die dunklen Regionen sind geologisch älter und mit kosmischen Staub verschmutzt. Kallisto, der äußerste – und kälteste – der Galileischen Monde, ist geologisch lange tot und zeigte den Voyagersonden sein Milliarden Jahre altes Kratergesicht.

LICHT AM ENDE DER DUNKELHEIT: Als Voyager 2 im Gegenlicht der Sonne auf Jupiter zurückblickte, funkelte für einen kurzen Moment ein hauchdünner Ring um den Planeten auf. Das Bild ist ein Mosaik aus vier Einzelfotos – daher die Unterbrechungen im Ring und im Planetenhorizont.

das Kleinstmodell eines Sonnensystems: Um einen positiv geladenen Atomkern kreist ein negativ geladener Satellit namens Elektron.

Als unser Sonnensystem vor rund 4,6 Milliarden Jahren entstand, gab es als Baumaterial nur eine große Wolke aus Staub und Gas – den „solaren Nebel", der durch seine eigene Schwerkraft zusammengehalten wurde. Was dort umeinander flog, war vorwiegend Wasserstoff, daneben Helium, und in kleineren Mengen alle anderen bekannten chemischen Elemente des Periodensystems. Einzelne der umherrasenden Wolkenpartikel stießen immer wieder zusammen, verloren dabei an Geschwindigkeit und wurden von der Gravitation in den Kern gezogen. Irgendwann begann der Kugelnebel in sich zusammenzustürzen.

Dabei geschahen drei Dinge: Erstens nahm die Rotationsgeschwindigkeit der Teilchen zu, ähnlich wie bei einem Eisläufer, der bei einer Pirouette die ausgespreizten Arme einzieht. Zweitens flachte die Wolke zu einer Art kosmischem Kuhfladen ab, weil die Fliehkraft, die auf die Teilchen wirkt, am Äquator einer Kugel stärker ist als an den Polen. Drittens wurde es im Zentrum des Fladens, der sich während der zunehmenden Rotation langsam zu einer Scheibe verformte, immer heißer.

Dieser Kollaps vollzog sich vermutlich recht schnell – in einem Zeitraum von zehn Millionen Jahren. Wie in einem Strudel konzentrierten die Gravitationskräfte den größten Teil dieses interstellaren Gases zu einem Ball, den wir heute Sonne nennen.

Als zu Beginn dieses Prozesses das Gas in der Sonne so weit zusammengepreßt war, daß die Temperatur unter der Schwerkraft auf zehn Millionen Grad anstieg, begannen die Wasserstoffkerne zu Helium zu verschmelzen. Diese Kernfusion brachte den Stern unseres Sonnensystems zum Leuchten.

Die Scheibe um die Sonne herum rotierte vorerst weiter – in der gleichen Richtung, in der sich der Stern um seine eigene Achse drehte. An manchen Orten der Scheibe verdichtete sich das verbliebene Material erneut zu Kugeln, die in einem bestimmten Abstand zur Sonne eine stabile Umlaufbahn fanden. Das waren die Urplaneten. Jupiter nahm bei dieser Gelegenheit rund drei Viertel des gesamten verfügbaren Materials in sich auf. So stark wurde sein Schwerkraftfeld, daß er die Bildung eines weiteren Planeten zwischen sich und dem Mars verhinderte. Was dort noch heute in einem Ring um die Sonne rotiert, der Asteroid-Gürtel mit Abermilliarden von Einzelteilen, das sehen die Experten als Überreste eines gescheiterten Planeten an.

Da es im Zentrum des jungen Sonnensystems sehr heiß war, verdampften die leicht flüchtigen Gase im Umfeld der inneren Planeten: der Wasserstoff und das Helium, aber auch der Großteil des Wassers, des Kohlendioxids, des Methans und des Ammoniaks. Zurück blieben felsige, eisen- und silikathaltige Klumpen: Merkur, Venus, Mars und Erde. Hier konnten Atmosphären erst nachträglich, im Laufe der Evolution der Planeten, entstehen. Weiter außen im Sonnensystem kondensierte das unverfälschte – vorwiegend gasförmige – Urmaterial des Nebels zu den Gasgiganten Jupiter, Saturn, Uranus und Neptun. Nur Pluto, der ganz am Rand des Planetensystems seine einsamen Runden zieht, paßt nicht in dieses Schema. Er ist nicht größer als der Erdenmond und besteht zur Hälfte aus Wassereis. Möglicherweise ist er ein Komet, den die Schwerkraft der Sonne gefangen nahm und auf eine stabile Umlaufbahn verwies.

Physiker haben ein paar einfache Grundregeln dafür aufgestellt, ob ein Planet eine Gashülle – eine Atmosphäre – in seinem Bann halten kann: Ein x-beliebiger Körper entweicht dem Schwerkraftfeld eines Planeten erst dann, wenn er sich schnell genug von dem Zentrum der Gravitation entfernt – wenn er die sogenannte Fluchtgeschwindigkeit erreicht. Das gilt für Raketen genau wie für Wasserstoffmoleküle. (Die Fluchtgeschwindigkeit für die Erde beträgt beispielsweise 11,2 Kilometer pro Sekunde.)

Die Geschwindigkeit von Gasen hängt von der Masse der jeweiligen Teilchen und von ihrer Temperatur ab. Leichte und heiße Moleküle fliegen schneller als schwere und kalte. Nur die leichtesten und heißesten kommen in den obersten Schichten der Atmosphäre – der Exosphäre, dem „Tor" zum All – auf die erforderliche Fluchtgeschwindigkeit und gehen für immer im Kosmos verloren. So geschah es bei der Venus, als vor Urzeiten das Wasser verdampfte, so geschieht es noch immer bei dem Jupitermond Io, der über seine Vulkane Schwefeldämpfe in den Kosmos schleudert.

Nicht nur tiefe Temperaturen verhindern eine Gasflucht, auch die Masse des Mutterplaneten kann den gleichen Effekt haben. Ist sie groß genug, zieht die Schwerkraft die Moleküle der Atmosphäre fest in Richtung Zentrum der Riesenkugel. Beide Voraussetzungen sind bei den äußeren Planeten des Sonnensystems gegeben: Sie zu verlassen, erfordert eine so hohe Fluchtgeschwindigkeit, daß selbst leichteste Gase wie Wasserstoff und Helium gefesselt bleiben. Die Moleküle müßten mit einer Geschwindigkeit von mehr als 60 Kilometern pro Sekunde senkrecht nach oben fliegen, um dem mächtigen Jupiter zu entfliehen. Ein typisches Gegenbeispiel wäre der Erdenmond: Dort ist es zwar vergleichsweise warm, aber die Mondmasse ist zu gering, um die flüchtigen Moleküle mit ausreichender Kraft anzuziehen. Auf Jupiter aber ist – wie gesagt – alles noch beim alten Urnebel.

Deshalb bekamen die Astronomen in den Märztagen 1979 auf den überdimensionalen Bildschirmen des JPL eine Atmosphäre in schillernden Farben zu sehen: ein rot-weiß-braun-gelb-oranges Gemälde mit vereinzelten blauen Tupfern. Die Zusammensetzung dieser Schicht war den Wissenschaftlern schon vor der Voyager-Ankunft recht genau bekannt.

Seit Jahren hatten sie durch ihre Teleskope die Strahlung des Jupiter beobachtet. Nur einen sehr geringen Teil dieses Lichtes – den „sichtbaren" Bereich – können wir mit unseren Augen wahrnehmen. Interessant für die teleskopischen Beobachtungen sind aber insbesondere die etwas längerwelligen, infraroten Strahlen des Spektrums, die sich gut mit Meßinstrumenten registrieren lassen.

Wenn die Astronomen diese Geräte auf den am Nachthimmel scheinenden Jupiter richten, dann empfangen sie nur einen Teil des tatsächlich vom Planeten ausgesandten Lichtes. Denn alle möglichen Substanzen stören den Weg der Strahlung – sie absorbieren (oder reflektieren) bestimmte Wellenlängen auf ganz charakteristische Weise. Kurz gesagt: anhand des Lichtes, das auf der Erde ankommt, läßt sich sagen, welche Moleküle den Wellen auf der langen Reise vom Jupiter bis zum Teleskop im Wege standen. Mehr noch: Die Messungen verraten auch die Temperatur und die Konzentration der einzelnen Komponenten. Ein elektromagnetischer Strahl, der aus dem Inneren des Planeten entweicht, die Gashülle passiert und von einem irdischen Infrarotspektrometer registriert wird, sagt also einiges über den Aufbau der Atmosphäre aus.

Die ersten Gase, die ein Astronom auf diese Weise vor über 50 Jahren in der Jupiterhülle aufspürte, waren Methan und Ammoniak. Diese Verbindungen sind zwar im Vergleich zu dem Wasserstoff und dem Helium nur in Spuren vorhanden. Aber sie sind am leichtesten zu messen, und sie kommen vor allem in den Kristallen der äußersten Zirruswolken* vor. Inzwischen haben die Astrometeorologen auch eine Vorstellung von den weiteren Ebenen der Atmosphäre: Unter den Zirruswolken schwebt eine schneeähnliche Schicht aus Ammoniumhydrosulfid und noch tiefer eine Zone aus feinen Wassereiskristallen. Als nächstes kommt eine dicke Wolkensuppe aus Wasser-, Ammoniak- und Methantröpfchen. Während in den obersten Zirrusschichten Temperaturen von etwa minus 120 Grad Celsius herrschen, steigen sie in dem hundert Kilometer tiefer hängenden Nebel bereits auf über Null Grad an. Der Atmosphärendruck steigt hier auf das zehn- bis zwanzigfache dessen an, was wir auf der Erde in Meereshöhe kennen. Die dortigen „warmen" Nebel sind nur zu sehen (beziehungsweise mit Meßgeräten zu erfassen), wenn sich in den hochhängenden Wolken zufällig einmal Löcher auftun. Auf den Voyager-Fotos erkennt man die verschiedenen Schichten zum Teil schon an ihrer Farbe: Die höchsten Wolken erscheinen rot, dann kommen die weißen, dann die braunen und ganz unten schimmern die blauen Flecken durch.

Über den inneren Aufbau des Jupiter läßt sich nur spekulieren. Da seine mittlere Dichte nur 1,33 beträgt (das ist etwa ein Viertel der Erddichte und 1,33mal schwerer als Wasser), besteht er heute im wesentlichen noch aus den Substanzen des kosmischen Urnebels. Das heißt: zu drei Vierteln aus Wasserstoff, zu knapp einem Viertel aus Helium und zu weniger als einem Prozent aus den übrigen Elementen.

---

* Zirruswolke = aus feinsten Eisteilchen bestehende Federwolke in höheren Luftschichten

Die Planetologen schätzen, daß die Temperaturen von der äußersten Wolkendecke bis ins Innere des Jupiter mit jedem Kilometer um rund ein Drittel Grad steigen. Im Kern wäre es demnach über 20 000 Grad heiß. Da dort auch der Druck gewaltig wächst, verflüssigt sich der Wasserstoff im Bereich einer 20 000 Kilometer mächtigen Zone. Noch weiter innen werden die Moleküle so stark aneinandergepreßt (mit dem Dreimillionenfachen des Luftdrucks in Meereshöhe), daß die Elektronen beginnen, sich zwischen den Atomkernen frei zu bewegen: Der Wasserstoff wäre jetzt in der Lage, elektrischen Strom zu leiten und hat den Charakter eines Metalls angenommen. Im Zentrum des Jupiter letztlich vermuten die Experten die übrigen, schwereren Elemente des Periodensystems in Form von Gestein und Eis und einen festen Eisenkern, etwa von der Größe der Erde. (Eis kann im Kern – trotz der enormen Hitze – aufgrund des hohen Druckes bestehen.)

Die Theoretiker unter den Astronomen haben sich eine Menge Gedanken um den Gasgiganten gemacht, in dessen Volumen die Erde mehr als tausendmal Platz fände. Nach ihren Berechnungen scheint es, als könne ein Planet generell nicht größer werden, als Jupiter es ist. Die Kalkulationen für dieses Gedankenexperiment sind relativ einfach: Würde man dem Gasball mehr Masse hinzufügen, so stiege auch die Schwerkraft und der Durchmesser der Kugel sänke, anstatt zu wachsen. Wäre die Masse etwa 80 mal so groß wie sie heute ist, dann stiege der Druck im Inneren (und damit die Temperaturen) so weit an, daß wie bei der Sonne eine Kernfusion in Gang käme, und Jupiter ebenfalls ein Stern würde. Erst durch diese Reaktion könnte er sich dann zu einer wesentlich größeren Kugel aufblähen.

Dazu hat es vor 4,6 Milliarden Jahren bei der Entstehung des Sonnensystems nicht ganz gereicht. Dennoch gibt es Anzeichen dafür, daß es fast so weit gekommen wäre: Jupiter sendet doppelt soviel Energie ins All, als er von der Sonne erhält – er strahlt also Wärme ab. Diese stammt noch aus der Entstehungszeit des Planeten. Damals heizte sich der Urnebel immerhin so weit auf, daß der Jungplanet wahrscheinlich rötlich glühte. Seither kühlt der verhinderte Stern allmählich ab – und setzt dabei die aufgestaute Energie langsam frei.

Dieser Vorrat ist die Quelle für die gewaltigen Winde und Wirbel in der Atmosphäre der Gaskugel, die auf den Bildfolgen der Voyager-Fotos zu sehen sind. Die aufsteigende Wärme verquirlt die Wolkendecke und sinkt dann wieder herab – ähnlich wie bei der Suppe, die in einem Kochtopf brodelt.

Durch diese tosende Wolkendecke und die darunterliegenden Schichten wird in den kommenden Jahren möglicherweise die „Galileo"-Sonde der Nasa hinabtauchen. Ursprünglich wollten die Forscher dieses Raumschiff bereits 1982 Richtung Jupiter losschicken. Der Planet stand damals so günstig, daß Galileo sein Ziel in drei Jahren hätte erreichen können, um Jupiters Atmosphäre und seine Monde aus nächster Nähe zu untersuchen. Durch die permanenten Verzögerungen im Shuttle-Programm verpaßten die Wissenschaftler diese Chance; zuletzt war die Reise drei Monate nach der „Challenger"-Katastrophe geplant. Danach lief fast drei Jahre lang nichts mehr bei der Nasa. Heute steht Galileo für Ende 1989 auf der Startliste und hat dann einen sagenhaften Umweg vor sich: Galileo wird zunächst zur Venus rasen, deren Anziehungskraft zur Beschleunigung zurück zur Erde ausnutzen und danach am Asteroidgürtel vorbeifliegen. Dann – inzwischen wird es Dezember 1992 sein – muß die Sonde abermals zum Schwungholen in nur dreihundert Kilometer Entfernung an der Erde vorbeirauschen, um endlich auf die erforderliche Geschwindigkeit von neun Kilometer pro Sekunde zu kommen. Mit diesem Tempo soll sie dann Mitte des nächsten Jahrzehnts Jupiter erreichen. Das ganze Unternehmen ist durch die ungewollten Verzögerungen auf der Erde absurd kompliziert worden. Die Reiseroute ist inzwischen so angelegt, als würde man auf einer Tour von Hamburg nach Frankfurt die „Abkürzung" über Stockholm nehmen.

Bei Jupiter angekommen, soll Galileo an einem Fallschirm eine Meßsonde abwerfen, die durch die Atmosphäre schwebt und weit tiefer blickt, als die erdgebundenen Teleskope oder die Voyager-Kameras je schauen konnten. Voraussichtlich wird die Instrumentenkapsel eine halbe Stunde brauchen, um rund hundert Kilometer in die Wolkenschicht zu sinken. Dann verliert sie vermutlich den Funkkontakt zur Muttersonde und wird bald in den tieferliegenden Gasschichten zerdrückt, bevor sie in der Hitze des Planeteninneren verdampft.

Auf Galileis Spuren

„Am siebenten Tag des Januar in dem Jahr 1610, in der ersten Stunde der Nacht, als ich die himmlischen Körper mit dem Fernglas betrachtete, stellte sich Jupiter mir vor. Und weil ich ein besonders gutes Instrument vorbereitet hatte, erkannte ich neben dem Planeten drei kleine Sterne, wirklich sehr klein, aber leuchtend hell."

Es war Galileo Galilei, der damals in den mittelalterlichen Himmel starrte und die drei Jupitermonde entdeckte – 369 Jahre bevor Voyager 1 nahe an diesen geheimnisvollen Himmelskörpern vorbeirasen sollte. Das „besonders gute Instrument" verhalf dem Italiener wenig später noch zur Entdeckung eines vierten Mondes. Weil Jupiter in der römischen Mythologie der König des Himmels ist, suchte Galilei für die kreisenden Monde Namen aus dem reichen Schatz der königlichen Gespielinnen: Io, die später in eine junge Kuh verwandelt wurde; Europa, die in der Sage mit Jupiter gen Kreta flog; Ganymed, der schöne Jüngling, der zur Belohnung seiner Zuneigung der Mundschenk der Götter werden durfte; und Kallisto, die von Juno, der eifersüchtigen Frau des Jupiter, in eine Bärin verzaubert wurde.

Der geniale Gelehrte aus Padua hatte zwar Phantasie und die ersten Fernrohre, aber er konnte noch nicht ahnen, daß Jupiter tatsächlich über ein regelrechtes Königreich herrscht. Wenn der Riesenplanet schon kein Stern werden durfte, so thront er doch inmitten einer Art Kleinstsonnensystem – umschwärmt von mindestens 16 Monden.

In diesem Königreich gelten ähnliche Gesetze wie in dem echten Sonnensystem: Die inneren Satelliten Io und Europa sind steinige Gebilde mit einer Dichte von 3,5 beziehungsweise 3,0. Sie sind der Erde im Aufbau also nicht unähnlich. Die äußeren – und größeren – Monde Kallisto und Ganymed haben eine Dichte von unter Zwei. Sie bestehen jeweils zur Hälfte aus Wassereis und aus schweren Verbindungen. Offenbar war Jupiter als junger Planet heißer als heute und vertrieb – wie die Sonne – die leichteren Elemente an den Rand seiner Einflußsphäre.

Neben den Galileischen Monden wirken alle anderen Satelliten wie winzige Flugobjekte – Leda mit einem Durchmesser von etwa 15 oder Himalaia mit 185 Kilometern. Metis, der innerste der Kleinstmonde, rast binnen sieben Stunden in einem Abstand von nur 80 000 Kilometern um Jupiter herum – das ist schneller als sich der Planet um die eigene Achse dreht. Amalthea, von dem Voyager eindrucksvolle Nahaufnahmen lieferte, hat noch nicht einmal Kugelform. Mit Ausmaßen von 270 mal 165 mal 150 Kilometern erinnert der Mond, den ein amerikanischer Astronom schon im Jahr 1892 entdeckt hat, eher an eine galaktische Kartoffel. Sinope, der äußerste der Zwerge, braucht immerhin 758 Tage für eine Runde, wenn er, 23 Millionen Kilometer vom Planeten entfernt, rückwärts seine Bahnen zieht. Wie Sinope laufen alle vier äußeren Monde „verkehrt" herum und sind vermutlich Asteroide, die dem Jupiter einmal zu nahe kamen und dabei in den Bann seiner Schwerkraft gerieten.

Amalthea sowie die vier Galileischen Monde standen auf dem Besuchsprogramm der Voyager-Sonden. Aus einer Entfernung von über einer Million Kilometern nahm das erste Raumschiff zunächst Europa ins Visier. Außer seltsamen Rissen in der Eiskruste gab es aus der Distanz nicht viel zu sehen. Erst Voyager 2 sollte diesen Mond vier Monate später aus der Nähe erkunden. Dann, am 5. März 1979, begann am JPL die 30stündige Supervorstellung von Voyager 1. Die Sonde geriet in den Gravitationssog von Jupiter, kreuzte den Orbit von Kallisto in 1,8 Millionen Kilometern Entfernung zum Mutterplaneten und schoß dann auf einer gekrümmten Bahn auf Io zu, den innersten der Galileischen Monde. Zum erstenmal auf der Reise mußte sich die Flandro-Minovich-Schleudertechnik beweisen. Das Raumschiff gewann an Fahrt und passierte Io drei Stunden nach der dichtesten Annäherung an die Jupiter-Atmosphäre in 18 640 Kilometer Abstand. Die Ablenkung an dem Planeten war exakt so berechnet, daß der Roboter elf Stunden später Ganymed, nach abermals 14 Stunden Kallisto erreichte und zwischendurch nochmals ein Kameraauge auf Europa werfen konnte. Am 6. März war der ganze Zauber vorbei, und Voyager 1 nahm Kurs auf Saturn.

Vier Monate später, am 9. Juli kam – aus der gleichen Richtung – Voyager 2 angeflogen. Diesmal standen die Monde in einer anderen Konstellation, und die Sonde flog im langen Bogen vor Kallisto und hinter Ganymed und Europa entlang, um am Ende noch einmal die von Voyager 1 entdeckten Vulkane auf Io zu kontrollieren.

Der ausgekochte Mond

Io versprach von vornherein ein hochinteressanter Anlaufpunkt zu werden – keinem anderen Körper im Jupitersystem sollte das Raumschiff so nahe kommen. Die Forscher erwarteten eine geologisch alte Oberfläche voller Einschlagskrater, wie man es beispielsweise von dem Erdenmond kennt. Genau wie dieser ist Io ein felsiger Körper von etwa der gleichen Größe, Dichte und chemischen Zusammensetzung. Beide Monde sind knochentrocken und haben fast den gleichen Abstand zu ihrem Mutterplaneten. Doch damit enden die Gemeinsamkeiten auch schon.

Sollte einmal ein Astronaut auf Io landen und seinem gut gepanzerten Raumschiff entsteigen, würde er für einen kurzen Moment einzigartige Dinge erleben: Umgeben von einer rot-braun-gelben Landschaft und benommen von einem schweflig-faulen Gestank sähe er den nahen Gasgiganten Jupiter als eine Kugel, 50mal so groß, wie wir unseren Mond sehen. Auch nachts ist es auf Io taghell. Nur der Himmel bleibt immer schwarz, weil das Sonnenlicht sich an (fast) keiner Atmosphäre brechen kann. Der Astronaut könnte allenfalls ein schwaches Flimmern von elektrischen Entladungen in der „Luft" erkennen. In der Ferne würden gewaltige Vulkane speien, die Wolken von Schwefel und Schwefeldioxid auf den Mond regnen lassen. Ein kleiner Teil dieser Moleküle entkommt regelmäßig dem Einflußbereich des Mondes Io, zerfällt unter der Wirkung des ultravioletten Lichtes und wird von dem Jupiter-Magnetfeld ionisiert. Diese hochenergetischen Teilchen würden dem irdischen Reisenden in seinem Schutzanzug den Aufenthalt rasch verleiden: Er stürbe wenige Minuten nach seiner Ankunft einen schrecklichen Strahlentod.

Ein solches Szenario hätte sich vor dem Voyager-Vorbeiflug kein Wissenschaftler ausmalen können. Io war bis zum März 1979 ein rätselhafter Unbekannter, von dem sie zwar viele aber verwirrende Einzelheiten kannten. „Heute wissen wir weit mehr über Io", sagt Laurence „Larry" Sonderblom von der amerikanischen geologischen Bundesbehörde in Flagstaff, Arizona, „aber jetzt sieht alles noch eigenartiger aus."

Mit hundertprozentiger Sicherheit hatten die Astronomen Meteoritenkrater auf Io erwartet. Die meisten Objekte im Sonnensystem sind verkratert, und die Planetologen schätzen diese Gebilde, weil man sie als eine Art geologische Datierungshilfe gebrauchen kann.

Viele Beobachtungen aus der Voyager-Zeit blieben den Experten rätselhaft: Dale Cruikshank von der University of Hawaii hatte beispielsweise auf seinen teleskopischen Aufnahmen Anzeichen für eine hauchfeine Atmosphäre aus Schwefeldioxid entdeckt. Niemand konnte den Ursprung dieser Schwefelverbindung erklären.

Dann veröffentlichte nur drei Tage vor der Ankunft von Voyager 1 eine Gruppe von amerikanischen Wissenschaftlern eine eigenartige Theorie: Stanton Peale aus Santa Barbara in Kalifornien, sowie Ray Reynolds und Patrick Cassen vom Ames Research Center sagten voraus, daß Io auf seinen Kreisen (die in Wirklichkeit leichte Ellipsen sind) nicht nur vom Schwerkraftfeld des Jupiter gelenkt wird, sondern auch von den benachbarten Monden, vor allem von Europa. Dadurch eiert Io auf seiner Bahn. Er ist gewissermaßen hin- und hergerissen zwischen Europa und seinem mächtigen Mutterplaneten. Weil der Mond dem Jupiter mal näher und mal entfernter ist, entstehen Gezeitenkräfte, die im flüssigen Inneren von Io die Moleküle in diese und in jene Richtung pressen. Der ganze Satellit verformt sich dabei wie ein Tennisball, den man zusammenpreßt. Dabei wird sein Kern regelrecht durchgeknetet. Wie bei einer alten Gabel, die man hin und her biegt, erwärmt sich durch die Reibung das Innere des Mondes. Diese Hitze, so theoretisierten die drei Forscher, müsse aus Io irgendwie entweichen. Am einfachsten, so glaubten sie, ginge das über Vulkane.

Als dann die ersten Fotos über die Bildschirme des JPL flimmerten und eine fleckige, rotorangene Kugel mit weißen Bereichen zu erkennen war, wuchs die Konfusion der Wissenschaftler. „Sieht aus wie eine Pizza", meinte Bradford Smith, der schnauzbärtige Chef des Voyager-Bildteams von der University of Arizona in Tucson. Näher betrachtet tauchten Steilhänge, Erhebungen und Berge auf, bis zu neun Kilometer hoch. Dazwischen lagen kleine, schwarze, von seltsamen Ringen umgebene „heiße Flecken", die eine starke infrarote Strahlung aussandten. Von Einschlagkratern, darin waren sich die Experten am JPL bald einig, gab es keine Spur. „Wir waren richtig enttäuscht, keine Krater zu finden", erinnert sich Smith. Unbekannte geologische Prozesse mußten im Laufe der Jahrmillionen die Zeugnisse ehemaliger Meteoritentreffer beseitigt haben.

Bei diesem Bombardement aus dem All bekamen die inneren Monde des Jupiter mehr Einschläge ab als die äußeren, weil sie sich in einer Zone größerer Schwerkraft bewegen. Auch die Erde wurde einst heftigst von Meteoriten heimgesucht, doch Wind, Wasser und Wetter haben alle Spuren des Trommelfeuers längst verwaschen. Diese Möglichkeiten der Erosion gibt es auf Io nicht. Dennoch erscheint der Mond auf den Bildern wie poliert, mit einer geologisch unerwartet jungen Oberfläche – ein rätselhaftes Phänomen. Die Astronomen waren zwar um ein paar Millionen Daten reicher – aber nicht unbedingt schlauer als zuvor.

Auf einem ziemlich unscharfen und verschwommenen Foto von Io, das Voyager 1 am 8. März 1979 zur Erde funkte, entdeckte die Ingenieurin Linda Morabito dann durch Zufall am Horizont eine Wolke, die aussah wie ein aufgespannter Regenschirm: einen tätigen Vulkan, wie ihn selbst Stanton Peale und seine Kollegen nicht erwartet hätten. Später fanden die Astronomen auf allen Io-Fotos – meist inaktive – Kraterkessel und Einsturzkrater, sogenannte Calderen, in deren Umfeldern schwarz-gelb-braun-rote Lavaströme zu sehen waren.

Diese Eruptionen sind einzigartig in unserem Sonnensystem. Für den Vulkanismus kann es theoretisch verschiedene Gründe geben: Wenn im Inneren eines Planeten oder Mondes langlebige radioaktive Isotope zerfallen, entsteht Wärme, die der Körper lange speichert und langsam an die Oberfläche abgibt. Die Energie entweicht gelegentlich über Vulkane, wie beispielsweise auf der Erde. Der viel kleinere Io aber hätte seine seit Urzeiten aufgestaute innere Wärme im Laufe der Zeit längst abgeben müssen.

Als plausible Erklärung für die Hitze bleibt nur die Peale'sche Theorie der Gezeitenreibung. Physikalische Berechnungen zeigen, daß Io unter der Gewalt der Jupiter-Anziehung (der Planet ist 317mal schwerer als die Erde) regelmäßig zu einer abgeplatteten Struktur zusammengepreßt wird. Dabei kommt es zu einer recht ordentlichen Wärmeentwicklung: Io wird in seinem Kern regelrecht durchgekocht. Ios Gezeitenkraftwerk produziert fortwährend eine Leistung von 100 Millionen Megawatt. Das ist das Hundertfache dessen, was alle fünf Milliarden Menschen derzeit auf der Erde verbrauchen.

Da Energie weder entsteht noch verlorengeht, allenfalls umgewandelt werden kann, muß sie zwangsläufig von Jupiter stammen. Dieser gibt sehr langsam einen Teil seines Energievorrats an seine Monde ab, vor allem an Io. So kommt es, daß sich diese – in astronomischen Zeiträumen – auf immer weitere Umlaufbahnen entfernen. (Auf die gleiche Weise treibt der Erdenmond gemächlich von unseren Planeten fort).

Weil Io seit Jahrmillionen heiß geknetet wird, hat er längst alle leichtflüchtigen Substanzen wie Wasser, Methan oder Ammoniak, ins All abgegeben. Die Elemente Wasserstoff, Kohlenstoff oder Stickstoff kommen dort kaum noch vor. „Das nächst schwerere Element im Periodensystem ist der Schwefel", erklärt Larry Sonderblom. „Wenn wir uns die Temperatur- und die Schwerkraftbedingungen auf Io anschauen, dann sind flüssige und gasförmige Schwefelverbindungen das flüchtigste, was wir dort noch erwarten können." Nichts anderes fand die Voyager-Sonde vor, als sie sich dem Mond näherte. „Der Schwefel ist das Wasser des Io", meint Sonderbloms Kollege Brad Smith angesichts der weiten Verbreitung dieses Elementes.

Schwefel ist aber eher ein seltenes Element des Sonnensystems. Kaum zu erklären, daß Io – zumindest von außen gesehen – geradezu aus diesem Stoff zu bestehen scheint.

Die gesamte Farbenpalette der Mondoberfläche läßt sich auf den allgegenwärtigen Schwefel zurückführen: Jeder kennt elementaren Schwefel als leuchtend gelbes Pulver. Der Stoff kann sich aber, das ist ein beliebter Versuch im Chemieunterricht, mannigfach verändern. Das feste gelbe Element schmilzt bei etwa 130 Grad zu einer Flüssigkeit, verfärbt sich bei weiterem Erhitzen orange, wird dann zäh und hellrosa und schließlich noch zäher und dunkelrot. Oberhalb von 230 Grad ist der Schwefel wieder dünnflüssig und schwarz wie Teer. Danach verdampft er. Wenn er sich mit Sauerstoff verbindet, entsteht Schwefeldioxid, ein weißer, rauchartiger Nebel, der auf Io wie Schnee in dicken Wolken herabregnen kann. All diese verschiedenfarbigen Erscheinungsformen konnten die Kameras der Voyager-Sonden auf dem Mond nachweisen.

Durch die Vielfalt der Farben lassen sich zwei Vulkantypen unterscheiden, die offensichtlich auf verschiedene Weise entstehen. Als Voyager 1 vier Monate nach ihrer Schwestersonde Io überflog, waren acht der neun beobachteten Ausbrüche noch aktiv. Nur der größte unter ihnen, mit dem Namen Pele – war erloschen. (Nach einem Beschluß der Internationalen Astronomischen Gesellschaft bekamen alle Vulkane auf Io Bezeichnungen aus der Mythologie der Feuergötter. Pele ist eine hawaiische Vulkangöttin). Vulkane wie Pele, meint Larry Sonderblom, gehören zu der ersten Klasse von Ausbrüchen. Sie speien ihr Material kurz, dafür aber heiß und heftig aus.

Vermutlich ist der gesamte innere Mantel von Io flüssig, mit einer etwa 25 Kilometer dicken, festen Kruste als Hülle. Pele-Vulkane kommen zustande, wenn sich im bewegten Inneren von Io erhitztes Silikatgestein mit einer Temperatur von 400 bis 900 Grad mit schwarzem Schwefel vermengt, der dabei abrupt verdampft. Das Gas muß entweichen, und ein Vulkan schießt – wie im Fall von Pele – 300 Kilometer weit in die Höhe und überschüttet einen Umkreis von 1400 Kilometern mit seinem gelben und braunen Auswurf. Weil die hohen Temperaturen am Quell des Geschehens nicht lange vorhalten, beruhigt sich ein Vulkan des Pele-Types relativ rasch.

Die zweite – schwächere und kältere – Vulkanart, die wahrscheinlich jahrelang aktiv bleibt, erkennt man auf den Bildern an hellen Ablagerungen, die kreisförmig um den Vulkanschlund abregnen. Von der Seite sehen diese Eruptionen vom „Prometheus-Typ" aus wie ein hundert Kilometer hoher, aufgespannter Regenschirm. Das hochgeschleuderte Material besteht vermutlich aus Schwefeldioxid, das bei Außentemperaturen von minus 210 bis minus 150 Grad sofort zu Schnee gefriert. Prometheus war eine Wolke, die während der Voyager-Begegnungen fünf Grad südlich des Io-Äquators über der Mondoberfläche hing. Brad Smith meint, daß solche kleinen Vulkane ausbrechen, wenn der flüssige, rote Schwefel, der in großen Ozeanen unter der dünnen Silikatkruste schwimmt, mit einer Schicht aus flüssigem Schwefeldioxid in Kontakt kommt. Das Schwefeldioxid verdampft dann explosionsartig, gerade so, als ob man Wasser in heißes

Öl schüttet, und sucht sich dann einen Ausweg durch die Kruste. Diese Vulkane sind lange aktiv, weil die Schwefel- und die Schwefeldioxid-Schichten sich offenbar über weite Bereiche unter der Io-Oberfläche verteilen.

Neben diesen tätigen Vulkanen fand Voyager noch Calderen voller Lava. Am bekanntesten wurde der „Loki-See", über dessen Inhalt sich die Gelehrten bis heute streiten. Er ist mit geschmolzenem oder bereits erstarrtem Schwefel oder Silikatgestein gefüllt. Solche Lava-Seen hatten die Astronomen bereits Jahre zuvor mit ihren irdischen Infrarot-Teleskopen als „Heiße Flecken" ausgemacht – allerdings ohne zu ahnen, um was es sich handeln könnte. Diese Flecken sind rund 170 Grad wärmer als ihre Umgebung. Auf dem dunklen Loki-See schwimmt zusätzlich ein rissiges, helles Objekt, das die Forscher bildhaft als „Floß" bezeichnen und das aussieht wie ein gigantischer, zerbrochener Tafeleisberg in den antarktischen Gewässern.

Der Vulkanismus auf Io läßt sich also in groben Zügen erklären. Fraglich ist, ob es ihn schon immer gegeben hat. Der Astrogeologe Eugene Shoemaker, der sich seit vierzig Jahren mit nichts anderem als mit Meteoritenkratern beschäftigt, hat ausgerechnet, wie stark die vulkanische Aktivität auf Io sein muß, um alle ehemaligen Meteoriteneinschläge zu überdecken. Denn auch nach ausgedehnter Suche fand der Amerikaner nicht die geringsten Trefferspuren. Shoemaker schätzt, daß jedes Jahr im Mittel ein Millimeter Schwefelniederschlag auf den Mond herabregnet. Das scheint nicht viel zu sein, entspricht aber immerhin einer Menge von einigen Tonnen in der Sekunde. Die oberste Schicht des seltsamen Mondes muß daher in der Vergangenheit immer wieder umgewälzt worden sein: Flüssiger Schwefel und Schwefeldioxid stiegen in den Himmel, erstarrten in der kalten Umgebung, schneiten oder regneten herunter, versanken über die Jahre im Boden, wurden mit frischem Material überdeckt, bis sie erneut unter der inneren Hitze des Io schmolzen, und so weiter und so fort.

Ob das schon immer so war, ist, wie gesagt, ungewiß. Die Voyager-Sonden konnten nur zwei Momentaufnahmen liefern. „Erde, Mond und Mars haben in ihrer Geschichte auch aktive und inaktive Zeiten erlebt", sagt Harold Masursky von der amerikanischen geologischen Bundesanstalt, „warum soll das bei Io anders sein?"

Neuere und bessere Ergebnisse erhofft sich der Geologe erst von der immer wieder verschobenen Galileo-Mission. Neben der Instrumentenkapsel, die in die Jupiteratmosphäre eintauchen soll, wird nämlich eine zweite Sonde zum Einsatz kommen, die fast zwei Jahre lang den Planeten umkreisen soll. Galileo wird sich dabei bis auf weniger als tausend Kilometer an Io heranwagen und Fotos machen, die eine ähnliche Auflösung haben wie die Satelliten-Bilder, die wir von der Erde kennen. Io wird also vorerst der spannendste Ort im System des Gasgiganten Jupiter bleiben.

Vom Feuer ins Eis

„Ich bin ein Geologe der seltsamen Art", ulkt Gene Shoemaker in seinem Büro in Pasadena und schiebt einen Berg von Papier beiseite, „ich setze mich ans Teleskop und suche nach den Wracks am Himmel." Überall, wo es kracht im All, wo Asteroide und Kometen oder ihre Überreste mit Planeten und Monden kollidieren (beziehungsweise vor Millionen und Milliarden von Jahren kollidierten), und ein Krater zurückbleibt, ist Shoemaker nicht fern. Wenn er, seine Frau Carolyn oder ein anderer Mitarbeiter seines Teams im Teleskop oder auf Satellitenfotos einen solchen Treffer aus der Vergangenheit als Krater finden, dann wird dieser registriert, kartiert, vermessen und datiert. Shoemakers Mannschaft verfügt über die besten Kraterzählungen der Astronomengemeinde.

Das ist kein Resultat stumpfsinniger Zählsucht. Der Kraterzensus soll vielmehr etwas über das geologische Alter eines Planeten oder Mondes aussagen und die Geschichte des Sonnensystems erklären helfen. Zwei Fragen sind bei diesen Analysen besonders interessant: Wo im Sonnensystem kracht es am häufigsten? Und welche geologischen Vorgänge radieren die Spuren der Gewalt im Laufe der Zeit wieder von der Bildfläche?

Es klingt trivial: Aber Krater bleiben solange bestehen, bis sie verschwinden. Auf der Erde, unter dem Einfluß von Wind, Wasser und Wetter, geht das relativ rasch. Auf Jupiter entstünde vermutlich erst gar kein Krater, denn ein Meteorit würde von der gasförmigen Atmosphäre und dem flüssigen Inneren einfach verschluckt. Auf dem Erdenmond, wo es weder eine Atmosphäre noch Wasser gibt, bleibt ein Krater, wie er ist – es sei denn, ein zweiter, noch mächtigerer Einschlag, löscht ihn aus. Demnach sind stark verkraterte Himmelskörper alt und geologisch tot. Haben sie wenig Einschläge, sind sie jung oder zumindest in neuerer Zeit verwittert.

„Vom Himmel fallen" kann eine ganze Menge kosmischer Objekte: kleine oder große Körper, Staub und riesige Klötze, eisige Kometen oder felsige Asteroide. Diese primitiven Flugobjekte bezeichnen die Astronomen oft als Allschrott. Das ist ein Verlegenheitsname, denn selbst die Experten wissen nicht so genau, wo und warum Kometen und Asteroide entstanden sind. Vermutlich sind sie das Überbleibsel des Materials, das sich einst vor 4,6 Milliarden Jahren nicht in der Sonne, den Planeten und den Monden gesammelt hat.

Für den Laien ist schon die Nomenklatur der kosmischen Vagabunden verwirrend. Daher ein kurzer Exkurs in die Welt der Kleinstplaneten: *Kometen* entstammen der Oort-Wolke, einem Bereich am Rande unseres Sonnensystems, weit hinter Pluto, dem fernsten der Planeten. Sie bestehen aus Eis und Gestein. Die meist größeren *Asteroide* fliegen in einem Gürtel zwischen Mars und Jupiter um die Sonne. Schon ihr Name ist mißverständlich, denn Asteroid bedeutet so viel wie „sternenartig". Eigentlich sind es

„Planetoide", also „Planetenähnliche", ein Begriff, der früher gebräuchlich war, aber inzwischen aus der Mode gekommen ist. *Meteoride* werden Fragmente all dieser fliegenden Objekte genannt. Erst wenn sie den Eintritt in eine Atmosphäre überleben und irgendwo einschlagen, heißen sie *Meteoriten,* unabhängig von ihrer Herkunft und ihrer Größe. Ein *Meteor* ist das, was wir als „Sternschnuppe" bezeichnen. Meteoren sind nicht größer als ein Maiskorn, erzeugen aber einen Schweif, der am Nachthimmel 200 Kilometer weit sichtbar ist. Sie sind am besten in der Augustzeit zu beobachten, weil sie dann regelmäßig und in ganzen Schwärmen mit rund 80facher Schallgeschwindigkeit in die Erdatmosphäre stürzen und restlos verglühen.

Es ist noch gar nicht so lange her, daß sich die Menschen nicht vorstellen konnten, daß Steine vom Himmel regnen. Berühmt geworden ist eine Anekdote des Naturforschers und amerikanischen Präsidenten Thomas Jefferson. Als 1807 Wissenschaftler seines Landes behauptet hatten, in Connecticut sei ein Meteorit aus dem All eingeschlagen, meinte Jefferson, es sei ja wohl wahrscheinlicher, daß ein amerikanischer Professor lüge, als daß Sterne vom Himmel fielen.

In der Zeit des „Großen Bombardements", während der ersten 700 Millionen Jahre nach der Entstehung des Sonnensystems, als die sich formenden Urkörper noch oft kollidierten und zerstoben, waren schwerste Meteoriteneinschläge an der Tagesordnung. Seither ist diese Gefahr drastisch gesunken. Aber noch heute dringen pro Jahr Tausende von Tonnen extraterrestrischen Materials bis in die Erdatmosphäre ein. Das meiste verglüht dabei, doch über 20 000 Meteoriten mit einem Gewicht von mehr als hundert Gramm treffen unseren Planeten – im allgemeinen, ohne daß es ein Mensch bemerkt oder dabei zu Schaden kommt. Thomas Jefferson hatte sich also gewaltig getäuscht.

Gewöhnlich ziehen Asteroide und Kometen auf stabilen – demnach für uns ungefährlichen – Bahnen durchs All. Die Asteroide tun das, wie schon erwähnt, auf einem Gürtel zwischen Mars und Jupiter. Die Kometen bewegen sich fern des Pluto in der Oort-Wolke, benannt nach ihrem „Erfinder", dem holländischen Astronomen Jan Hendrik Oort. Diese Wolke ist so weit von der Erde entfernt, daß die Astronomen von ihr niemals auch nur einen winzigen Punkt im Fernrohr erkennen könnten.

Dennoch haben sie eine recht genaue Vorstellung davon, was in der Oort-Wolke vor sich geht: Vermutlich zieht dort eine Billion Kometen umher. (Es können auch zehnmal mehr oder weniger sein). Sie kreisten einstens wohl im Inneren des Sonnensystems, in der heutigen Region von Uranus und Neptun. Durch die Schwerkraft der jungen Planeten wurden sie allmählich auf immer länger gestreckte Ellipsenbahnen getrieben, die sich mit der Zeit bis weit über die Grenzen des Sonnensystems dehnten. Irgendwann beeinflußte die Gravitation eines vorbeifliegenden Sternes die eisigen Urklumpen erneut und zwang sie wieder auf eine Kreisbahn – diesmal auf einen Orbit ungefähr

50 000 Astronomische Einheiten von der Sonne entfernt. Die meisten Kometen bewegen sich dort seit ein paar Milliarden von Jahren, gestört nur von hin und wieder vorbeiziehenden Sternen.

Dann nämlich kann es passieren, daß einzelne der Kometen erneut aus der Bahn geworfen werden. Entweder entschwinden sie nun ein für allemal in der Weite des Alls. Oder sie kehren ins Innere des Sonnensystems zurück und werden von der Masse des Jupiter wieder auf eine elliptische Bahn diktiert. Jetzt haben sie für gewöhnlich eine kurze Lebenserwartung: Sobald sie aus der Kälte des Raumes der Sonne zu nahe kommen, verdampft der Eisanteil des Kometen (als der berühmte Gas- und Staubschweif) und sie gehen verloren. Manche der Kometen kehren dabei auf ihren elliptischen Bahnen regelmäßig wieder – wie der Halleysche Komet. Oder sie zerbrechen in Einzelteile. Oder sie kollidieren mit einem Objekt im Asteroidgürtel. Diese Unfälle liefern den Trümmernachschub für die Meteoride, die selten, aber regelmäßig alle Planeten und deren Monde heimsuchen. Gelegentlich fängt sich ein Planet sogar einen Meteorid ein und bindet ihn auf einer festen Umlaufbahn an sich. So sind vermutlich die beiden Marsmonde Phobos und Deimos und die äußersten Monde von Jupiter und Saturn entstanden.

Die Grenze zwischen Kometen, Asteroiden, Meteoriden und Kleinstmonden ist also fließend. Vor allem der Asteroid-Gürtel scheint eine Art Zwischenlager für herrenlose Allstreicher zu sein: „So etwas wie ein Zoo", meint Gene Shoemaker, „für seltene Tiere aus den verschiedensten Teilen des Sonnensystems."

Meteoritenkrater sollten demnach überall im Sonnensystem zu finden sein. Eine Faustregel sagt, daß sie häufiger sind, je näher ein Planet oder Mond der Sonne ist, einfach, weil dort die Schwerkraft des Zentralsterns einen stärkeren Effekt hat und fliegende Teile stärker anzieht. Das gleiche Prinzip müßte für die Monde des Jupiter gelten – je näher sie sich am Mutterplanet aufhalten, um so mehr Treffer hätten sie zu erwarten. Also: viele Einschläge auf Io, dem innersten, wenige auf Kallisto, dem äußersten der Galileischen Monde.

Die beiden Voyager-Sonden fanden genau das Gegenteil vor – nämlich überhaupt keinen Krater auf Io. Weil die Wissenschaftler zu diesem Zeitpunkt noch nichts von Ios Schwefelvulkanen ahnten, waren sie ratlos. Nicht viel besser sah es auf Europa, dem nächsten der Monde, aus: Auf den Voyager 1-Fotos waren weit und breit keine Krater zu erkennen. Erst als am 5. März 1979 die ersten Bilder von Einschlägen auf Ganymed in Pasadena ankamen, machte sich unter den Forschern eine gewisse Erleichterung breit. Wenig später schickte Voyager 1 die Kallisto-Aufnahmen zur Erde, und dort gab es nichts als Krater zu sehen. Für Gene Shoemaker war die Welt wieder in Ordnung, auch wenn sie auf dem Kopf zu stehen schien.

Von Europa, dem kleinsten der großen Jupitermonde, hatten die Astronomen schon vor Voyager eine Vorstellung. Der Mond erschien ihnen in den Teleskopen sehr hell, offenbar mit einer Außenhaut aus Wassereis. Auf den ersten Blick von Voyager 1 bestätigte sich dieser Eindruck. Europa zeigte sich weiß, glatt geschliffen und praktisch ohne Erhebungen. „Wie eine Billardkugel", meint der Planetologe Larry Sonderblom. Voyager 2 kam dem Mond näher und konnte Bilder aufnehmen, die an eine zerbrochene Eierschale erinnern. Europa ist überzogen von einem endlosen überdimensionalen Packeisgürtel, mit langen Rissen, Spalten und Kanälen, die über die halbe Mondoberfläche klaffen.

Dieses Eis scheint auf Europa, ähnlich wie in den Gebieten der irdischen Pole, in Bewegung zu sein. Ursache dafür ist das warme Innere des Mondes. Wie im Fall von Io heizt die Gezeitenreibung den Kern von Europa auf, nur wesentlich weniger, weil Europa weiter vom Schwerkraftzentrum des Jupiter entfernt ist als Io.

In gewisser Weise ähnelt Europa der Erde. Der Mond hat einen festen Kern und außen eine Schicht von Wasser. Da es in der Region von Jupiter wesentlich kälter ist als im Inneren des Sonnensystems, ist Europas Wasser zu Eis gefroren – möglicherweise zu einer hundert Kilometer dicken Schicht. Darunter treibt, wie viele Astronomen vermuten, ein tiefer, globaler Ozean aus flüssigem Wasser. Gewagte Spekulationen sprechen gar von primitiven Lebensformen, die dort entstehen könnten, wenn einmal Licht durch die vorübergehend geborstenen Eisschichten dringt. Weil sich das Eis an der Oberfläche immer wieder neu formiert, sind auch alle einstigen Kraterspuren im Laufe der Zeit verwaschen. Nur an jenen Orten, wo eine dünne Schicht gefrorenen Wassers auf den Landmassen aufliegt, schimmern die wenigen Krater unter dem Eis durch. (Insgesamt fand das Voyager-Team nicht mal ein halbes Dutzend derartiger Einschläge auf Europa.)

Wenn Io und Europa die gezeitenaufgeheizten Zwillinge mit dem jugendlichen Aussehen darstellen, dann sind Ganymed und Kallisto die staubigen, pockennarbigen Gesellen unter den Galileischen Monden. Weit draußen, in einer Entfernung von 1,07 bzw. 1,80 Millionen Kilometern, ziehen sie ihre Kreise um Jupiter. Ihre Dichte ist geringer als die der beiden inneren Monde, also müssen sie zwangsläufig mehr Wasser und weniger Gestein als Europa und Io enthalten. Ganymed, der größte Jupitermond, gleicht einem riesigen Gletscher, der zur Hälfte aus einem knochenhart gefrorenen Eispanzer besteht. Seltsamerweise gibt es dort zwei verschiedene Oberflächentypen: eine ältere, dunkle und stark verkraterte Landschaft – und eine hellere, jüngere, die mit zahllosen Furchen durchzogen ist.

Letztere wurde offenbar – nach der Phase des „Großen Bombardements" – mit flüssigem Wasser aus dem Inneren des Mondes überflutet und kam so zu ihrem jungen Aussehen. Während dieser Zeit erlebte Ganymed vermutlich warme und kalte Phasen, was die langen Furchen und Risse im Eis erklären würde.

Weitaus weniger Schwierigkeiten bereitete den Voyager-Forschern Kallisto. Dieser Mond, ein unwirtlicher, kalter Ort mit Temperaturen zwischen minus 170 und 120

Grad Celsius, ist überall mit Kratern übersät, ähnlich wie Merkur oder der Erdenmond. Das sind uralte Strukturen, denn die ältesten und größten der Einschläge sind ihrerseits mit kleineren Kratern überzogen – ein Zeichen dafür, daß keine Erosion die Spuren der Vergangenheit auslöschen konnte.

Voyager 2 zog im Sommer 1979 nacheinander an Kallisto, Ganymed, Europa und Io vorbei. Der Flug war weniger spektakulär als der von Voyager 1, aber nicht weniger interessant. Danach war die erste Phase des Marathons im All praktisch gelaufen. Doch eine letzte Sensation stand noch aus: Nur wenige Wissenschaftler und Journalisten sammelten sich am 10. Juli, dem Tag nach dem engsten Kontakt von Voyager 2 zu Jupiter, im großen Monitorraum des JPL. Die beiden Raumschiffe waren schon auf dem Weg zum Saturn, dem Ringplaneten des Sonnensystems, als ein magisches Foto auf den Bildschirmen erschien. Ein Mosaik aus vier Einzelaufnahmen, die Voyager 2 aus einer Entfernung von 1,5 Millionen Kilometern zu Jupiter aufgezeichnet hatte: Vor schwarzem Hintergrund und neben einem schwarzen Planeten, dessen Konturen nur durch ein rotes Glühen am Horizont zu erkennen waren, funkelte ein hauchdünner gelblicher Ring.

Voyager 2 hatte sich dem Planeten am 9. Juli von oben in einem relativ flachen Winkel zur Äquatorebene genähert, war durch sie hindurch getaucht, um sich 56 Stunden später, umgelenkt von Jupiters Schwerkraft, in spiegelverkehrter Manier vom Planeten zu entfernen. Das war just jenes Manöver, das Gary Flandro und Michael Minovich so genial berechnet hatten. Während dieses Kurvenfluges schuf sich die Sonde für einen kurzen Moment eine eigene Sonnenfinsternis: Jupiter schob sich vor die Sonne und war für die Kameras nur noch als Schatten zu sehen.

Einige Wissenschaftler am JPL hatten sich auf diesen Moment gut vorbereitet. Auf der abgedunkelten Seite des Planeten wollten sie nach möglichen Auroren* und Gewitterblitzen suchen. Was sie zusätzlich zu sehen bekamen, war ein im Gegenlicht aufblitzender Ring um Jupiter. Das Foto ging am nächsten Tag um die Welt.

Der 10. Juli war der Tag von Tobias Owen, einem Astronomen von der State University of New York. Owen war einer der wenigen Forscher, die schon vorher an einen Ring um den Gasgiganten geglaubt hatten. Nach herkömmlicher Sicht gab es Ringe nur um Saturn (die sich bereits mit irdischen Teleskopen leicht ausmachen lassen), und um Uranus (was amerikanische Wissenschaftler zufällig im März 1977 entdeckt hatten). Jupiter galt als unberingt.

Tobias Owen, selbst kein Ringfachmann, sondern ein Experte für Planetenatmosphären, hatte sich lange und vehement dafür eingesetzt, mit Voyagers Kameras nach möglichen Ringen Ausschau zu halten. Seine Kollegen waren von dieser Idee nicht gerade angetan. Denn um die wenigen Untersuchungsstunden während der Encounter-

---

* Aurora = Licht, das von ionisierten Teilchen ausgestrahlt wird, meist über den Polarregionen; auch Polarlicht genannt

phase gab es unter den Wissenschaftlern ein schweres Gerangel. Die Zeit war knapp, und jeder Experte wollte die Meßinstrumente und Kameras möglichst lange auf *sein* Forschungsobjekt gerichtet sehen. Als längst alle Zeitpläne verteilt waren, kam dieser Owen daher und schlug vor, nach etwas zu suchen, das es nach menschlichem Ermessen überhaupt nicht gab.

Owen hatte nicht einmal schlagende Argumente für seinen Vorschlag. Es gab da lediglich ein paar seltsame Daten der beiden Sonden Pioneer 10 und Pioneer 11, die als Vorhut zu Jupiter geflogen waren; unter anderem, um zu klären, ob ein Raumschiff unbeschadet durch den Asteroidgürtel zwischen Mars und Jupiter fliegen könnte. Die Passage war weniger gefährlich als erwartet, und die Meteorid-Detektoren der Sonde überlebten den vermeintlichen Harakiri-Flug unbeschadet. So konnten sie später, in der Nähe des großen Planeten, einige dubiose Treffer registrieren, die sich mit viel Phantasie als Begegnungen mit Partikeln aus einem Ring um Jupiter interpretieren ließen. Mit diesen Daten in der Hand insistierte Owen auf einer Meßzeit für die Suche nach einem möglichen Ringsystem. Letztlich konnte Brad Smith, der Chef des Voyager-Bildteams, den Forscher nicht länger abweisen und gestand ihm eine einzige Elf-Minuten-Langzeitaufnahme zu. Und sei es nur, um dem Ringspuk ein für allemal ein Ende zu bereiten.

Als dann im März 1979 das versprochene Foto in Pasadena ankam, war darauf irgendetwas Eigenartiges zu erkennen: Es sah aus, als hätte die Sonde sechs verbogene Haarnadeln aufgenommen und sie sechsfach unterstrichen. Owen und seine Mitarbeiter brauchten drei Tage, um das offensichtlich sechsfach belichtete Bild zu interpretieren. Dann waren sie sich sicher: Jupiter besitzt einen Ring, der mindestens 9 000 Kilometer breit und weniger als 30 Kilometer dick ist. Am nächsten Tag gab das JPL eine Pressekonferenz zu der unerwarteten Entdeckung.

Ausgerechnet im *Honululu Advertiser* lasen Eric Becklin und Gareth Wynn-Williams auf Hawaii von dieser Meldung. Die beiden arbeiteten zu dieser Zeit in dem weltberühmten Observatorium auf dem 4 200 Meter hohen Vulkan Mauna Kea und nahmen die Kunde mit großer Verwunderung auf. Und sie reagierten schnell: Umgehend warfen sie ihr eigentliches Programm über den Haufen und richteten schon in der folgenden Nacht ein 2,2-Meter-Infrarot-Teleskop auf Jupiter. Weil sie genau wußten, wohin sie mit dem Fernrohr zielen mußten, fanden sie prompt, was sie gesucht hatten und was kein Astronom von der Erde aus jemals gesehen hatte: den Ring, den Owen vorausgesagt und erst Tage zuvor nachgewiesen hatte.

Prompt wurde auch der Arbeitsplan von Voyager 2 umgeworfen. Die Zweitsonde sollte gleich 24 Fotos von Jupiters Ring machen. Darunter war das magische Mosaik, das die Sonde aufnahm, als sie ihre letzten Blicke auf Jupiter warf – und bevor sie auf die lange Reise zum Saturn ging, dem eigentlichen „Herrn der Ringe".

Es blieben den Astronomen anderthalb Jahre, um die Daten zu analysieren und über die Entstehung des seltsamen, dreigeteilten Jupiter-Ringes nachzudenken. Diese drei Zonen beobachteten Owen und seine Mitarbeiter bei der Auswertung der Bilder: Eine kaum sichtbare, dünne Scheibe, die direkt am Planeten beginnt und offenbar bis in die obersten Atmosphäre-Schichten hineinragt. Anschließend ein ebenfalls dünner, lückenloser, heller Ring, der etwa 6000 Kilometer breit ist und dann abrupt endet. Und letztlich über und unter Ring und Scheibe eine Art Lichthof, der sich über rund 10 000 Kilometer ausdehnt.

Zunächst glaubten einige Wissenschaftler, die Ringe seien aus relativ großen Partikeln zusammengesetzt. Doch nach der Art und Weise, wie sie das Licht der Sonne streuten, mußten sie wesentlich kleiner sein. Die Berechnungen deuteten darauf hin, daß die Teilchen wenige Mikrometer groß und damit weitaus feiner als gewöhnlicher Hausstaub waren. Diese Zusammensetzung erschwerte allerdings eine plausible Erklärung für die Existenz des Ringes: Staubiges Material kann unmöglich über lange Zeit stabil bleiben. Es wird entweder zerstrahlt oder von der Schwerkraft des Jupiter aufgesogen. Welche Kräfte, fragten sich die Astronomen, hielten den Ring dann an seinem Ort?

Tobias Owen meinte anfänglich, die kreisenden Ringe seien eine Art fließendes Phänomen und würden laufend von außen mit neuer Materie gefüttert. Mögliche Quellen dafür wären der Staub von Kometen und Meteoriten oder der schwefelige Vulkanauswurf des Mondes Io. Die Masse des Ringes bleibt in diesem Modell konstant, weil die Teilchen immer wieder miteinander kollidieren, dabei Energie verlieren und von der Masse des Jupiter angezogen werden. Der Ring wäre somit nichts anderes als eine Zone, in der sich der Staub des Jupitersystems vorübergehend staut, ähnlich wie eine Fahrzeugkolonne an einer Autobahnbaustelle.

Joseph Burns von der Cornell Universität in New York konnte sich mit diesen Überlegungen nicht anfreunden. Er glaubt, daß der Staub von um den Jupiter kreisenden Kleinstmonden stammt, die im Laufe der Zeit unter dem Bombardement von Mikrometeoriten zerbröseln. Tatsächlich fanden die Wissenschaftler auf den Voyager-Fotos am äußeren Rand des Ringes auf fast identischen Orbits die zuvor unbekannten Zwillingsmonde Adrastea und Metis. Einen Beweis für Burns' Theorien lieferten die Monde allerdings nicht.

Die Astronomen waren nach der Entdeckung des Jupiter-Ringes um wenige Antworten, aber um viele Fragen reicher. Das Rätsel der Ringe, so hofften sie, ließe sich möglicherweise auf der nächsten Station der Reise lösen: Beim Besuch von Saturn, dem beringten Planeten schlechthin, für viele Astronomen das schönste Objekt, das sich am Nachthimmel beobachten läßt.

Vor den Voyagersonden lag die Reise vom Jupiter zum Saturn – eine unvorstellbare Strecke von 640 Millionen Kilometern.

Der Herr der Ringe

Saturn und seine Monde

Die Voyager-Zwillinge waren nicht die ersten Besucher bei Saturn. Im September 1979, Voyager 2 hatte Jupiter vor ein paar Monaten hinter sich gelassen, flog die „Pfadfindersonde" Pioneer 11 – inzwischen in „Pioneer-Saturn" umbenannt – an dem Ringplaneten vorbei. Die Reise war tatsächlich ein Pionierstück: Die Wissenschaftler hatten damals kaum eine Vorstellung davon, was in der Nähe des Saturn zu erwarten war. Ursprünglich wollten sie das Raumschiff bei der Begegnung durch die sogenannte Cassinische Teilung schicken, eine Art Lücke in dem komplexen Ringsystem des Planeten. Nur Bradford Smith, der Astronom aus Tucson, Arizona, der auch maßgeblich an der Pioneer-Mission beteiligt war, drängte auf einen anderen Weg. Und sein Vorschlag setzte sich durch. Eine weise Entscheidung, wie sich später herausstellen sollte. Denn die Tour durch die vermeintliche Lücke hätte das Raumschiff kaum überlebt.

Auf der neuen Route zog Pioneer sicher und nah an Saturn vorbei und überflog seine Atmosphäre in einem Abstand von 21 000 Kilometern. Für damalige Verhältnisse eine ungeheure Präzisionsleistung. Doch weil die Sonde nur archaische Kameras und primitive Computer an Bord hatte, konnte sie lediglich Bilder von mäßiger Qualität zur Erde funken.

Monate später nähern sich die Voyager-Zwillinge, seit rund drei Jahren auf ihrem Marathon im All unterwegs, dem „Herrn der Ringe". Voyager 2 ist zu diesem Zeitpunkt auf ihrer zeitaufwendigeren Route bereits 250 Tage im Rückstand. Als Voyager 1 Anfang November 1980 mit einer Geschwindigkeit von rund 50 000 Kilometern pro Stunde von „oben" an Saturn heranfliegt und dabei von der Schwerkraft des Planeten weiter beschleunigt wird, kommen die ersten gestochen scharfen Bilder im JPL an. Unter idealen Lichtbedingungen – das Raumschiff hat die Sonne im Rücken – zeigen die Kameras ein schwarzweißes Ringsystem, das immer mehr an die Rillen einer Langspielplatte erinnert: Aus den sechs bekannten Ringen werden Dutzende, Hunderte, Tausende mit immer kleinerem Durchmesser. (Die Voyager-Kameras nehmen alle Fotos zunächst in Schwarzweiß auf. Von manchen Objekten machen sie drei Belichtungen durch verschiedene Farbfilter. Auf der Erde lassen sich die drei Aufnahmen dann, vergleichbar mit dem Vierfarbendruck, zu einem Farbbild kombinieren.)

Dann wieder scheint es, als seien die unzähligen Ringe gar nicht voneinander getrennt, sondern endlos aneinandergereihte Wellentäler und -berge. Offenbar dirigieren kleine Monde die Ringe auf ihren Bahnen.

Und nicht nur die Ringpartikel auf den Bahnen, auch die Bahnen selbst sind in Bewegung: Manche Ringe ändern ihr Aussehen von einem Tag auf den anderen. Selbst die Cassinische Teilung, jene Zone, die von der Erde aussieht wie eine Lücke, ist mit mindestens drei Dutzend Ringen gefüllt.

Der helle, sogenannte B-Ring, der zwischen der Teilung und dem Planeten liegt, weist geheimnisvolle dunkle Flecken auf, die um den Saturn kreisen wie die Speichen eines Rades um die Nabe. Weiter außen, zwischen F- und G-Ring, kreisen zwei winzige Monde, die sich, vermutlich seit Urzeiten, wie in einem himmlischen Wagenrennen, eine kosmische Verfolgungsjagd liefern. Wer das Rennen gewinnen wird, ist ungewiß, denn bisher wechseln die beiden Saturn-Satelliten ständig die Führung. Drei „Schäfermonde", zwei außerhalb des zum Teil unregelmäßig verformten F-Ringes und ein weiterer in der Nähe des A-Ringes, scheinen mit der Macht ihrer Gravitation das gesamte Ringsystem zu kontrollieren.

Binnen weniger Tage sind die Experten am JPL überhäuft mit neuen, oft unerklärlichen Daten aus der Welt der Ringe. Es ist, als hätten sie den Planeten, den die frühen Astronomen lange für den äußersten in unserem Sonnensystem hielten, neu entdeckt.

In den ersten Stunden des 15. Juli 1610 richtete Galileo Galilei sein Fernrohr in den Nachthimmel. Der Italiener besaß nur ein einfaches, selbstgebautes Gerät, das die anvisierten Objekte verschwommen zeigte und gerade 32-fach vergrößerte. Aber es war das beste Teleskop seiner Zeit – und es war gut genug, Saturn und seine Ringe zu beobachten. In dieser Nacht sah Galilei den Planeten, wie er schrieb, „in Dreigestalt". Zu beiden Seiten des Saturn entdeckte er irgendetwas Undefinierbares, möglicherweise waren es kleine Monde. Als der Gelehrte zwei Jahre später erneut zum Saturn spähte, waren die Anhängsel verschwunden. Vier Jahre später tauchten sie wieder auf.

Im Frühjahr 1655 entdeckte der holländische Astronom Christiaan Huygens mit einem weiterentwickelten Fernrohr einen kleinen Lichtfleck nahe dem Planeten, der 16 Tage für einen Umlauf um den Saturn brauchte. Es war ein Saturnmond, der allerdings nichts mit der von Galilei beobachteten Dreigestalt zu tun hatte. (Erst 200 Jahre später bekam der größte der Saturntrabanten den Namen „Titan".) Als Huygens die Bahn des Mondes untersuchte, fiel ihm auf, daß er „schief" um Saturn kreiste. Es war, als läge der ganze Planet auf der Seite. Tatsächlich ist Saturn um mehr als 20 Grad gegen die Ebene seiner Umlaufbahn um die Sonne geneigt.

Bei seinen Beobachtungen wurde dem Holländer mit einem Mal deutlich, was Galilei zwar gesehen hatte, aber nicht erklären konnte: Saturn war nicht nur von dem Mond Titan, sondern auch von einem dünnen, scheibenartigen Ring umgeben. Und der hing, von der Erde aus betrachtet, meist „schräg" auf der Saturn-Kugel, ähnlich wie ein verrutschter Heiligenschein. Galilei sah die Scheibe, je nach Saturnstand, mal von unten, mal von oben – und manchmal gar nicht: Dann nämlich, wenn er direkt auf die dünne Ringebene blickte. Galileis „Dreigestalt", die den irdischen Astronomen der damaligen Epoche wie „Ohren", „Griffe" oder „Henkel" am Saturn erschien, entstand letztlich nur aus den über den Planeten hinausragenden Teilen eines Ringsystems, das die Gelehrten aus unterschiedlichen Perspektiven beobachtet hatten.

Im Laufe der Zeit wurden die Fernrohre immer besser, allerdings auch so unförmig, daß sie kaum noch zu handhaben waren. Mit einem dieser monströsen Geräte sah Giovanni Domenico Cassini aus dem italienischen Bologna (der später am Hofe von Ludwig XIV. die Sternwarte in Paris leitete und dann Jean Dominique Cassini hieß) zum ersten Mal, daß der Ring des Saturn in zwei, ja sogar in drei Ringe zerfiel: Außen lag Ring A, dann kam eine Lücke, eine dunkle Linie, die „Cassinische Teilung", daran schlossen sich Ring B und noch weiter innen Ring C an. (Die Saturnringe wurden der Reihenfolge ihrer Entdeckung nach benannt, nicht alphabetisch nach ihrer Anordnung um den Planeten. Der heute bekannte Aufbau der Ringe lautet von innen nach außen: D–C–B–Cassinische Teilung–A–F–G–E.)

Schon zu Zeiten Cassinis mangelte es nicht an gewagten Hypothesen, um die Existenz des Ringsystems zu erklären. Der Italiener selbst glaubte, es seien in Wirklichkeit unzählige kleine Satelliten, die nur aus der Entfernung und in der schlechten Auflösung der Teleskope aussähen wie eine Scheibe. Der Astronom William Herschel, der 1781 den Uranus entdeckt hatte, und der Theoretiker Pierre Simon de Laplace meinten, Tausende von Ringen hätten sich seit den frühen Tagen des Sonnensystems aus Staub zu Fels verfestigt und rotierten seither als starre und steife Kringel um den Saturn. George Bond, ein anderer zeitgenössischer Astronom, stellte gar Berechnungen an, nach denen die Ringe flüssig hätten sein müssen. Die Wissenschaftler theoretisierten mit großem Elan, und sie ließen sich ihre Überlegungen immer wieder durch die Beobachtungen mit ihren Fernrohren bestätigen – oder aber widerlegen.

Erst als den Forschern modernere astronomische Methoden zur Verfügung standen, kam etwas mehr Klarheit in das Bild vom Saturn. Richtig „sehen" konnten die Wissenschaftler den Planeten mit seinen Ringen freilich erst, als Voyager 1 im Jahr 1980 ihre Fernsehkameras einschaltete: Die Sonde sollte die Vorstellung vom Saturnsystem ähnlich revolutionieren, wie Jahrhunderte zuvor Galileis Teleskop.

Anfang Oktober 1980, und fast 60 Millionen Kilometer von dem gelblich schimmernden Planeten entfernt, liefert die Sonde dreimal bessere Fotos, als sie je ein Teleskop von der Erde aus aufgenommen hat. Ende Oktober und drei Wochen vor dem Vorbeiflug an Saturn stückelt das Bildteam in Pasadena aus 120 Einzelfotos eine Zehn-Stunden-Sequenz der Reise zu einem kurzen Film zusammen: Erstmals beginnt sich die „Saturn-Schallplatte" im All zu drehen. In dieser LP findet der JPL-Wissenschaftler Andrew Collins zwei kleine, zuvor unbekannte Monde innerhalb und außerhalb des F-Rings. Später wird Voyager 1 einen weiteren Mond aufspüren. Auch Voyager 2 wird drei neue Trabanten entdecken.

Der Mond unter Wolken

Neun Tage vor der direkten Begegnung mit dem Planeten kam der Saturnmond Titan groß ins Bild. Am JPL begann die heiße Encounterphase, und sie sollte weitaus hektischer verlaufen als während des Jupiter-Vorbeifluges anderthalb Jahre zuvor. Zum einen gab es im Umfeld von Saturn mit seinen Ringen und Monden mehr zu sehen als im Reich des Jupiter. Zum anderen ist das Saturnsystem dichter gepackt und ließ den Voyagersonden weniger Zeit zur Beobachtung. Die Wissenschaftler bekamen mehr Meßergebnisse auf den Tisch, als sie verarbeiten konnten. „Das ist der reinste Daten-Overkill", meinte ein beteiligter Forscher am JPL.

Im November 1980 drängten sich in den Räumen in Pasadena Hunderte von Journalisten aus aller Welt. *Time* und *Newsweek,* die beiden großen Nachrichtenmagazine der Vereinigten Staaten, druckten in den kommenden Wochen den magischen Ringplaneten auf ihren Titelbildern ab. Und die Forscher wußten nicht so recht, ob sie froh oder bestürzt ob des ganzen Rummels sein sollten. Denn nach dem Saturnbesuch der Voyagersonden sollte es für eine lange Zeit keine Planetenmissionen der Nasa mehr geben: Uranus, die dritte Station des Marathons im All, lag in ungewisser, weiter Ferne. Und die „Magellan"-Sonde sollte erst im Frühjahr 1989 zur Venus starten.

Auf Titan waren die Experten seit dem Start der Raumschiffe gespannt. Titan ist der einzige Mond im Sonnensystem, der eine nennenswerte eigene Atmosphäre hat, und er galt als größter Mond zwischen Merkur und Pluto. Voyager 1 sollte ihn möglichst nahe passieren. Dieser Flug, das war den Ingenieuren am JPL von vornherein klar, würde ein Opfer fordern: Nach der Begegnung mit Titan und Saturn wurde die Sonde aus der Planetenebene geschleudert und entschwand in die Weiten des Alls. Aber die Tuchfühlung mit dem rotorangenen Mond, der auf den ersten Fotos aussah wie eine gigantische, kosmische Apfelsine, sollte sich lohnen. Sie stand für den Abend des 12. November 1980 um neun Uhr 49 pazifischer Zeit auf dem Programm. Dann sollte die Sonde in einem Abstand von nur 4 000 Kilometern über Titan hinwegfliegen.

Tobias Owen, der Astronomieprofessor aus New York, der einst Bradford Smith unermüdlich zu der Suche nach den Jupiterringen gedrängt hatte, war Leiter der Titan-Arbeitsgruppe. „Titan", meint Owen, „hat ungefähr die gleiche Größe und Dichte wie Ganymed oder Kallisto, da könnte man annehmen, er sähe auch ähnlich aus wie die beiden Jupitermonde. Aber das Sonnenlicht, das Titan reflektiert, erzählt eine ganz andere Geschichte." Der Saturnsatellit sieht schon durch irdische Teleskope betrachtet aus, als sei er in eine rotorange Wolke aus Gas gehüllt. Ganymed und Kallisto hingegen erscheinen nackt und farblos.

Der Brite Sir James Jeans hatte bereits gegen Anfang des Jahrhunderts über eine mögliche Atmosphäre auf Titan nachgedacht: Aus dem Abstand des Mondes zur Sonne errechnete er eine Oberflächentemperatur von etwa minus 187 Grad Celsius. Bei dieser Kälte bewegen sich gasförmige Moleküle mit einer relativ geringen Geschwindigkeit. Auf Titan sollte es demnach noch Gase geben, die auf Ganymed oder Kallisto, wo es wärmer ist, längst ihre Fluchtgeschwindigkeit erreicht haben – und ins All entschwunden sind. Jeans sagte voraus, daß auf Titan nur Gase mit einem Molekulargewicht von über 15 existieren würden. (Ein geringeres Molekulargewicht haben beispielsweise die Gase Wasserstoff oder Helium.) Knapp über der Jeans-Grenze lagen hingegen Ammoniak, Argon, Neon, molekularer Stickstoff oder Methan. All diese Verbindungen kamen – rein theoretisch – als Bestandteile für eine mögliche Atmosphäre auf Titan in Frage.

Der dänisch-stämmige Amerikaner Gerard Kuiper von der Universität in Chicago konnte später tatsächlich eine dieser Substanzen nachweisen. Kuiper war der einzige Wissenschaftler in den USA, der sich in der Zeit nach dem Zweiten Weltkrieg ernsthaft mit den Planeten beschäftigte, die damals als ausgesprochen langweilig galten. Später begründete der Forscher an der University of Arizona in Tucson die erste Abteilung für Planeten-Wissenschaften und bildete einen Teil der heute führenden Astronomen aus, darunter Tobias Owen, der bei Kuiper seine Doktorarbeit schrieb.

Kuiper fand die ersten Anzeichen für das Vorkommen von Methan auf Titan, als er 1944 das Infrarot-Teleskop des McDonald-Observatoriums in Fort Davis, Texas, auf den Mond richtete. Später entdeckten die Wissenschaftler weitere Gase, und bis zum Herbst 1980, als Voyager im Anflug auf den Mond war, gingen sie davon aus, eine Atmosphäre aus Methan, Äthan, Acetylen und möglicherweise Stickstoff vorzufinden.

Diese Zusammensetzung sagt dem Laien wenig. Für den Experten allerdings ist dies eine der brisantesten Gasmischungen, die er im Sonnensystem erwarten kann: Die Atmosphäre auf Titan ähnelt womöglich jener, die einst die Erde in ihrer Jugendzeit vor

Milliarden von Jahren umwaberte. Damals gab es noch keinen Sauerstoff in der Atmosphäre, und es entstanden die ersten primitiven Formen von Leben.

Mit dieser gasförmigen „Ursuppe" stellen die Astrochemiker seit Jahren hochinteressante Experimente an: Um die Bedingungen der Erdfrühzeit zu simulieren, jagen die Forscher elektrische Entladungen oder UV-Blitze durch ein Gefäß mit einer Gasmischung, beispielsweise aus Ammoniak, Methan, Wasserdampf und Wasserstoff. Mit dem synthetischen Gewitter lassen sich einfache organische Verbindungen erzeugen – eine braune Schmiere aus Molekülen, die aus den Elementen Kohlenstoff, Stickstoff, Wasserstoff und Sauerstoff aufgebaut ist. Aus einem ähnlichen Primitv-Chemiebaukasten, so meinen die Evolutionsforscher, könnte einst auf unserem Planeten das Erbmolekül DNA* entstanden sein. Die DNA ist, dank ihrer leiterartigen Struktur einer Doppelhelix, in der Lage, sich selbst zu vervielfältigen. Mit der Existenz der DNA kann eine Kettenreaktion beginnen, die zur Entwicklung mannigfacher Lebensformen, zur Evolution, führt. Niemand am JPL dachte ernsthaft daran, Voyager könnte irgendwelche noch so primitiven Wesen auf Titan antreffen, denn für jedwedes Leben ist es dort viel zu kalt. Aber die Wissenschaftler erhofften sich wenigstens einen Einblick in die präbiologische Kinderstube der Erde.

„Einige von uns glaubten, daß Voyager durch die Titanatmosphäre bis auf die Mondoberfläche hätte blicken können", erinnert sich Tobias Owen an die Tage, als sich das Raumschiff dem Saturnsatelliten näherte. Doch die Forscher wurden – zumindest in diesem Punkt – enttäuscht: Wie ein dichter Vorhang lag eine dicke Aerosolschicht** über allem, was die Forscher hätte interessieren können. Der Mond blieb kontur- und strukturlos, „wie ein flaumiger Tennisball ohne Nähte", meint Owen. Die Sonde kam an den Mond zwar so nahe heran wie an keinen anderen Himmelskörper während der ganzen Reise, und die Auflösung der Bilder war hervorragend. Doch auf den Fotos war nichts zu erkennen. Das interessanteste Detail nahm Voyager erst wahr, als sie Titan passiert hatte, und die Kameras einen letzten Blick auf den Saturnmond warfen: Im Gegenlicht wurde über der Wolkenschicht eine zusätzliche, 50 Kilometer dicke, schimmernde Dunstglocke sichtbar.

Enttäuschend war Titan allenfalls für die bildhungrigen Journalisten. Nach den spektakulären Fotos der Ringe des Saturns war der konturlose Mond in fahlem Orange eine Niete. Die Wissenschaftler hatten hingegen keine Probleme mit dem Bildausfall. Voyager besaß schließlich neben den Kameras noch andere Meßinstrumente.

---

* Die Desoxyribonukleinsäure (engl. Kürzel: DNA) ist ein langgestrecktes Fadenmolekül, das allen Lebewesen als Träger der jeweils unterschiedlichen Erbinformation dient
** Aerosol = in der Atmosphäre schwebende Partikel, die größer sind als einzelne Moleküle, aber noch nicht schwer genug, um zu Boden zu sinken

So vermeldeten das Infrarot-Spektrometer und der Radiowellen-Detektor überraschenderweise eine große Menge von Stickstoff in der Titanatmosphäre – das sind ähnliche Bedingungen wie bei uns auf der Erde. Methan hingegen machte nur wenige Prozente aus.

Die Voyagerinstrumente fanden auch Cyanwasserstoff, eine Verbindung, bei der die Evolutionstheoretiker im allgemeinen hellhörig werden. Sie gilt als eine der Schlüsselsubstanzen für den Aufbau von biologischen Molekülen, wie der DNA oder Aminosäuren, den Bausteinen für die Eiweiße. Cyanwasserstoff kann entstehen, wenn geladene Teilchen aus dem Magnetfeld des Saturn oder UV-Strahlen der Sonne Stickstoff- und Methanmoleküle zerstören und sich dann aus den Fragmenten neue Verbindungen aufbauen.

Niemand weiß, ob es auf Titan je zu komplexen Reaktionen mit langkettigen organischen Molekülen als Endprodukten gekommen ist. Die Chancen dafür stehen aber nicht schlecht. „Titans Atmosphäre ist wie eine gigantische Chemiefabrik", erklärt David Morrison von der University of Hawaii und Direktor des Infrarot-Teleskopes auf dem Vulkan Mauna Kea, „und als Folge dieser Reaktionen entstehen verschiedene organische Dämpfe – eine Art Smog."

Weil es bei den tiefen Temperaturen auf Titan (die Voyager-Meßgeräte ermittelten minus 177 Grad Celsius an der Oberfläche des Mondes) kein flüssiges Wasser gibt, kann auch kein Regen diesen Smog vom Himmel waschen. Die Folge ist jene dicke Aerosolschicht, die den Kameras den Blick auf die Mondoberfläche verwehrte. Auf einem Quadratmeter Titan lastet eine Menge an Gas, die etwa zehnmal schwerer ist als eine vergleichbare Gassäule der Erdatmosphäre. Trotzdem erreicht der Druck auf Titan nur das anderthalbfache des irdischen Luftdrucks. Der Grund dafür ist einfach: Die Masse des Saturnmondes ist 45mal geringer als die der Erde, folglich ist auch die Anziehungskraft von Titan weitaus kleiner. Sie beträgt nur ein Siebtel der Erdanziehungskraft.

Doch auch ohne Regen rieseln die Dunstpartikel im Laufe der Jahrtausende auf den Mond herab. Dort haben sie sich vermutlich Schicht für Schicht als Sediment abgelagert, eine Art Zeittafel, die die Entwicklung auf Titan widerspiegelt. Die Forscher schätzen, daß sich das Material mittlerweile ein paar hundert Meter, möglicherweise sogar einige Kilometer hoch aufgetürmt hat. Diese Schichten bergen vielleicht einige Überraschungen: Denn falls der Mond im Laufe seiner Entwicklung einmal wärmere Zeiten erlebt hat, und dabei biologische Moleküle oder gar eine Art von Leben entstanden, müßten die Relikte davon noch heute in den Sedimenten versteckt liegen.

Nichts täten die Astronomen lieber, als in den Schichten von Permafrost nach den Spuren der Vergangenheit zu graben. Eine zukünftige Forschungsmission zum Saturn würde deshalb auch einen Abstecher zu Titan einschließen. Möglich wäre es, eine

Sonde in die Atmosphäre eintauchen zu lassen, um die photochemischen Reaktionen genauer zu untersuchen. Eventuell könnte das Raumschiff sogar landen und die Sedimente analysieren. Vor allem aber würde der Meßroboter ein paar Monate lang um den Mond kreisen und die unter dem Smog verborgene Oberfläche mit Radarstrahlen vermessen, um anhand der Daten eine topographische Karte von Titan anzufertigen. Der spannendste – allerdings nicht ganz realistische – Versuch wäre, ein paar tausend Kubikmeter der titanischen „Ursuppe" auf irdische Temperaturen aufzuheizen und dann abzuwarten, ob dabei tatsächlich komplexe Moleküle entstehen.

Bis heute können die Astronomen nur spekulieren, wie die Titan-Landschaft unter den Wolken aussieht. Das „Land" auf Titan besteht höchstwahrscheinlich aus Wassereis, das bedeckt ist von den gewaltigen Niederschlägen aus der Smogschicht. Wenn sich die Kruste von Titan, ähnlich wie auf der Erde, durch tektonische Kräfte im Inneren des Mondes bewegt, dann gibt es Berge, Hügel, Einschnitte, Täler – aber auch Flüsse, Seen und Ozeane. Dort fließt natürlich kein Wasser. Doch bei den tiefen titanischen Temperaturen sind die Moleküle von Methan (das wir bei uns als Erdgas kennen), Äthan und Propan zu Flüssigkeiten kondensiert. Vor allem das Methan, das unter diesen Verbindungen am häufigsten ist, übernimmt die Rolle, die das Wasser auf unserem Planeten hat: Es fließt in Strömen, es schwebt als Gas in der Atmosphäre, ballt sich möglicherweise in Wolken und regnet eventuell in Methantropfen ab.

So nahe der Vergleich zur Erde liegt, so unterschiedlich würde sich Titan einem fiktiven Astronauten präsentieren. Tobias Owen liebt es, einen „Besucher" in einem Boot über den Ozean aus Methan zu geleiten: Sicher würde es ein kalter und dunkler Ausflug, denn die ferne Sonne schickt nur wenig Licht durch die orangene, dichte Atmosphäre. Selbst zur Mittagszeit wird es nicht heller als in einer irdischen Vollmondnacht. „Die Navigation im Boot wäre eine schwierige Angelegenheit", vermutet Owen, denn weder kann sich der Kapitän nach den Sternen richten, noch einen Kompaß benutzen, weil Titan kein eigenes Magnetfeld besitzt. Die Sicht über das Meer hingegen, schätzt der Amerikaner, wäre gut, weil die dicken Wolken weit oben in der Atmosphäre hängen. Höchstens eine Wolkenbank aus Methan oder Äthan könnte einmal den Ausblick verwehren.

Gefährliche Wellen bräuchte der Seefahrer kaum zu erwarten, denn die Temperaturunterschiede auf Titan sind minimal und somit entstehen keine starken Winde. Deshalb ist es auch nicht ratsam, mit einem Segelboot auf große Fahrt zu gehen.

„Aber würde man mit einem Außenbordmotor vorwärts kommen?", fragt Owen, wohl wissend, daß es auf diese Frage wiederum eine überraschende Antwort gibt: Auf der Erde verbrennt ein Schiffsmotor einen fossilen Treibstoff (Öl, Gas oder Kohle) mit dem Sauerstoff der Luft zu den Verbrennungsgasen Kohlendioxid und Wasser. Auf Titan gibt es aber keinen Sauerstoff. Zwar könnte der Astronaut den Treibstoff Methan direkt aus dem See pumpen, den Sauerstoff jedoch müßte er von der Erde mitbringen.

Warum aber gibt es auf dem Trabanten des Saturn überhaupt eine solch eigenartige Atmosphäre? Es gilt heute als sicher, daß die Gashülle des Titan nicht aus der Urwolke des Sonnensystems stammt, sondern im Laufe der Mondevolution an Ort und Stelle entstanden ist: Ähnlich wie auf der Erde entwichen im Laufe der Jahrmilliarden gasförmige Verbindungen aus der Kruste des Mondes und sammelten sich in der Atmosphäre.

Titan besteht zu rund 50 Prozent seiner Masse aus Wassereis. Der Rest ist Silikatgestein. Eis ist bei extrem niedrigen Temperaturen dank seiner Molekülstruktur ein idealer Speicher für Gase. Unter den derzeit typischen Titanverhältnissen bleiben beispielsweise Methan, Stickstoff oder Kohlenmonoxid als sogenannte Hydrate fest an die Eiskristalle gebunden. Stiege die Temperatur über minus 138 Grad Celsius an, und solche „warmen" Bedingungen könnte Titan durchaus schon einmal erlebt haben, dann entwichen die gebundenen Gase aus dem Mantel des Mondes in die Atmosphäre. Ganymed und Kallisto, die beiden Jupitermonde, die der Sonne weitaus näher sind, haben vermutlich nie Temperaturen erreicht, die tief genug waren, um die Gase, die es heute in der Titan-Atmosphäre gibt, in ihrem Eis zu speichern. Sie haben ihre potentielle Atmosphäre schon in ihrer Entstehungszeit verloren.

Angesichts der „Ursuppe", den DNA-Spekulationen und der geheimnisvollen Atmosphäre wundert es nicht, daß Titan zu den Lieblingsorten der Science-Fiction-Schreiber gehört. Der Amerikaner Roger Zelazny läßt seit über 20 Jahren seiner Phantasie freien Lauf – und er hat in seinen geistigen Eruptionen natürlich auch Saturn, seine Ringe und Monde, vor allem aber Titan besucht:

Bei Zelazny dringen im 22. Jahrhundert nicht nur unbemannte Sonden, sondern auch Astronauten, Wissenschaftler oder Erzschürfer in das Reich der Ringe vor. Natürlich kommen die Erdenbürger im Jahr 2189 nicht aus ideellen Gründen zum Saturn, sondern weil es dort etwas zu holen gibt. Aus dem flüssigen Inneren des Planeten beuten sie das Heliumisotop-3 aus, einen Stoff, den sie für ihre Kernfusionsreaktoren benötigen. Auf dem Saturnmond Phoebe dröhnen die kosmischen Bagger und Bulldozer. Sie verladen Gestein und Eis, um die Außenposten im Saturnsystem mit Baustoffen zu versorgen. Klotzige Raumfähren heben mühelos von dem winzigen und gravitationsschwachen Mond ab.

Auf Titan, dem erdenähnlichsten Ort weit und breit, haben die Exploratoren ihr Basislager errichtet. So vertraut der Mond den Astronauten geworden ist, seinen Mythos hat er nicht verloren: Denn noch immer wissen die Irdischen nicht, ob sie alleine auf Titan sind. Werden sie hier, in der unwirtlichen Welt der eisigen Ozeane und der dichten Atmosphäre, fremde Organismen finden? Lebensformen, die an die extremen Bedingungen angepaßt sind? Wesen, die den superleichten Wasserstoff, der auf Titan in Spuren vorkommt, in sich aufsaugen und dann wie ein Ballon durch die Atmosphäre schweben?

Eines Tages entspinnt sich in der Kantine der Titanstation ein Gespräch zwischen Rick, dem Mathematiker und Ingenieur für kosmischen Bergbau, und Morton, dem kleinen, rundlichen Arzt, der seiner dicken Brillengläser wegen aussieht, als habe er Eulenaugen. Morton, der Träumer, ist überzeugt davon, daß es auf Titan Leben gibt.

„Solche Wesen gibt es nicht", entgegnet Rick, „und wenn sie existierten, gäbe es keinen Grund, warum wir mit ihnen in Kontakt treten sollten. Sie gestalten nichts, sie bewegen nichts, sie betreiben keine Wissenschaft. Selbst wenn sie großartige Ideen hätten, könnten sie diese nicht untereinander weitergeben. Stirbt ein solches Wesen, stirbt auch der Gedanke. Die Toten sinken einfach auf den Boden und verschwinden. Nichts Bleibendes. Sie haben kein Zuhause, sie streifen nur ziellos umher. Sie fressen nur und hängen ihren punktsymmetrischen Gedanken nach. Sie sind einfach stupide."

„Oh nein", erwidert Morton erschrocken, „wir können uns nur nicht vorstellen, was sie denken und fühlen. Gerade deshalb ist es so wichtig und aufregend, mit ihnen in Verbindung zu treten."

„Morty", sagt Rick kopfschüttelnd, „das ist ein Fall wie das Monster von Loch Ness. Ich glaube einfach nicht, daß es sie gibt. Das Universum ist ein einsamer Ort."

Die Diskussion endet und Rick geht – leicht verstört – zurück in seinen Kontrollraum, während über ihm in den Wolken der Atmosphäre die Titaner unter galaktischen Gesängen organische Moleküle abgrasen, schwerelos umhertreiben, herabsinken, um wieder aufzusteigen, aufsteigen, um herabzusinken. Ein endloser himmlischer Tanz, begleitet von geheimnisvollen Weisen ...

Im Fuhrpark des Saturn

Den Ingenieuren in Pasadena blieb wenig Zeit, über das Rätsel der Titaner zu grübeln. Denn kaum hatte Voyager 1 am Abend des 12. November Titan passiert, da stellte sich heraus, daß die Sonde einen falschen Kurs einschlagen würde. Der Fehler kam nicht ganz unerwartet, denn noch als sich Voyager Titan näherte, waren die genaue Masse und der Umfang des Mondes unter seiner dichten Wolkendecke unbekannt – und damit der Schwerkrafteinfluß, den der Mond auf die vorbeifliegende Sonde ausüben würde.

Die Astronomen hatten sich bei ihren Beobachtungen von der Erde aus von der aufgeblähten Gashülle des Mondes täuschen lassen: Titan war mit einem Durchmesser von 5150 Kilometern kleiner als erwartet – kleiner beispielsweise als der Jupitermond Ganymed, der auf einen Durchmesser von 5262 Kilometer kommt.

Zu allem Überfluß entdeckte die Bodenkontrolle noch einen zweiten Fehler im Flugprogramm: Titan befand sich nicht an jenem Ort, wo ihn die Computerexperten des JPL vermutet hatten, sondern rund hundert Kilometer von dem erwarteten Punkt entfernt. Doch diese Panne entpuppte sich als wahrer Segen, denn zufällig hoben sich beide Fehler gegenseitig nahezu auf. Die Flugleitung in Pasadena mußte zwei Stunden nach der Titan-Begegnung lediglich eine kurze Anweisung an die Bordcomputer abschicken, damit sich die Kameras im richtigen Winkel auf die angepeilten Objekte richteten, die noch kommen sollten.

In den nächsten Stunden ging es Schlag auf Schlag durch das Saturnsystem. 38 Minuten vor Mitternacht tauchte Voyager 1 von oben durch die Ringebene. Um zwei Uhr 16 warf die Sonde einen Blick auf den noch weit entfernten Mond Tethys. Zwischendurch kamen weitere Ring-Fotos im JPL an. Um viertel vor vier am nächsten Nachmittag raste das Raumschiff über die Saturn-Wolkendecke hinweg. Kurz vor sechs passierte es Mimas. Wenig später schwenkten die Kameras schon auf Enceladus. Zwischen sieben Uhr acht und acht Uhr 35 verschwand der Roboter hinter dem Saturn: Funkstille für anderthalb Stunden. Währenddessen zeichnete Voyager Bilder vom D-Ring und von dem Mond Dione auf Band auf. Um 20 nach zehn richteten sich die Kameras auf Rhea. Danach vergrößerten sich die Abstände zwischen den einzelnen Stationen, denn die kleinen äußeren Monde des Saturn – Hyperion und Japetus – bewegen sich in Abständen von rund 1,5 beziehungsweise rund 3,6 Millionen Kilometern um den Mutterplaneten. Phoebe, den äußersten Satelliten mit einem Durchmesser von nur 220 Kilometern, der auf seinem Orbit in 13 Millionen Kilometern Entfernung zu Saturn rückwärts läuft, bekam Voyager 1 überhaupt nicht zu sehen. Erst Voyager 2 sollte im August des folgenden Jahres ein Bild des Mondes zur Erde schicken. Auf dem Foto war freilich wenig zu erkennen, denn der Trabant ist klein und dunkel. Dennoch interessierten sich die Mondfreaks am JPL ganz besonders für den außergewöhnlichen Zwerg, der nicht nur „verkehrt herum", sondern auch auf einer um 150 Grad geneigten Bahn alle 550,5 Tage einmal um Saturn kreist: Entweder ist Phoebe ein eingefangener, dunkler Asteroid, der sich seit der Frühphase des Sonnensystems nicht verändert hat, glaubt Larry Sonderblom von der geologischen Bundesanstalt in Flagstaff. (Dann wäre es der erste Asteroid, der je aus der Nähe fotografiert wurde.) Oder es ist ein ehemaliger Satellit des jungen Jupiter, der einst die Bahnen um den Gasgiganten verlassen hat und in den Einzugsbereich des Saturn geriet? Auf jeden Fall kreist Phoebe als relativer Neuling um Saturn.

„Insgesamt", faßt Larry Sonderblom zusammen, „eröffneten die beiden Voyagersonden den Blick in 17 neue Welten." 17 Trabanten, von denen vor dem Besuch der Raumschiffe nur elf bekannt waren. Nach der Voyagerreise entdeckten die Astronomen bei genauerer Auswertung der Daten drei weitere Satelliten, so daß bis heute 20 Saturnmonde beschrieben sind. Der Ringplanet besitzt damit den größten „Fuhrpark" im gesamten Sonnensystem. Sicher umrunden den Saturn noch weitere, bisher unbekannte Monde. In manchen Veröffentlichungen sind bereits mehr als 20 Trabanten erwähnt. Ihr Nachweis beruht jedoch auf möglicherweise ungenauen Beobachtungen.

Nur Titan ist, mit einem Durchmesser von rund 5150 Kilometern, etwa so groß wie die vier Galileischen Monde des Jupiter. Tethys, Dione, Rhea und Japetus kommen auf 1000 bis 1500 Kilometer und sind damit nicht einmal halb so groß wie der Erdenmond. Mimas und Enceladus sind relativ kleine Kugeln, die mit einem Durchmesser von 396 beziehungsweise 506 Kilometern in den Raum zwischen Hamburg und Mannheim passen würden. Die restlichen Monde sind noch kleiner, oft unregelmäßig geformt und meist aus Staub und Eis zusammengesetzt, dem Stoff, aus dem die Kometen sind – nichts als kalte, vom Unrat des Universums verschmutzte Schneebälle. Diese rasenden Eisberge waren weitaus interessanter, als es die Wissenschaftler ursprünglich angenommen hatten: Nachdem Voyager 1 ein paar dieser Winzlinge genauer studiert hatte, änderten die Astronomen am JPL umgehend den Arbeitsplan für die Zweitsonde. Voyager 2, deren Kameras schärfere Bilder lieferten als die der Schwestersonde (obwohl die Geräte an Bord der beiden Raumschiffe baugleich waren), sollte sich besonders um die Kleinstmonde kümmern.

Aber auch die größeren Eismonde entpuppten sich als außergewöhnlich vielfältig. Denn anders als die Satelliten im Inneren des Sonnensystems, die vorwiegend aus Fels bestehen und seit langem geologisch tot sind, haben die Saturnmonde einen leicht verformbaren Panzer aus Eis. Dadurch können sie auch bei vergleichsweise niedrigen Temperaturen ihre Gestalt verändern.

Japetus, der zweitäußerste der Saturntrabanten, hatte den Astronomen seit langem Rätsel aufgegeben. Schon Jean Dominique Cassini hatte bemerkt, daß der Mond im Teleskop manchmal hell zu sehen war, manchmal aber überhaupt nicht. Mit modernen Instrumenten betrachtet, erscheint die in Flugrichtung zeigende Bugseite von Japetus 15mal heller als die rotschwarz gefärbte Heckseite. „Offensichtlich", erklärt der Mondexperte David Morrison, „ist Japetus zur einen Hälfte mit Wassereis, zur anderen mit Fels oder Staub bedeckt."

Ursprünglich nahmen die Astronomen an, aus dem All sei schwarzer Staub auf die eine Seite des Mondes geregnet. Sie glaubten, daß winzige Meteoriten aus dem dunklen Mond Phoebe Materie herausgeschlagen hätten, die dann, Richtung Saturn driftend, bei Japetus gelandet wäre.

Voyager 1 kam nicht näher als 2,5 Millionen Kilometer an den Mond heran und funkte von dort nur ein schemenhaftes Bild zur Erde. Aber Voyager 2 lieferte am 22. August 1981 insgesamt elf Fotos von dem Schwarzweiß-Satelliten mit einer dreimal besseren Auflösung. Beim genaueren Hinsehen widersprachen diese Bilder der „Einstaubungstheorie": Dale Cruikshank von der Universität in Hawaii hatte die Farbspektren von Japetus und Phoebe verglichen und dabei festgestellt, daß die Oberflächen beider Monde aus verschiedenem Material bestehen. Außerdem war die Abgrenzung der beiden Hälften längst nicht so scharf wie erwartet: Inmitten großer, weißer Flächen gab es schwarze Kraterränder und in schwarzen Regionen weiße Gipfel. Sicher blieb nur, daß Japetus ursprünglich hell war und dann allmählich und in bestimmten Bereichen mit kohleschwarzen Substanzen bedeckt wurde: „Dieses Zebra", beschreibt David Morrison, „ist also ein weißes Pferd mit Streifen – und nicht umgekehrt." Woher der Mond seine dunkle Farbe erhalten hat, bleibt also vorerst ungeklärt.

Auch Rhea, nach Titan der zweitgrößte Mond des Saturn, zeigt kein regelmäßiges Terrain: Ein Teil der Oberfläche ist so stark verkratert, daß ein ungeübter Astronom sie nicht von der des Erdenmondes oder des Planeten Merkur unterscheiden könnte. Der andere Teil wurde offenbar vor Urzeiten, als Rhea wärmer und noch geologisch aktiv war, von einem halbflüssigen Brei aus Ammoniak, Wassereis und dunklem Material überflutet. Der Fluß aus Eislava hat die alten, großen Krater verschüttet oder aufgefüllt, und dort sind heute nur jüngere und kleinere Einschläge zu sehen, die Rhea zu einem späteren Zeitpunkt erfahren hat.

Daß es im Saturnsystem zwei unterschiedliche Phasen von Kollisionen gegeben haben muß, läßt sich auch an Dione erkennen, dem nächsten Mond auf dem Weg zum Saturn. Diones Oberfläche hat sich nach einem ersten Schub des Bombardements, als noch große Mengen „herrenloser" Urmaterie durch das Sonnensystem flogen, teilweise geologisch regeneriert. Seit vier Milliarden Jahren hingegen stieß Dione (wie auch die anderen Saturnmonde) nur noch mit kleineren Meteoriten zusammen. Diese schlugen vor allem an der Bugseite des Mondes ein, die, wie der Meteoritenexperte Eugene Shoemaker berechnet hat, rund zehnmal mehr gefährdet ist als die der Flugrichtung abgewandte Heckseite. Dione bekam auf seinem Orbit um Saturn gewissermaßen die kosmischen Flugobjekte direkt ins Gesicht geschleudert.

Rund 80 000 Kilometer nach dem Besuch bei Dione würde ein Raumschiff auf einer Reise durch das gesamte Saturnsystem die Umlaufbahn des nächsten Mondes kreuzen, der aussieht wie eine verschrumpelte Orange: Tethys, schon von weitem erkennbar an einem Canyon namens Ithaca Chasma, der, über 1 000 Kilometer lang und 100 Kilometer breit, vom Nord- bis zum Südpol des ganzen Satelliten klafft. Larry Sonderblom glaubt, daß dieser Riß entstand, als Tethys vor langer Zeit von außen nach innen durchfror. Da sich dabei das Wasser (der Mond besteht überwiegend aus diesem Stoff) ausdehnte, hielt die Kruste dem Druck von innen nicht lange stand und platzte auf. Die Oberfläche von Tethys muß sich dabei nach Berechnungen um sieben Prozent vergrößert haben – das entspricht genau jener Fläche, die heute der Riß von Nord nach Süd einnimmt.

Der Mond ist ungewöhnlich hell – aber längst nicht so brillant wie Enceladus, der wie ein Spiegel fast 100 Prozent des eingestrahlten Sonnenlichtes reflektiert. (Zum Vergleich: der Erdenmond reflektiert gerade elf Prozent des einfallenden Lichtes.) Wäre Enceladus der Sonne so nah wie unser Mond, dann würde uns in der Nacht ein fünfmal helleres Objekt vom Himmel scheinen. Die blendend weiße Oberfläche von Enceladus scheint nur ein paar 100 Millionen Jahre jung zu sein, mit kraterlosen Ebenen und einer Art ausgetrockneten Flußtälern. Charles Yoder vom JPL vermutet, daß der Mantel des Mondes – ähnlich wie der des Jupitermondes Io – von Gezeitenkräften durchgeknetet wird und dabei schmilzt. Genau wie auf Io hat es vermutlich auch Vulkane gegeben. Auf Enceladus spuckten sie allerdings keine Schwefel-, sondern gewaltige Wasserfontänen in den Himmel, die sofort zu Schnee gefroren. Auch wenn die Vulkantheorie umstritten ist, so könnten diese Niederschläge zumindest die „schneeweiße" Oberfläche des Mondes erklären. Die Eiskristalle kämen zudem als Quelle für den E-Ring um Saturn in Frage, der unweit des Enceladus kreist und ebenfalls aus hellem und sehr jungem Material zu bestehen scheint.

Letzte Station auf der Mondtour von außen nach innen, bevor endgültig das Ringsystem beginnt, wäre Mimas, eine Kugel von nur 396 Kilometern Durchmesser. Mimas bewegt sich auf einem gefährlichen Orbit: Meteoriten, die in den Einflußbereich des Saturn geraten, erreichen in dieser Zone nahe des Planeten ihre höchste Geschwindigkeit. Der kleine Mond trägt denn auch schwere Spuren der Gewalt: Auf den Voyagerbildern ist ein 130 Kilometer großer Krater zu sehen. Diesen gewaltigen Treffer hat sich Mimas vor etwa vier Milliarden Jahren zugezogen. Von der Wucht des Einschlages zeugen noch heute tiefe Risse in der Oberfläche des Mondes. Mitten im Krater ragt zudem ein Berg, höher als der Mount Everest, empor. Solche Erhebungen im Zentrum eines Kraters gelten als typische Merkmale für eine schwere Kollision.

Sturm unter den Ringen

Voyager 1 hatte sich dem Saturnsystem von „oben" genähert, war bei Titan durch die Mondebene hindurchgetaucht, wurde durch dessen Schwerkraft umgelenkt, vom Saturn angezogen, um in einer Entfernung von 124 000 Kilometern an dem Planeten vorbeizuschießen. Kurz vor der Annäherung an Saturn erreichte die Sonde eine Geschwindigkeit von 91 000 Kilometern in der Stunde. Wenig später durchquerte Voyager noch einmal die Mondebene unweit des äußeren Endes des Ringsystems und hatte damit bald ihre Planetenmission erfüllt.

Saturn, die zweite und letzte Station für Voyager 1, ist der zweitgrößte Planet in unserem Sonnensystem. Mit einem Durchmesser von 120 000 Kilometern ist er knapp neuneinhalbmal größer als die Erde und nur wenig kleiner als Jupiter. Aber seine Masse beträgt nicht einmal ein Drittel dessen, was Jupiter auf die imaginäre Waage bringt. Das liegt daran, daß Saturn sich fast ausschließlich aus Wasserstoff und Helium zusammensetzt und so auf ein spezifisches Gewicht von nur 0,7 kommt. Kein Planet zwischen Merkur und Pluto ist aus einem leichteren Material aufgebaut. Saturn würde in einem wassergefüllten Bottich obenauf schwimmen – vorausgesetzt, man fände ein ausreichend großes Gefäß.

Der Planet ist benannt nach Saturnus, dem antiken Saatgott, dem die alten Römer in einer Art Erntedankfest und mit großen Trinkgelagen huldigten. Da Saturn am Nachthimmel gerade noch mit bloßen Augen erkennbar ist, konnten schon die frühen Astronomen seine Umlaufbahn um die Sonne auf 29,5 Jahre berechnen.

Ein Saturnjahr ist also rund 30mal länger als ein irdisches. Entsprechend dehnen sich die Jahreszeiten aus. Der Frühling, der auf der Nordhalbkugel bei Ankunft der Voyager Raumschiffe gerade begonnen hatte, dauerte noch bis zum Jahr 1988 an. Und weil der Planet um 27 Grad gegen seine Umlaufbahn um die Sonne geneigt ist (bei der Erde sind es 23 Grad), die Sonnenstrahlen also im Laufe der Zeit in unterschiedlichen Winkeln auf die Pole treffen, sind die Jahreszeiten auch besonders ausgeprägt.

Ein Tag hingegen vergeht sehr schnell auf Saturn. Er dauert so lange, wie der Planet braucht, um sich einmal um die eigene Achse zu drehen: zehn Stunden und 39 Minuten. Deshalb, und weil Saturn vorwiegend aus gefrorenem und flüssigem Gas besteht, ist er zu seinen Polen hin deutlich abgeplattet – ein Phänomen, das auf einigen Voyagerfotos mit bloßem Auge zu erkennen ist. Ein Wanderer auf Saturn hätte auf der Äquatorbahn um den Planeten ca. 380 000 Kilometer zurückzulegen, auf der Polarbahn aber nur ca. 343 000 Kilometer.

Der Aufbau von Saturn läßt sich aus der Geschichte des Sonnensystems erklären: Vor 4,6 Milliarden Jahren, als der Ursaturn als gewaltiger Gasnebel im All rotierte, kollabierte, ähnlich wie bei der jungen Sonne, eine Wolke aus Staub und Gas. Das Innere des Planeten heizte sich auf, die schwereren Elemente sanken in den Kern, während um den Äquator eine Scheibe aus feinem Material zurückblieb – der Vorläufer des heutigen Ringsystems.

Um den Kern aus Gestein sammelten sich die leichteren Elemente, vor allem Wasserstoff und Helium. In der inneren Zone des Mantels ist der Wasserstoff unter dem gewaltigen Druck von mehr als drei Millionen Erdatmosphären metallisch-flüssig, weiter außen treibt er als Ozean umher. Darüber umwabert den Planeten eine rund 160 Kilometer hohe Atmosphärenschicht.

Die Hitze aus der Entstehungszeit ist – anders als bei dem wesentlich massereicheren Jupiter – inzwischen zum größten Teil aufgebraucht. Dennoch ist es am Saturn-Mittelpunkt etwa noch 15 000 Grad heiß. Vor allem: Der Planet strahlt weit mehr Energie ab, als er von der Sonne in Form von Licht erhält. Er muß also in seinem Inneren eine zusätzliche, verborgene Wärmequelle besitzen.

Schon in den siebziger Jahren hatten die beiden Amerikaner Edwin Salpeter und David Stevenson dazu eine Theorie entwickelt, die durch die Voyager-Messungen erstmals bestätigt wurde: Demnach sinkt in der flüssigen Zone des Saturn das schwerere Helium, das dort etwa sechs Prozent der Masse ausmacht, in Richtung Kern, bis es auf den Bereich des metallischen Wasserstoffes trifft. Dieser Prozeß ähnelt dem irdischen Regnen, wenn der Wasserdampf der Wolken kondensiert und zur Erde herabfällt. Dabei wird (wie auf Saturn) Energie freigesetzt, und zwar just jene Menge, die notwendig ist, um die gleiche Menge an Wasser wieder zu verdampfen (beziehungsweise das Helium und den Wasserstoff wieder zu durchmischen). Zusätzliche Wärme entsteht auf Saturn, wenn sich der „Heliumregen" beim Absinken an dem flüssigen Wasserstoff reibt. Beide Vorgänge führen dazu, daß sich der Planet immer weiter abkühlt und dabei schrumpft.

Die aufsteigende Wärme, die aus dem Inneren verlorengeht, hält in der Saturnatmosphäre eine gigantische Wettermaschinerie am Laufen: Die Voyagerkameras blickten, als die Sonden über die Gashülle flogen, in ein sturmgepeitschtes Meer aus Ammoniakwolken. Auf den ersten Blick sah es dort weit weniger spektakulär aus als in der Jupiteratmosphäre, denn auf Saturn fehlen die typischen farbgebenden Substanzen in der Wolkendecke. „Die klaren Bilder von Jupiter, die wir über einen Zeitraum von zwei Monaten verfolgen konnten, haben uns alle verdorben", erzählt Andrew Ingersoll, ein Atmosphären- und Klimaexperte vom California Institute of Technology in Pasadena. „Beim Saturn mußten wir bis eine Woche vor der eigentlichen Begegnung auf ein Atmosphärenbild warten, auf dem es überhaupt etwas zu erkennen gab."

Der diffuse Anblick war auch der Grund dafür, daß die Astronomen lange Zeit nicht einmal die genaue Rotationsperiode des Saturn kannten. Erst anhand der Voyagerdaten ließ sich der genaue Wert von zehn Stunden, 39 Minuten und 26 Sekunden bestimmen.

Den Atmosphärenforschern war es mit einem Trick gelungen, Farbe in die flauen Bilder zu bringen und dadurch die Wirbel in den Wolken sichtbar zu machen, darunter einen gewaltigen äquatorialen Jet-Stream, der mit einer Geschwindigkeit von 2000 Kilometern in der Stunde über den Planeten fegt: Die Kameras fotografierten die Wolkendecke durch verschiedene Filter und erhielten damit zwar falschfarbene, aber ungemein bunte und kontrastreiche Bilder. Auf diesen Fotos läßt sich eine Reihe von Flecken erkennen, auch die typischen langlebigen Ovale, die wie der Große Rote Fleck des Jupiter womöglich seit Jahrhunderten in der gleichen Atmosphärenregion wirbeln.

Ringe über Ringen

Ende August 1981 fand am JPL in Pasadena das statt, was die Amerikaner eine „Last Picture Show" nennen: Voyager 2 gab die letzte Vorstellung für eine lange Zeit, womöglich die letzte Show überhaupt. Zur zweiten Saturnbegegnung setzten sich 280 Ingenieure erneut an ihre Steuerpulte, 120 Projektwissenschaftler zogen für die Encounterphase im JPL ein, und eine Tausendschaft von Journalisten – mehr als je zuvor – pilgerte täglich in das Karman Auditorium, den großen Vortragssaal, der zum Pressezentrum umfunktioniert worden war. Problemlos flog auch das zweite Voyager-Raumschiff auf Saturn zu, schickte jede Sekunde 44 800 Informationsbits zur Erde, und hatte am Abend des 25. August seine nächste Annäherung an den Planeten. Wieder verschwand die Sonde für kurze Zeit im Funkschatten, und als sie sich nach 95 Minuten, um eine Minute nach Mitternacht pazifischer Zeit, wieder meldete, knallten im JPL die Korken: Voyager 2 war auf dem Weg zu Uranus!

Vor lauter Begeisterung merkte zunächst keiner der Feiernden, daß die Monitoren auch nach der Funkstille schwarz blieben: Die Kameras zeigten ins Leere und sandten nichts als schwarze Allbilder zur Erde. Die Arbeitsplattform, der wichtigste Teil des ganzen Raumschiffes mit den Spektrometern, dem Photopolarimeter und den elektronischen Fernsehkameras war defekt. Die Sonde war zwar auf Kurs geblieben, aber blind aus dem Funkschatten hinter Saturn herausgekommen.

Viele der Wissenschaftler hatten den dramatischen Moment überhaupt nicht mitbekommen, weil sie die nächtliche Zwangspause zum Ausruhen nutzen wollten. Bradford Smith beispielsweise lag schon im Bett, als ihn um zwei Uhr 15 ein Anruf vom Büro des Projektmanagers Esker Davis aus den Träumen riß. Der Astronom Harold Masursky saß mit ein paar Kollegen in der „Loch Ness Monster" Bar in Pasadena. Und der Atmosphärenexperte Andrew Ingersoll hörte die schlechten Nachrichten erst im Autoradio, als er am Morgen ins JPL fuhr.

Dort hatte Missionsleiter Richard Laeser überraschenderweise eine Pressekonferenz einberufen, denn die Bodenkontrolle war längst dabei, die letzten von Voyager 2 übermittelten Bilder zu analysieren: Offenbar hatte es bereits Probleme mit der Kameraführung gegeben, bevor das Raumschiff in den Funkschatten getaucht war. Schon auf einigen Aufnahmen des Vorabends zeigten die Objektive in die falsche Richtung. Von sechs geplanten Bildern des Mondes Tethys waren fünf schwarz; auf dem sechsten gab es nur eine kleine Ecke von Tethys zu sehen. Die besten Fotos von Enceladus fehlten ebenso wie einige Aufnahmen des F-Rings und von der „Unterseite" des Ringsystems. Das letzte – unvollständige – Foto nahm Voyager 2 auf, als sie gerade die Ringebene durchquerte. Dann kamen nur noch schwarze Löcher. „Eine Katastrophe", klagte der

Mondspezialist Richard Terrile vom JPL, der besonders auf die Enceladusbilder gehofft hatte.

Viel mehr als den chronologischen Ablauf der letzten Minuten konnte Richard Leaser den Reportern nicht mitteilen. Vor allem konnte er nicht die Frage beantworten, warum die Sonde ihre Bildberichterstattung eingestellt hatte: War sie von einem Meteoriten getroffen worden? War sie mit einem unbekannten Ring kollidiert? Hatten die eisigen Temperaturen im Schatten des Saturn die mechanischen Teile der Arbeitsplattform festfrieren lassen? Oder waren die empfindlichen Instrumente bei einem versehentlichen Blick direkt in die Sonne erblindet?

Schon um zehn nach zwei in der Unglücksnacht hatte die Bodenkontrolle eine Nachricht ins All geschickt, um genau dies zu vermeiden: Das Raumschiff sollte sich vorsichtshalber so drehen, daß alle Geräte auf die sonnenabgewandte Seite zeigten. Dann begannen die Ingenieure mit vorsichtigen Manövern auf der Arbeitsplattform, um nach möglichen Fehlern zu suchen. Das Problem dabei war, daß ein Funksignal von Pasadena bis zu Voyager und zurück etwa drei Stunden brauchte. Drei Stunden, in denen die Ingenieure nichts tun konnten, als abwarten.*

Derweil erschien auf den Monitoren im JPL ein schwarzes Bild nach dem anderen. Drei Tage vergingen, und die Sonde ließ den Saturn immer weiter hinter sich. Zwar funktionierten die übrigen Geräte, die nicht auf der Arbeitsplattform angebracht waren, völlig normal (ein Zeichen dafür, daß Voyager keinesfalls von einem Meteorit zerstört worden war), aber es gab eben keine Bilder.

Larry Sonderblom war der erste, der am dritten Tag nach dem Blackout auf einem der dunklen Monitore etwas zu entdecken glaubte: „Ey, dort ist etwas zu erkennen", stammelte er, „kaum zu sehen. Mach doch mal einer das Licht aus." Es war in der Tat ein Bild, auf dem ein Teil der Ringe zu sehen war – mit Sicherheit das schlechteste Bild, das Voyager je zur Erde gesandt hatte. Es kam aus einer Entfernung von 3,2 Millionen Kilometern vom Saturn, aus einer Region, in der Japetus, der zweitäußerste Mond des Planeten, seine Runden dreht. Ein miserables Foto, aber welch ein Erfolg!

Die Ingenieure hatten es geschafft: Die Geräte auf der Arbeitsplattform ließen sich wieder ausrichten – wenn auch nur mit größter Vorsicht. Umgehend funkten die Kameras Bilder von der Südhemisphäre des Planeten und von dem Mond Phoebe zur Erde. Das Restprogramm für den Saturn war gerettet.

---

* Jedes Signal, das mit Lichtgeschwindigkeit durchs All rast, benötigte für den einfachen Weg zum Saturn genau eine Stunde und 26 Minuten. Während des Voyager 1-Vorbeifluges waren es zwei Minuten weniger, weil die Erde im November 1980 näher an dem Ringplaneten stand als im August 1981.

Später konnten die Techniker sogar rekonstruieren, wie der Fehler an Bord der Sonde zustandegekommen war: An einem Modell des Raumschiffes, das in den Lagerräumen des JPL stand, vollzogen sie sämtliche Bewegungen nach, die Voyager 2 seit dem Start im Jahr 1977 im All absolviert hatte. Fast genau zu dem Zeitpunkt, als die Testsonde in der Simulation an Saturn vorbeiflog, brach eine Welle in der Ausrichtungsmechanik der Arbeitsplattform. Vermutlich war genau das gleiche geschehen, als das tatsächliche Raumschiff durch die Ringebene flog, und die Kameras dem Ring mit Höchstgeschwindigkeit nachzuschwenken versuchten.

In den tristen Tagen, an denen Pasadena keine Direktübertragungen live aus dem All bieten konnte, hatten die JPL-Mitarbeiter die Presseleute immer wieder mit alten – aber neu überarbeiteten – Fotos vom Saturn vertröstet. Darunter war eine falschfarbene Aufnahme des Ringsystems, die einen überdimensionalen Regenbogen zeigte: Die graue „Schallplatte" hatte blaue, orangene, gelbe, grüne, braune, türkise, ja goldene Töne bekommen. Diese Abstufungen besagten, daß die Ringe allesamt mit einer dünnen Schicht aus den verschiedensten Materialien bedeckt waren und nicht – wie ursprünglich angenommen – aus reinem Eis bestanden. Dann nämlich hätten sie einfarbig erscheinen müssen.

Das Bild gefiel besonders dem Meteoritenexperten Eugene Shoemaker. Er hatte sich längst seine eigenen Ideen zu der Entstehung der Ringe gemacht. Der Geologe glaubt, daß die großen Planeten einst über keine Ringe und nur über wenige Monde mit einem durchschnittlichen Durchmesser von etwa 5000 Kilometern verfügten. In diese Klasse fallen heute noch Titan, der Erdenmond, der Neptunsatellit Triton oder die Galileischen Monde des Jupiter.

Solche Urmonde waren damals selbst im Bereich des sonnenfernen Saturn noch verhältnismäßig warm. Einmal, weil die schwereren Bestandteile der Trabanten zu jener Zeit in die Mitte des Körpers sanken und ihn dabei aufheizten. Zum anderen, weil die heftigen Meteoriteneinschläge in der Phase des Großen Bombardements beim Auftreffen auf den Monden eine gewaltige Energie freisetzten. Unter diesen Temperaturbedingungen muß der Eismantel der Monde relativ weich, vielleicht gar flüssig gewesen sein. Wenn solch ein matschiger Schneeball mit einem großen Meteoriten von mindestens 200 Kilometern Durchmesser kollidierte, dann zerfetzte es ihn womöglich zu Myriaden von Einzelteilen. In einem kleineren Maßstab zeugt beispielsweise der Riesenkrater auf Mimas von einer vergleichbaren Fast-Zerstörung.

Aus den Trümmern entstanden neue, kleinere Monde, die zum Teil wieder zu größeren aggregierten. Und aus den Kleinstteilen bildeten sich die Ringe. Da es unter weiteren Meteoritenschauern immer wieder zu Kollisionen kam, formierten sich Ringe nicht nur aus Eis, sondern mit unterschiedlichen Zusammensetzungen. Das, so meint Eugene Shoemaker, würde die bunten, falschfarbenen Bilder erklären.

„Vielleicht", sagt der Geologe, „sind alle kleinen Monde und Ringe nur die Fragmente eines ursprünglichen Systems." Der einzige verbliebene Urmond des Saturn wäre demnach Titan, der nur deshalb überlebte, weil er sich auf einem Orbit weit entfernt von dem Mutterplaneten und damit außerhalb der akuten Gefahrenzone bewegt.

Shoemaker hat berechnet, daß die gesamte Ring- und Mondmaterie innerhalb des Titanorbits etwa in einem Mond von 5000 Kilometern Durchmesser Platz fände, und die Satelliten außerhalb des Titanorbits zusammen auf die gleiche Masse kämen. Demnach hätte der Ursaturn drei gleichgroße Trabanten gehabt.

Shoemakers Katastrophentheorie (der Wissenschaftler erklärt nun einmal alles mit Katastrophen) ist nicht unumstritten. Monde oder Kometen können nämlich auch ohne die geringste Kollision bersten. Der französische Mathematiker Edouard Albert Roche hatte schon im 18. Jahrhundert berechnet, daß Gezeitenkräfte einen Körper zerreißen können, wenn er der Oberfläche eines Planeten näher als 1,5 Planetenradien kommt. Innerhalb dieser „Roche-Grenze" sind die Schwerkräfte auf der planetennahen und der planetenfernen Seite des Trabanten so verschieden, daß er auseinanderbricht – es sei denn, er ist aus einem sehr stabilem Material aufgebaut. Tatsächlich gibt es bei allen Planeten innerhalb der Roche-Grenze nur Ringe und keine Monde – mit Ausnahme einiger Winzlinge, die unempfindlich gegen den Gezeitenbruch sind.

Die Gezeitentheorie hat freilich auch ihre Schwächen, und so haben die Wissenschaftler noch eine dritte Hypothese zur Genesis der Ringe aufgestellt. James Pollack und Jeffrey Cuzzi vom Ames Forschungslabor der Nasa glauben beispielsweise, daß die Ringe seit Urzeiten bestehen. Demzufolge begann alles, als das Sonnensystem entstand: In der Scheibe, die vor 4,6 Milliarden Jahren in der kosmischen Urwolke kollabierte, ballten sich neben der zentralen Sonne an anderen Orten die vier großen Urplaneten Jupiter, Saturn, Uranus und Neptun zusammen. Sie waren zunächst mehrere hundertmal größer und weniger kompakt, als sie es heute sind. Diese rotierenden Wolken aus Gas und Staub flachten ihrerseits unter den starken Zentrifugalkräften zu einer Scheibe ab, in der sich einzelne Monde formierten. Auch danach blieb noch ein Rest von Staub, der nicht den Weg in den Planeten oder die Monde fand: Daraus wurden die Ringe.

Während der Gigant Jupiter bei seiner Geburt viel Eigenwärme entwickelte, blieb es im Bereich des kleineren Saturn kühler. Deshalb konnte sich in dessen Umgebung das Wasser als Eis in Monden und Ringen niederschlagen. Jupiters Begleiter verloren hingegen den größten Teil ihres Wassers. (Unklar ist bei dieser Theorie, warum die Ringe des Uranus, in dessen Umfeld es noch kälter ist als bei Saturn, nicht aus Eis, sondern aus dunklem, teerartigem Material zu bestehen scheinen.)

Die Eispartikel in den Saturnringen variieren von staubgroßen Partikeln bis zu Klötzen im Format von Einfamilienhäusern. Von der Schneeflocke bis zum Eisberg rast alles im Gleichklang um den Planeten. Ein Astronaut, der mittendrin in diesem Karussell stünde, würde nichts von der Geschwindigkeit bemerken, denn er wäre selbst ein Teil der Ringe.

Das System beginnt 7000 Kilometer über der Saturnatmosphäre und reicht bis in eine Entfernung von mehr als 70 000 Kilometern. Die gesamte „Schallplatte" um den Planeten dehnt sich über einen Raum aus, wie er zwischen Erde und Mond klafft. Trotz dieser immensen Fläche ist das Ringsystem nicht einmal hundert Meter dick.

Und es ist viel feiner unterteilt, als es sich die Astronauten vor den Voyager-Besuchen hätten träumen lassen. Schon auf einfachen Fotos sind Hunderte von Einzelringen erkennbar. Die Messungen des Photopolarimeters an Bord von Voyager 2 (das Gerät der Schwestersonde war lange zuvor ganz ausgefallen) erbrachten noch erstaunlichere Ergebnisse: Zu einem „Sternverdunklungs-Experiment" hatten die Forscher das Gerät in dem Moment auf den Stern Delta Scorpii gerichtet, als die Sonde unter dem Saturn hindurchflog. Jedesmal, wenn sich ein Ring zwischen Stern und Raumschiff schob, registrierte das Meßgerät für einen kurzen Moment Dunkelheit. Zwei Stunden lang und über eine Strecke von 82 000 Kilometern zeichnete das Instrument einen haarfeinen Ring nach dem anderen auf: Es waren nicht Tausende, sondern Hunderttausende.

Vollends verwirrt waren die Astronomen von den anderen Detailaufnahmen der Voyagersonden. Denn neben den Tausenden von Einzelringen waren auf den Fotos auch unerklärliche „Speichen", „Knoten" oder „Knäule" zu erkennen. Der F-Ring, der erst weit außen im System und 4000 Kilometer nach dem scharfen Ende des A-Ringes beginnt, und weniger als 100 Kilometer breit ist, hielt die größten Überraschungen bereit: „In der eigenartigen Welt der Saturnringe", sagte Bradford Smith, als er auf der Pressekonferenz am 12. November 1981 ein Bild des F-Rings präsentierte, „wird das Bizarre zur Normalität." Der Ring war nicht kreisförmig, sondern leicht elliptisch und sah aus, als sei er ein verknoteter, aus drei Strängen geflochtener Zopf. „Das ist wider die Regeln der Himmelsmechanik", klagte Bradford Smith angesichts der Voyager 1-Fotos, „aber die Ringe werden schon in Ordnung sein. Wir verstehen nur nicht die Gesetze, die sie aufrecht erhalten."

Nach ein paar Monaten hatten sich die Forscher einige Theorien zu dem seltsamen Gebilde zurechtgelegt, die sie beim Vorbeiflug der Zweitsonde überprüfen wollten. Dann funkte Voyager 2 ihre Bilder nach Pasadena, und der Zopf war verschwunden. Statt dessen kreisten im F-Ring fünf Stränge ohne Knoten. Kein Wunder, daß die Experten abermals glaubten, der Ring widersetze sich den Gesetzen der Physik.

„Zum Glück verstehen wir wenigstens, wie der F-Ring zusammengehalten wird", meinte David Morrison. „Wir haben zwei kleine Monde gefunden (genannt Pandora und Prometheus), die zu beiden Seiten des Ringes ihre Kreise ziehen. Offensichtlich treibt der Schwerkrafteinfluß dieser Satelliten die Ringpartikel zu einem dünnen Band zusammen und ist vielleicht sogar schuld an den vielseitigen Strukturen." Die beiden „Schäfer"- oder „Hirtenmonde", deren Orbits nur 2000 Kilometer auseinanderliegen, scheinen also eine wichtige Funktion für die Stabilität der Ringe zu haben.

Ein unbehüteter Ring würde im Laufe der Zeit nach beiden Richtungen auseinanderdriften, weil die kreisenden Partikel auf dem Weg um den Planeten immer wieder kollidieren. Dabei werden die inneren Teilchen langsamer und stürzen in Richtung Planet, die äußeren werden schneller und auf eine höhere Bahn gehoben. Ein solcher Ring wäre erst stabil, wenn sich seine Einzelteile soweit voneinander entfernt haben, daß sie nicht mehr zusammenstoßen.

Die Schäfermonde hindern die Partikel mit ihrer Schwerkraft an der „Flucht" und „fegen" nebenbei die Lücken zwischen zwei Ringen frei. In den Bereichen, in denen gerade ein Schäfermond unterwegs ist, kann sich dann überdurchschnittlich viel Material ansammeln, was zu Erscheinungen wie die der Knoten und der Flechten führt.

Ein anderer Schäfermond namens Atlas scheint die scharfe Außenkante des A-Ringes zu stabilisieren. Doch nicht überall, wo der Theorie nach ein Hirte seine Herde zusammenhalten müßte, fanden die Voyagerkameras auch einen entsprechenden Mond. Vor allem in der Cassinischen Teilung trieb sich kein Fegesatellit herum. Dennoch ist es möglich, daß es ihn gibt, denn die Sonde konnte nur Monde wahrnehmen, die größer als zehn Kilometer waren. Schuld an der Cassinischen Teilung ist offenbar auch der Mond Mimas, der aus der Ferne einen sogenannten Resonanzeinfluß ausübt und für die spezielle Anordnung im Bereich der Teilung verantwortlich ist.

Absolut unerklärlich waren den Wissenschaftlern die Speichen im Ringsystem: Dunkle Flecken, die sporadisch wie ein Schatten über der 24 000 Kilometer breiten B-Ringgruppe lagen. Die Speichen widersprachen den Keplerschen Gesetzen der Himmelsmechanik, nach denen sich Objekte auf den inneren Bahnen schneller bewegen sollten, als jene auf den äußeren.* Demnach dürften die Speichen gar nicht stabil bleiben, sondern müßten binnen weniger Minuten verschwimmen. Doch die Schatten – offenbar sind es Materiewolken aus mikroskopisch kleinen Fragmenten – hielten sich stundenlang am gleichen Fleck. Warum sie das tun, ist bis heute ungeklärt. Möglicherweise sind die Mikropartikel geladen und werden von dem Magnetfeld des Saturn in Position gehalten.

Bereits 1966 hatten Astronomen von der Erde aus einen kleinen Mond entdeckt, der in 91 000 Kilometern Abstand um Saturn kreiste, also nur 13 000 Kilometer jenseits

---

* Ein Teilchen auf dem innersten Ring braucht, unabhängig von seiner Größe, 5,6 Stunden für einen Umlauf um den Saturn; ein Partikel am äußeren Ende hingegen 14,2 Stunden.

KOSMISCHE SCHALLPLATTE: Myriaden von Eispartikeln, von der Größe eines Staubkornes bis zu der eines Einfamilienhauses, kreisen als Ringe um den Planeten Saturn. Das Eis ist mit Staub aus unterschiedlichem Material bedeckt, der auf dem farbverstärkten Bild in mannigfachen Nuancen leuchtet: Außen ist das graue System des A-Ringes zu erkennen, es folgt die „Cassinische Teilung". Daran schließen sich der grüne und orangefarbene B-Ring und der blaue C-Ring an.

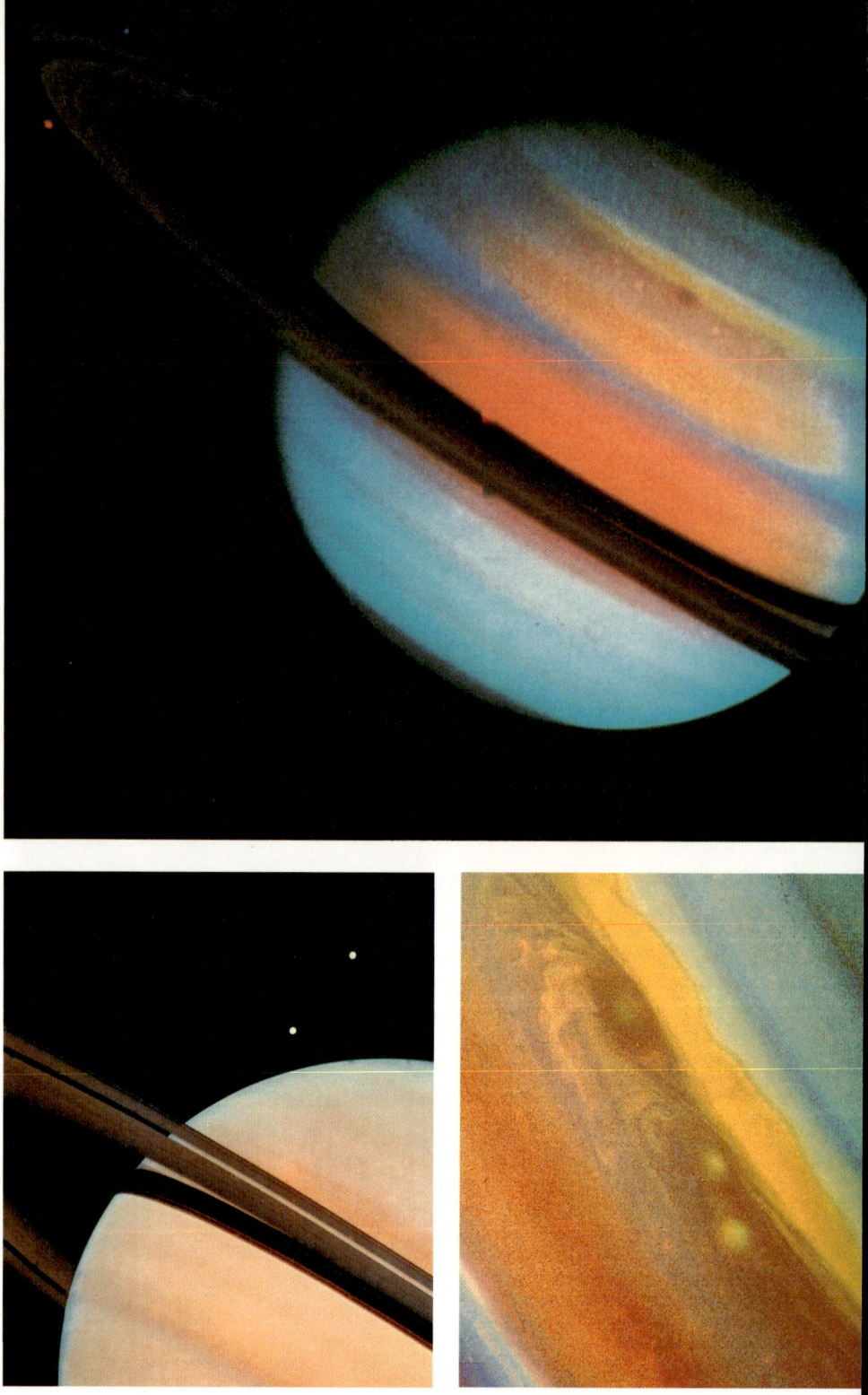

DER HERR DER RINGE: Auch wenn alle vier äußeren Großplaneten von Ringen umgeben sind, gilt Saturn als der Ringplanet. 13 Millionen Kilometer von Saturn entfernt, fotografierte Voyager 1 den Planeten mit seinen beiden Monden Tethys und Dione (unten links). In der ockergelben Atmosphäre sind wenig Einzelheiten zu erkennen, da hier die typischen farbgebenden Substanzen fehlen, die es bei Jupiter gibt. Erst auf dem falschfarbenen Foto (aufgenommen durch verschiedene Filter) offenbart sich ein vehementes Sturmgeschehen, das mancherorts mit annähernd 2000 Kilometern in der Stunde über den Planeten fegt (rechts unten). Saturn bezieht seine Windenergie wie Jupiter aus der Wärme, die der Körper aus seinem Inneren abgibt. Der Planet strahlt zweimal mehr Energie ab, als er von der Sonne erhält.

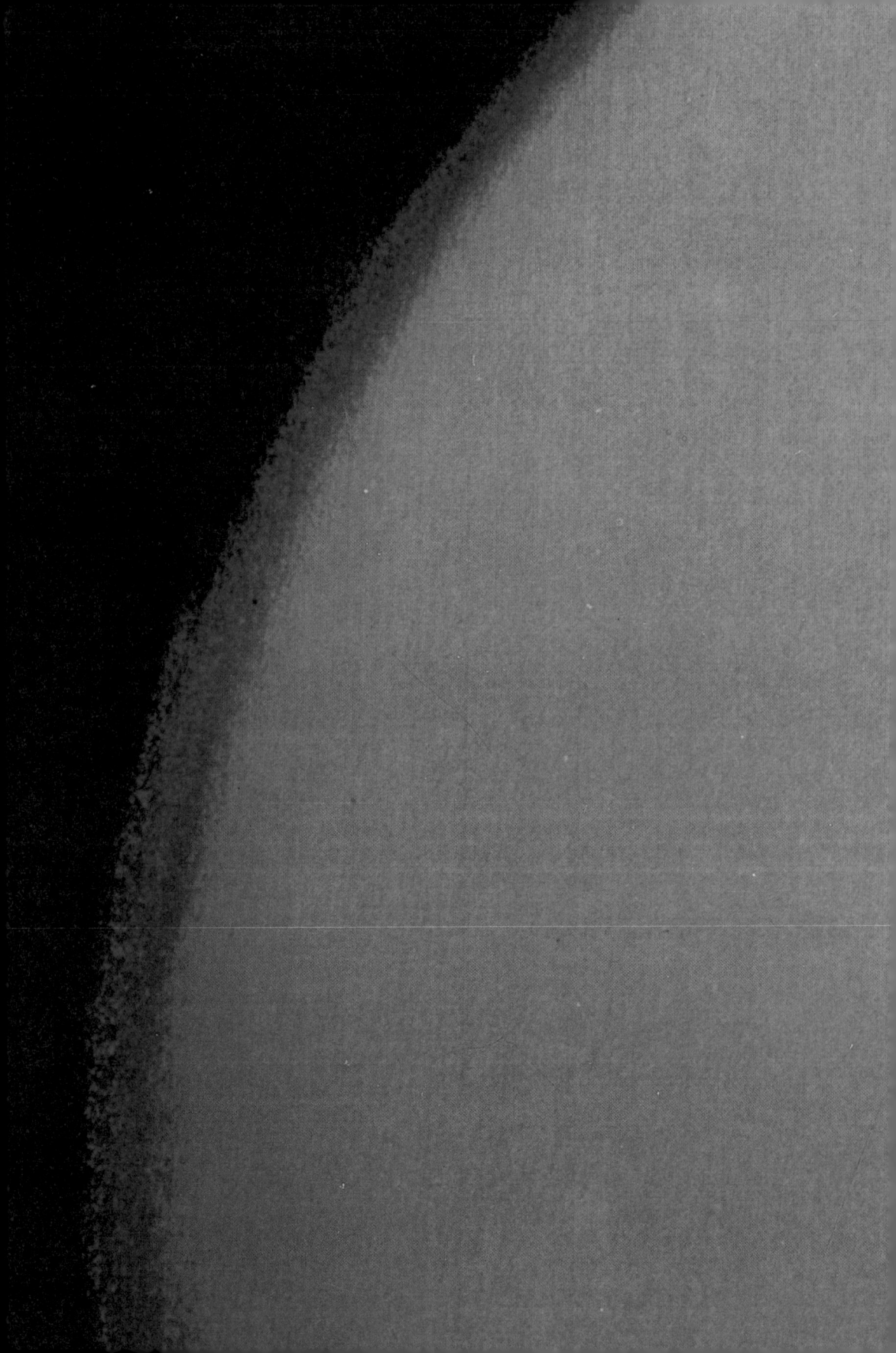

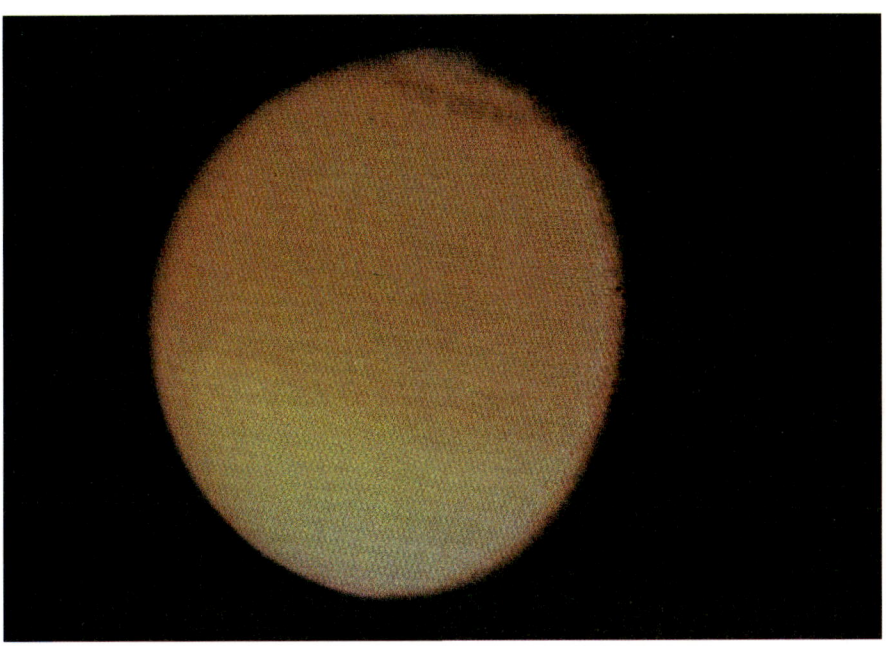

DER MOND IN DER SMOGHÜLLE: Titan, der größte Saturntrabant, ist der einzige Mond im Sonnensystem, der eine dichte Atmosphäre besitzt. Von weitem sieht er aus wie eine galaktische Apfelsine (rechts, aus einer Entfernung von 1,4 Millionen Kilometern). Wie auf der Erde zieht sich eine feine Gashülle über die Oberfläche des Satelliten (links). Sie besteht vorwiegend aus Stickstoff und aus organischen, kohlenstoffhaltigen Molekülen. Diese komplexen Substanzen bilden sich unter dem Einfluß des Sonnenlichtes aus dem Gas Methan. Die Atmosphäre gleicht deshalb einer überdimensionalen chemischen Retorte, in der möglicherweise Zustände herrschen, wie auf der Erde, als die ersten primitiven Lebensformen entstanden. Die eigentliche Oberfläche des Mondes, die unter der dichten Smogschicht verborgen bleibt, können die Wissenschaftler nur erahnen: Womöglich besteht das „Land" auf Titan aus Wassereis, das mit einer dicken Schicht aus organischem Material bedeckt ist. Zwischen Bergen und Tälern mag es Seen und Ozeane geben, in denen flüssiges Methan schwimmt.

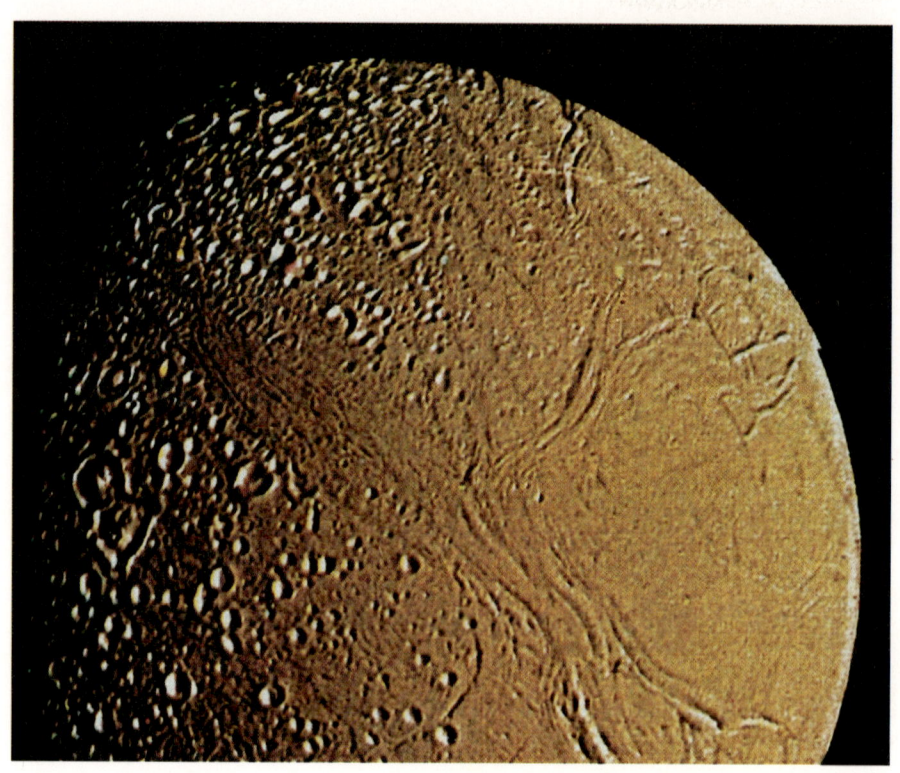

Die Voyager-Raumschiffe auf dem Weg durch das Saturn-System

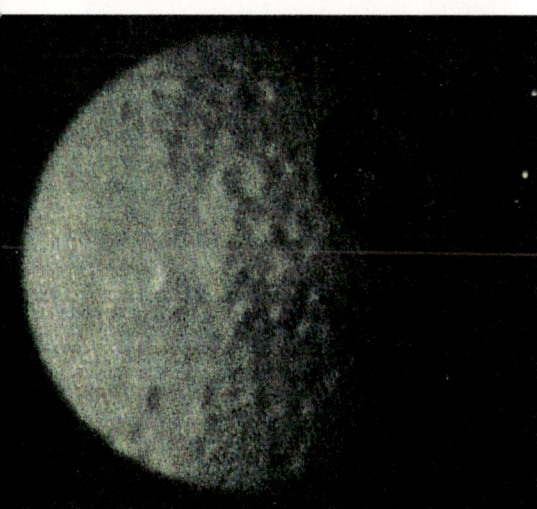

*DIE EISIGEN TRABANTEN:
Saturn besitzt unter allen Planeten die größte Anzahl von Monden. Beide Voyagersonden durchflogen dieses System von mindestens 20 Satelliten. Voyager 1 verließ im November 1980 die Ebene der Planetenbahnen, während sich das zweite Raumschiff im August 1981 von der Schwerkraft des Saturn in Richtung Uranus lenken ließ. Der eisbedeckte Enceladus (oben links) ist der hellste Mond im Sonnensystem. Die langen Faltungen an der Oberfläche zeugen von einer jungen geologischen Aktivität des Mondes. Vielleicht schwimmt unter der nur dünnen Eisschicht ein Ozean aus flüssigem Wasser. Die Bugseite von Dione (oben rechts) ist stark verkratert – Zeugnis eines heftigen Meteoritenbombardements. Noch schlimmer hat es dereinst den kleinen Mimas (Mitte rechts) getroffen, der von einem Einschlag fast zertrümmert worden wäre: Ihn ziert ein 130-Kilometer-Krater, in dessen Zentrum ein Berg, höher als der Mount Everest, emporragt. Hyperion (unten rechts), der drittäußerste Saturntrabant, ist offenbar ein Überbleibsel einer Kollision zwischen einem Mond und einem Meteorit – er ist gerade 400 Kilometer lang und hat die Form einer verschrumpelten Kartoffel.*

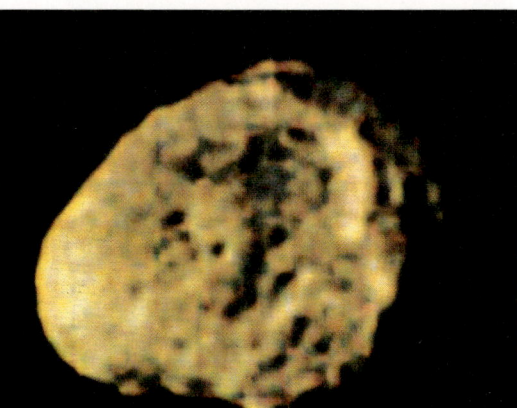

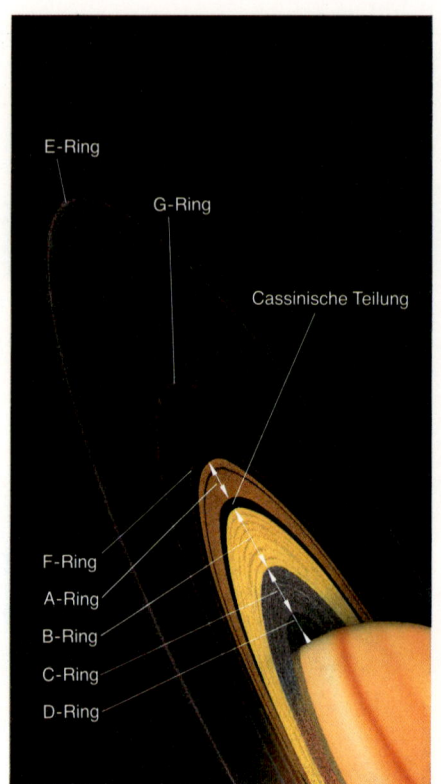
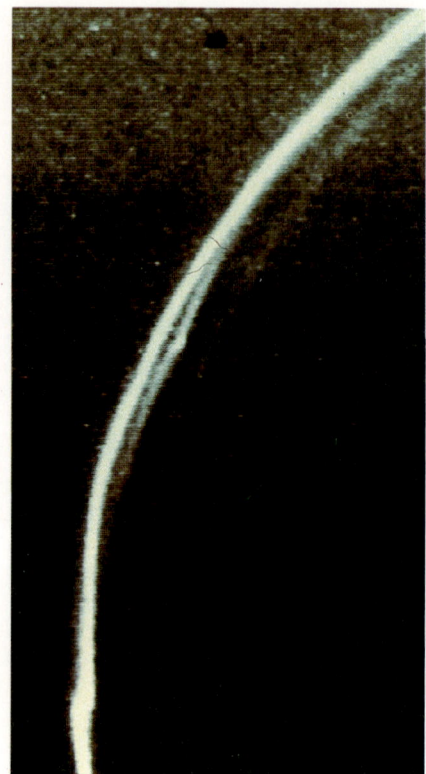

DAS RÄTSEL DER RINGE: Voyager fand die zuvor bekannten Saturnringe in Tausende von Einzelringen unterteilt. Unerklärlich bleiben die schattenartigen „Speichen" über dem B-Ring (unten). Im F-Ring sorgt die Schwerkraft winziger Monde für eine Art Knoten im System (oben).

der Ringe. Sie konnten damals nicht ahnen, daß sie zwei Monden auf der Spur waren, die auf nahegelegenen Bahnen unmittelbar hintereinander herfliegen: Janus, der größere der beiden, hat eine Abmessung von 220 mal 200 mal 160 Kilometern: Epimetheus, der kleinere, ist nur 140 mal 120 mal 100 Kilometer groß. Die Trabanten mit der unförmigen Gestalt sehen also nicht gerade so aus, wie man sich einen Mond vorstellt.

Es ist gar nicht so leicht, zu bestimmen, welcher von beiden der innere und welcher der äußere Mond ist, denn der innere Satellit ist definitionsgemäß der schnellere, und er holt gegenüber seinem Partner in jeder Sekunde um neun Meter auf. Er kommt ihm also immer näher und wird am Ende durch dessen Anziehung noch schneller. Schießlich ist der Gravitationssog so stark, daß der Verfolger auf die Außenbahn rutscht. Der Vorläufermond verliert gleichzeitig an Energie und fällt auf die Innenbahn zurück. Dort wird er wieder schneller und startet eine neue Verfolgungsjagd. Nach vier Jahren hat er seinen Brudermond eingeholt, wird auf die langsamere Außenbahn zurückgeschleudert, und-so-weiter-und-so-fort: Ein himmlischer Tanz, der vermutlich einzigartig im Sonnensystem ist.

Weil Epimetheus und Janus so seltsame Formen haben, und sie sich nicht voneinander trennen können, glauben die Forscher, daß die Monde Überreste eines einzigen ehemaligen Satelliten sind, der vor langer Zeit von einem Meteorit zertrümmert wurde. Zwei Teile blieben übrig und sie bezogen zwei benachbarte Orbits. Seither laufen sie einander hinterher, wie zwei Liebende in einem schlechten Märchen. Denn kriegen werden sie sich nie.

Helden, die keiner braucht

Was hat der Mensch im All verloren?

Voyager 2 hatte einen einsamen Flug hinter sich. Viereinhalb Jahre mußte der Roboter durch die Dunkelheit des Alls rasen, dann endlich vergrößerte sich langsam ein blaugrüner Punkt vor schwarzem Hintergrund: Uranus, die dritte Station des Marathons, stand auf dem Programm.

Es war eine sehr kurze Begegnung mit dem siebten Planeten des Sonnensystems, denn Voyager durchflog das Uranussystem nicht quer, sondern senkrecht zur Ring- und Mondebene. Die für die Wissenschaftler unbequeme Route war unvermeidbar, weil Uranus um etwa 90 Grad gegen die Ebene der Planetenbahnen geneigt ist. Vereinfacht gesagt: Uranus liegt mit all seinen Monden auf der Seite.

Schon drei Tage nach der Begegnung, am 28. Januar 1986, bereitete die Voyager-Crew im JPL ihre abschließende Pressekonferenz zum Uranus-Encounter vor. Sie sollte um zehn Uhr beginnen. Auf den Monitoren waren noch immer Bilder des entschwindenden Planeten zu sehen, den kleine Punkte umkreisten – die Monde Miranda, Ariel, Umbriel, Titania und Oberon.

Auf einigen der Fernsehschirme war an jenem Dienstagmorgen allerdings ein anderer Kanal eingeschaltet. Auch dort lief eine Live-Sendung der Nasa: Von Cape Canaveral wurde der Countdown des Space Shuttle „Challenger" übertragen. Es war der 25. Flug einer amerikanischen Raumfähre – eine Routinesache für die Bodenmannschaft in Florida und für das Kontrollzentrum in Houston, Texas.

Cape Canaveral hatte zuvor eine ungewöhnlich kalte Nacht erlebt. Am frühen Morgen des 28. Januar hingen die Eiszapfen vom Startgerüst auf dem Shuttle-Startplatz 39-B des Kennedy Space Center. Ein Ingenieur der Raumfahrtfirma Rockwell, der von Kalifornien aus den Start via TV-Monitor verfolgte, beantragte deshalb einen Aufschub der Mission. Ein Mitarbeiter des Unternehmens, Morton Thiokol, in Brigham City, Utah, das die Feststoffraketen für den Shuttle herstellt, warnte ausdrücklich vor der Kälte. Die offiziellen Vorschriften der Weltraumbehörde verboten ohnehin einen Start bei Temperaturen unter null Grad Celsius. Dann inspizierte ein „Nasa-Eis-Team" das monströse Geschoß und befand: „keine Gefahr".

Derweil waren sieben Astronauten in das Cockpit des Shuttle gestiegen und hatten sich auf ihren Sitzen festschnallen lassen. Eine bunte „All-American-Crew" wartete auf das Zünden der Triebwerke: Zwei Frauen, ein Schwarzer, ein Hawaiianer japanischer Abstammung und zwei weiße Männer sowie der erste „Bürger-Passagier", die Lehrerin Christa McAuliffe, die den Kids zwischen Boston und San Diego live aus der Schwerelosigkeit den Traum vom All für alle vermitteln sollte.

Um elf Uhr 40 Ostküsten-Ortszeit war es soweit: „Four...three...two...one...lift-off". Die Höllenmaschine hatte gezündet, 37 Millionen PS waren losgelassen. Das Startgelände wurde zu einem gleißenden Flammenmeer, und die mächtigsten Turbopumpen der Welt beförderten flüssigen Sauerstoff und Wasserstoff aus dem Zwei-Millionen-Liter-Tank durch die drei Haupttriebwerke der Raumfähre. Gleichzeitig feuerten die beiden seitlich angebrachten „Feststoff-Booster", was das Zeug hielt und gaben dem Gefährt seinen himmlischen Schub.

Diese weißen Hülsen sind im Prinzip nichts anderes als zu groß geratene Feuerwerkskörper, gefüllt mit jeweils 500 000 Kilogramm einer radiergummiartigen Masse: eine Mischung aus Aluminiumpulver, der Chemikalie Ammoniumperchlorat und einem klebrigen, schwarzen Kunststoff, die nach der Zündung verbrennt und ihre Abgase durch eine Düse am Ende des Boosters jagt. Ein genial einfaches und wirkungsvolles Antriebssystem mit einem entscheidenden Nachteil: Einmal angeschaltet läßt sich das flammende Inferno weder regulieren noch stoppen. Normalerweise ist das auch nicht nötig, denn nach zwei Minuten sind die Rohre leergebrannt, werden abgesprengt und stürzen an Fallschirmen in den Atlantik.

Aufnahmen der Kontrollkameras zeigten später, daß bereits beim Start, als die Motoren mit aller Kraft gegen das Betonsilo feuerten, und sich das ganze Fluggerät ächzend verwand, am unteren Ende des rechten Boosters für einen kurzen Moment eine dicke schwarze Rauchwolke entwich. Doch für die Zuschauer am Strand von Cocoa Beach südlich des Cape und für die Ingenieure im Kontrollzentrum war es ein Bilderbuchstart.

48 Sekunden später, als der Shuttle von heftigen Seitenwinden durchgeschüttelt wurde, entströmte dem Booster erneut ein Rauchschwaden, der bald zu einer Feuerlanze anwuchs und sich wie ein Schweißbrenner durch die Verankerung der weißen Hülse fraß. Als nach 61,4 Sekunden der Bordcomputer eine Kursabweichung zu korrigieren versuchte, mußte der Kommandant Dick Scobee bereits erste Probleme bemerkt haben. Die Challenger – auf deutsch: „Herausforderer" – flog jetzt bereits mit zweifacher Schallgeschwindigkeit Richtung All.

Nach 72,2 Sekunden brach die Halterung des rechten Boosters, zerschlug den Flügel der Challenger, bohrte sich in den Haupttank und zündete eine unvorstellbare Knallgas-Explosion. Für einen Moment noch funktionierten Mensch und Maschine: Der

Computer stellte mit der stoischen Ruhe eines Silicongehirns das erste Haupttriebwerk wegen Überhitzung ab, und Scobee versuchte verzweifelt Funkkontakt mit Houston zu bekommen. Dort kamen nur noch unverständliche Wortfetzen des Co-Piloten Michael Smith an.

Die Shuttlekabine blieb nach der Explosion intakt und wurde weiter in die Höhe geschleudert. Einige Crewmitglieder schalteten ihre Sauerstoff-Notversorgung ein. Dann begann der freie Fall: Dreieinhalb Minuten später und 14,5 Kilometer tiefer schlug die Kabine vor der Küste Floridas auf. Die Tonbänder des Challenger-Fahrtenschreibers wurden nie veröffentlicht.

Neben den sieben Astronauten verlor die Nasa den Relaissatelliten TDRS-B, den schwersten künstlichen Erdtrabanten, den die Amerikaner je ins All hieven wollten. Das 18,5-Tonnen-Gerät sollte die Boden-Shuttle-Kommunikation für zukünftig geplante Flüge auf polaren Umlaufbahnen ermöglichen. Interessiert war an diesen strategisch wichtigen Orbits vor allem die amerikanische Air Force, die dort ihre besten Spionagesatelliten plazieren wollte. Der Challenger-Start mit den PR-wirksamen Unterrichtsstunden der mitfliegenden Lehrerin aus dem All hatte also einen handfesten militärischen Hintergrund.

Der Shuttle – von einer zivilen Behörde vermarktet, aber zu einem großen Teil militärisch genutzt – war eigentlich schon immer ein Edelvogel des Pentagon gewesen. „Warum nicht ehrlich sein und das Ganze ein Militärprogramm nennen?" hatte einst James van Allan, der berühmte Entdecker des nach ihm benannten Strahlungsgürtels um die Erde, nach dem ersten Start der Raumfähre gefragt. Dem Wissenschaftler wäre es bedeutend lieber gewesen, die Nasa hätte den Forschern eigene, unbemannte Träger zur Verfügung gestellt. Denn Satelliten lassen sich weitaus billiger und für den Menschen sicherer auf sogenannten Einwegraketen transportieren.

Bemannte Raumfahrt hingegen ist ungemein kostspielig, weil sämtliche Systeme, die versagen können, aus Sicherheitsgründen doppelt und dreifach ausgelegt sein müssen. Dadurch wird ein Raumschiff noch komplexer und damit auch anfälliger, als es ohnehin schon ist. „Der Shuttle", gesteht der Nasa-Chefingenieur George Sasseen ein, „ist das komplizierteste Spielzeug, das je ein Mensch gebaut hat. Mir wäre ein einfacheres Gerät wirklich lieber."

Das könnte Sasseen haben, wenn die Nasa auf ihre Astronauten verzichten würde. Vermutlich würde das der Raumfahrt keinen großen Abbruch tun, denn die meiste Arbeit der Helden im All könnte genausogut das Bodenpersonal im Johnson Space Center in Houston per Knopfdruck erledigen. Die tapferen Astronauten sind bei wissenschaftlichen Versuchen eher lästig, sie schweben im Weg herum, verbrauchen viel Platz und noch mehr Geld und behindern mit ihren Bewegungen die vielgepriesenen Experimente in der Schwerelosigkeit.

Aber die schwebenden Menschen haben einen unschätzbaren Werbeeffekt: Sie sind das Symbol für die Bezwingung des Kosmos, und sie halten die nationale Fahne an einem Ort hoch, den sonst andere besetzen könnten. Die Astronauten der einen und die Kosmonauten der anderen Seite sind eine Art Wacht im All.

Das Vertrauen der Amerikaner in diese Wacht war durch die Shuttle-Katastrophe allerdings schwer erschüttert. Nach dem Unfall, den man noch als einmaligen, unglückseligen Schicksalsschlag hätte abtun können, erlebte die Nasa wenig später eine Pannenserie ohnegleichen:

Am 18. April 1986 explodierte eine Titan 34 D-Rakete, das modernste amerikanische Raumgeschoß, 300 Meter über dem kalifornischen Militärstützpunkt Vandenberg. Bei diesem zweiten Titan-Fehlstart in Folge verlor die Air Force den Spionagesatelliten „Big Bird" im Wert von 500 Millionen Dollar.

Am 3. Mai versagte über Cape Canaveral eine Delta-Rakete, das zuverlässigste Arbeitspferd der Nasa.

Kurz darauf gestand die amerikanische Raumfahrtbehörde einen weiteren Unfall ein, der zunächst hatte vertuscht werden sollen: Am 25. April war eine Forschungsrakete vom Typ Nike Orion in der Wüste von New Mexico zerschellt.

Danach wagten die Amerikaner erst einmal gar nichts mehr, doch im nächsten Jahr ging die Unglücksserie weiter: Im März 1987 schlug der Blitz in eine gerade gestartete Atlas-Centaur-Rakete ein. Wieder herrschten am Cape Wetterbedingungen, bei denen der Countdown hätte abgebrochen werden müssen.

Zehn Wochen später jagte ein Blitz auf der Nasa-Basis auf Wallops Island drei startbereite Testraketen vorzeitig in die Luft.

Und Mitte Juli schaffte die Nasa sogar die Katastrophe ohne Feuerwerk: Ein Baugerüst stürzte gegen den Wasserstofftank der letzten vorhandenen Atlas-Centaur-Rakete und machte das Geschoß im Wert von 78 Millionen Dollar unbrauchbar.

Nichts ging mehr für die Raumfahrt Amerikas. Die Nation war zutiefst erschüttert – und am Boden festgenagelt. Nach über dreißigjähriger Präsenz im All hatten die Amerikaner keinen Zugang mehr zum Weltraum.

Der Schock vertiefte sich noch, als die unabhängige Rogers-Kommisson zur Untersuchung des Challenger-Unfalls eine Nasa-Nachlässigkeit nach der anderen aufdeckte: Der Shuttlestart an jenem kalten Januarmorgen war kein tragischer Unfall gewesen, sondern der kalkulierte Wahnsinn. Nasa-Insider wollten sogar wissen, daß der Countdown erzwungen wurde, weil Präsident Ronald Reagan zum 28. Januar anläßlich seiner alljährlichen Ansprache zur Lage der Nation die Lehrerin Christa McAuliffe im All haben wollte.

Zum Challenger-Unfall war es gekommen, weil beim Start ein Ersatzteil im Wert von ein paar lumpigen Dollars versagte. Jede der beiden Feststoffraketen bestand damals aus vier Einzelsegmenten, die mit Bolzen gesichert und mit jeweils zwei Gummiringen (sogenannten O-Ringen) abgedichtet waren, damit die ultraheißen Verbrennungsgase nicht seitlich aus dem Booster entweichen konnten. Diese O-Ringe, das war seit langem bekannt, verloren bei niedrigen Temperaturen ihre Elastizität. Als die Feststoffhülsen beim Start erschüttert wurden, ließen die Gummidichtungen für einen kurzen Moment die heißen Gase entweichen und schmorten durch.

Das Problem mit den O-Ringen war nicht neu. Die ersten schriftlich festgelegten Befürchtungen datierten immerhin auf das Jahr 1978 – drei Jahre, bevor der erste Shuttle abhob. Während des Fluges von Sally Ride, der ersten Amerikanerin im All, brannte eine der Dichtungen fast vollständig durch. „In neun von zehn Flügen hatten wir beschädigte O-Ringe", klagte Roger Boisjoly, ein ehemaliger Ingenieur des Booster-Herstellers Morton Thiokol.

Die Rogers-Kommission mußte nicht lange suchen, bis sie auf weitere, haarsträubende Mängel im Shuttle-Konzept stieß. So waren die Fehleranalysen der Nasa unzureichend, weil sie den Faktor „menschliches Versagen" nicht mit einbezogen hatten. Die Kommission tadelte auch den sogenannten Ersatzteil-Kannibalismus in den Shuttle-Werkstätten: Die Ingenieure waren unter dem Zeitdruck des Raumfahrtprogramms längst dazu übergegangen, bei Reparaturen Ersatzteile aus einer anderen Fähre auszubauen, anstatt auf Neuteile zu warten.

Die Analyse der Schlampereien zwang die Kommission dazu, eine Reihe von Verbesserungen am Shuttle zu empfehlen. Die Folge: Es dauerte fast drei Jahre, bis erneut eine Raumfähre starten konnte. Nie hätte es nach dem Absturz eines unbemannten Trägers eine derartige Verzögerung gegeben. Zwangsläufig mußte die Nasa alle lukrativen kommerziellen Satellitentransporte absagen; die besten Plätze unter den verbliebenen Startterminen reservierte sich das Militär; und die Leidtragenden waren die Wissenschaftler, deren geplante Missionen gestrichen oder um viele Jahre aufgeschoben wurden.

Roter Stern im Kosmos

Eine noch viel schlimmere Krise hatte die amerikanische Nation dreißig Jahre zuvor erlebt. Damals, gegen Ende der fünfziger Jahre und auf dem Höhepunkt des Kalten Krieges hatten die Sowjets den Amerikanern gezeigt, was eine Harke im Kosmos ist. Zwar wußten die Experten in Washington, daß die Sowjets zu jener Zeit dabei waren, eine Rakete zu entwickeln, um einen Satelliten in das Weltall zu schießen. „Wir wollten aber schlichtweg nicht glauben, daß die das schaffen", erinnert sich Jerry Grey vom Amerikanischen Institut für Luft- und Raumfahrt.

Baikonur, mitten in der Steppe von Kasachstan, 1956: Ein Mann im unscheinbaren, grauen Anzug führte eine Gruppe von Besuchern über eine gewaltige Betonfläche. Er war Ingenieur für Raketentechnik, und die Gäste kamen aus Moskau. Bedeutender Besuch, immerhin war fast das gesamte Politbüro angereist. Die Aufmerksamkeit der hohen Herren galt einem 30 Meter langen, zigarrenförmigen Geschoß, das fertigmontiert auf dem Startgelände lag.

Der Ingenieur verwandte viel Zeit darauf, den Politikern zu erklären, wie er diese klobige Konstruktion zum Fliegen bringen wollte. Die Gäste aber verstanden nur wenig von den technischen Einzelheiten; Nikita Chruschtschow, der damals als Kremlchef nach Baikonur gereist war, schrieb später in seinen Memoiren: „Wir sind um die Rakete gestiegen, haben sie vorsichtig berührt, haben sie gedrückt, um zu sehen, was sie aushält – wir haben wirklich alles mit ihr angestellt, nur nicht dran geleckt, um zu sehen, wie sie schmeckt."

Chruschtschow ahnte nicht, welche Wirkung dieses Geschoß noch hervorrufen sollte. Am 4. Oktober 1957 donnerte das Ungetüm in den Himmel, hundert, zweihundert Kilometer hoch, unterwegs sprengte das geheimnisvolle Ding all die dicken Hülsen von sich und schoß eine stählerne Kapsel in den Orbit, die man „Sputnik" nannte – auf deutsch: „Weggefährte". Tagelang sandte das Ding einen merkwürdigen Piepston zur Erde und zwar schlauerweise auf einer Frequenz, die jeder Amateurfunker auf der Erde empfangen konnte. Die Weltöffentlichkeit kam aus dem Staunen nicht mehr heraus: Ausgerechnet der technisch und wirtschaftlich rückständigen Sowjetunion war es gelungen, erstmals die irdische Schwerkraft zu überwinden.

Die Amerikaner plagte eine ganz andere Sorge: Mit der SL-1-Rakete* besaß Chruschtschow wider allen Erwartungen eine Interkontinental-Rakete, mit der sich genausogut Atombomben bis nach Amerika jagen ließen. Nichts weniger als die Kontrolle über den Himmel stand auf dem Spiel.

Sputnik galt den Sowjets fortan als Triumph des sozialistischen Systems. Der Klassenfeind war geschlagen, wenn auch nicht auf Erden, so immerhin in den unberührten Weiten des Kosmos. Trotz des Sieges hüllte Chruschtschow weiterhin seine Raumfahrtambitionen in den dunklen Mantel des Schweigens. Keinerlei Information drang aus dem Roten Reich, selbst der Name des Chefkonstrukteurs Sergej Pawlowitsch Koroljow wurde bis zu seinem Tod im Jahr 1966 wie ein Staatsgeheimnis gehütet. Auch bei der Nasa wußte man nicht, wer der Chef der „anderen Seite" war und in Tom Wolfes Heldenerzählung *The Right Stuff* taucht er nur als unheimlicher „chief designer" auf.

---

* Damals war das sowjetische Raumfahrtprogramm streng geheim und die Trägerraketen hatten keine Namen. SL beruht auf der Nomenklatur des amerikanischen Verteidigungsministeriums und steht für „Soviet Launcher".

Denn wenn es etwas von dem Anonymus aus Baikonur zu vermelden gab, bedeutete dies jedesmal einen neuen Schock für die Amerikaner. Nach dem 84 Kilogramm schweren Sputnik hebelte der allmächtige Chefkonstrukteur am 3. November 1957 mit einer 508-Kilo-Kapsel die Hündin Laika in den Kosmos. Kurz zuvor hatten sich die Amerikaner schon einmal an einen Drei-Pfund-Satelliten gewagt. Die Vanguard-Rakete, die ihn transportieren sollte, kam allerdings nur einen halben Meter hoch, stürzte dann zurück auf die Startrampe und explodierte unter größtem Getöse und noch größerem Hohngelächter der heimischen Presse.

Während auf Cape Canaveral ein „Kaputnik" (so nannten die amerikanischen Journalisten die scheiternden US-Raketen) nach dem anderen versagte, holte im Roten Reich der fürchterliche Chefkonstrukteur zu einem neuen Schlag aus. Am Morgen des 12. April 1961 hob im fernen Kasachstan der Luftwaffenleutnant Juri Alexejewitsch Gagarin seine Arme zum Gruß und zwängte sich in die Kapsel der Wostok-1-Rakete. Anschließend vollbrachte er das Unglaubliche. In dreihundert Kilometer Höhe umkreiste er fast einmal die Erde: Gagarin – der erste Mensch im All.

Ganze 108 Minuten hatten genügt, um den Sohn einer Melkerin und eines Zimmermanns zum sozialistischen Volkshelden zu machen. Die Moskauer Propagandamaschinerie lief auf Hochtouren, und nach dem nächsten Paukenschlag, dem 25stündigen Flug von German Titow an Bord von Wostok 2, fand Chruschtschow markige Worte. „Wir haben Gagarin und Titow in den Weltraum geschossen. Wir können sie durch Bomben ersetzen, die wir an jeden beliebigen Ort auf Erden lenken können."

Chruschtschow hatte früh begriffen, wie gut die Raumfahrt zur internationalen Profilierung taugte, und dem jungen amerikanischen Präsidenten John F. Kennedy, der erst drei Monate im Amt war, eine ordentliche Lektion verpaßt.

Das war das kosmische Pearl Harbor. Kennedy mußte irgendetwas gegen diesen Chefkonstrukteur unternehmen. Immerhin: Der erste amerikanische Testpilot Alan Shephard hatte erfolgreich einen suborbitalen Hüpfer von 15 Minuten absolviert. Zu mehr reichte die Kraft seiner Redstone-Rakete nicht. Das freilich genügte Kennedy, um seine historische Rede zum Apollo-Programm zu halten: „Diese Nation sollte sich das Ziel setzen, noch in diesem Jahrzehnt Menschen auf dem Mond zu landen und sicher zur Erde zurückzubringen."

Der Wettlauf war eröffnet. Und das Ziel der Amerikaner war klar: Die Sowjets sollten mit einem technischen Kraftakt in die Knie gezwungen werden. Vor allem sollte das Programm für die Gegenseite unbezahlbar teuer sein. Die kostspieligste Lösung war in diesem Fall also die beste: Es ging um die astronomisch hohe Summe von 29 Milliarden Dollar. (Zum Vergleich: das gesamte Voyager-Unternehmen kostete 860 Millionen Dollar.)

Eine Weile sah es so aus, als wollten sich die Sowjets auf die Prestigeschlacht einlassen, denn der ominöse Koroljow hatte noch ein paar Trümpfe im Spiel. Die eher wissenschaftlichen Pläne des besessenen Technikers schwanden allerdings rasch angesichts der immer hochtrabenderen Spektakelwünsche aus dem Kreml: Die Amerikaner konnten mittlerweile selbst Astronauten wie John Glenn und Scott Carpenter um die Erde schießen – aber war es nicht ein typisches Merkmal bürgerlicher Systeme, die Hälfte der Bevölkerung von jenen neuen Errungenschaften auszuschließen? Keine Frage, eine Frau, eine Werktätige aus einer Fabrik oder aus einer Kolchose mußte in die Umlaufbahn.

Aspirantinnen waren rasch gefunden. Man kramte die archivierte Fanpost an Juri Gagarin aus den Aktenschränken, lud eine Reihe von Briefschreiberinnen vor und wählte schließlich vier zum Training aus. Eine von ihnen wurde später vorgezeigt: Walentina Tereschkowa aus Jaroslawl an der Wolga, Tochter einer Spinnerin und eines Traktoristen. Die Vorzeigekommunistin war Mitglied im Spinnereikombinat „Der Rote Perakop", aktiv im Jugendverband und eine begeisterte Fallschirmspringerin.

Nach nur zweijähriger Vorbereitungszeit ging „Walja" auf Rekordjagd: In ihrer Kapsel flog sie 70 Stunden lang durch den Kosmos – etwas mehr als damals alle sechs Mercury-Astronauten zusammen auf ihrem Konto hatten. Zwei Jahre später schwebte der erste Kosmonaut aus seinem Woschkod-Raumschiff zu einem „Spaziergang" durch das All. Ein Amerikaner war erst zweieinhalb Monate später soweit.

Zwischenzeitlich drängte Chruschtschow seine Kosmonauten noch zu einer Irrsinnsmission. Lange bevor die Amerikaner ihre Gemini-Serie mit zwei Astronauten in einer Kapsel starteten, mußten sich drei Sowjets, zwei von ihnen gerade sechs Monate im Kosmonautentraining, in eine umgebaute, ursprünglich einsitzige Wostokhülle zwängen. Daß die drei – ohne Raumanzüge und Schleudersitze, ohne Reservetreibstoff und Reservesauerstoff – das eintägige Himmelfahrtskommando überstanden, hatte mehr mit ihrem Glück, als mit dem Verstand der sowjetischen Weltraumstürmer zu tun.

So wenig Koroljow diese Abenteuer schätzte, so große Bedenken hatte er auch, sich auf den Wettlauf zum Mond einzulassen. Er wußte wohl von Anfang an, daß seine Nation keine Chance gegen den Technikgiganten USA hatte. Den Sowjets fehlte es nicht an Ideen, sondern ganz einfach an der Fähigkeit, die für ein Mondprogramm notwendige Mikroelektronik zu entwickeln.

1964 wurde Chruschtschow entmachtet, zwei Jahre später starb Koroljow, und fortan wollte den Sowjets kaum noch etwas gelingen. Gleich bei der ersten Landung einer Sojus-Kapsel versagte der Landefallschirm und der Kommandant Wladimir Komarow wurde bei dem Aufprall am Boden zerschmettert. In der amerikanischen Raumfahrt hingegen überschlugen sich die Ereignisse, und am 20. Juli 1969 – also tatsächlich noch in der von Kennedy ausgerufenen Frist – setzte Neil Armstrong im basaltenen „Meer der Stille" seine Fußabdrücke in den Mondstaub. Von dem Erdtrabanten vernahmen die Daheimgebliebenen Armstrongs epochalen Worte, die ihm der Schriftsteller Norman Mailer vorformuliert hatte: „Ein kleiner Schritt für einen Mann, aber ein riesiger Sprung für die Menschheit." Armstrong verlas anschließend eine Botschaft mit den bei solchen Anlässen üblichen Leerformeln von Frieden und Menschheit und steckt einen Sternenbanner in den Staub. Die Sowjets saßen derweil auf der Erde. Sie waren sang- und klanglos aus dem Wettlauf ausgeschieden.

Doch auf dem Mond waren die Amerikaner nicht weit, sondern eher in eine konzeptionelle Sackgasse gesprungen. Fünf Apollo-Crews folgten, die Astronauten brachten insgesamt 389,7 Kilo Mondgestein auf die Erde, aber die Steine vom Erdsatelliten brachten nicht die erhofften wissenschaftlichen Sensationen. Die letzten Flüge langweilten die verwöhnten amerikanischen Fernsehzuschauer, und Richard Nixon, der Kennedys Mondfahrt nur als ungeliebte Erblast seines ehemaligen Erzrivalen verwaltete, ließ das Apollo-Programm vorzeitig abbrechen.

Die Sowjets stritten später ab, jemals an einer Mondlandung interessiert gewesen zu sein. Doch viele Vorbereitungen deuten darauf hin, daß es zumindest zeitweise ein Rennen gab. Mindestens dreimal – so die Meinung westlicher Geheimdienste – versagten Großraketen im Stil der Saturn5, oder sie explodierten auf dem Startgelände.

Am 3. Juli 1969 überflog ein Wettersatellit der Nasa zufällig zweimal das sowjetische Kosmodrom in Baikonur. Morgens war die Luft rein und wolkenlos. Am Abend rollten aus allen Richtungen schwere Wolken heran – die Folge einer Luftveränderung nach einer gewaltigen Explosion. An jenem Morgen – 13 Tage vor dem Apollo-11-Flug von Neil Armstrong und seinen zwei Kollegen – saßen in Baikonur drei Kosmonauten startbereit in einer Sojus-Kapsel. Bis heute ist den westlichen Beobachtern unklar, warum dieser Countdown abgebrochen wurde.

Planten die Kosmonauten doch noch, vor der Konkurrenz den Mond zu erreichen? Unterstützt von einem Raumschiff, das von der gerade explodierten Großrakete hochgeschossen werden sollte? Möglich wäre es gewesen.

In der Zwischenzeit hatten die Sowjets ein anderes Konzept entwickelt: Seit Mitte der sechziger Jahre arbeiteten sie mit dem stoischen Gleichmut der Planwirtschaftler an einer permanenten Präsenz im All. Nach dem Baukastenprinzip wurden immer stärkere Triebwerke an die klobigen und etwas verschroben anmutenden Flugsaurier der fünfziger Jahre montiert. Das Rückgrat der sowjetischen Kosmonautik ist bis heute die SL-4-Rakete, die nichts anderes ist als ein verbessertes, 20motoriges Ungetüm aus Chruschtschows Zeiten. Kenner bezeichnen es als ein Gerät von verblüffender Schlichtheit. Rund tausend dieser archaischen „All-Schlepper" rollten bisher von den Fließbändern der Kombinate für kosmische Konstruktionen. Mit den erprobten und robusten Trägerraketen aus kostengünstiger Massenproduktion schossen die Sowjets Mannschaft für Mannschaft in den Orbit. Eine unbekannte Anzahl von Kosmonauten ließ auf diesem Weg ihr Leben, aber das Ziel des Unternehmens war klar erkennbar: ein Stützpunkt im Kosmos und die Adaption des Menschen an die unmenschlichen Bedingungen der Schwerelosigkeit.

„Das ist die kommunistische Philosophie von der Kolonialisierung des Alls", sagt Nicholas Johnson, einer der kenntnisreichsten westlichen Beobachter der sowjetischen Raumfahrtszene: „Die haben ein unerschöpfliches Vertrauen in ihre Ausdauer. Genauso hat Ho Tschi Minh über Südvietnam triumphiert. Wann, war ihm völlig egal, aber daß er siegen würde, darin war er sich sicher".

In der Tat scheinen sich das sozialistische Low-Tech-Konzept und das orbitale Schraubstock-Design bewährt zu haben. Seit Jahren röhren durchschnittlich alle drei bis vier Tage die Motoren einer allzeit bereiten Flotte von einem Dutzend verschieden starker Trägerraketen von einem der drei sowjetischen Kosmodrome in den Weltraum. Vom kaum benutzten Kapustin-Jar-Gelände, vom Baikonur-Startplatz nahe Leninsk in Kasachstan (er ist neunmal größer als das Kennedy Space Center in Florida) und von Plesetsk, dem 800 Kilometer nördlich von Moskau gelegenen, rein militärischen und meistbenutzten All-Bahnhof der Welt.

„Mit welcher Routine die Sowjets ans Werk gehen", urteilt Nicholas Johnson, „läßt sich an den Abschußterminen erkennen. Sie starten meist mittwochs, selten montags und samstags, nie an Sonntagen. So halten sie sich die Wochenenden frei".

Erfolg der sowjetischen Hartnäckigkeit auf dem langen Marsch nach Kosmograd, der erträumten roten Siedlung im All: Die Sowjets sind im All, während sich die Amerikaner mit kurzen und seltenen Shuttle-Ausflügen begnügen müssen.

Permanent kreisen zwei bis drei Kosmonauten in der geräumigen Raumstation Mir (Frieden). Am längsten ausgehalten haben es bisher Wladimir Titow und Musa Manarow, die 366 Tage in der Schwerelosigkeit verbrachten. Seit 1988 verfügen die Sowjets zudem über einen eigenen Shuttle namens Buran (Schneesturm), das mit „Energija", der momentan stärksten Trägerrakete der Welt ins All gehoben wird.

Energija könne auch nicht mehr als die Saturn-Mond-Rakete der Amerikaner, wehren Offizielle der Nasa beschwichtigend ab. Doch die letzte Saturn flog im Jahr 1973, und heute könnte sie keiner nachbauen, weil ein Teil der Pläne nicht mehr aufzufinden ist.

Über den Sinn der sowjetischen Präsenz im All läßt sich streiten, und vermutlich ist die Herumturnerei zwischen Baikonur und Mir die Milliarden von Rubel nicht wert, die die Sowjets ins All schießen. Aber es ist – schwacher Trost – wenigstens ein Programm zu erkennen, das auf der anderen Seite des Atlantiks seit dem fragwürdigen Mondabenteuer fehlt.

Nach den Apolloflügen hätte Richard Nixon, wäre es nach den Wünschen der Nasa gegangen, ein Faß ohne Boden füllen müssen. Der Präsident verweigerte allerdings die horrenden Mittel für eine beantragte Mars-Expedition oder für eine bemannte Raumstation. Dann stimmte er einem faulen Kompromiß zu: Die Nasa durfte einen Raumgleiter entwickeln, der huckepack auf drei Treibstoffbehältern ins All rasen und nach erfülltem Auftrag zur Erde zurücksegeln sollte.

Um an das Geld für das Großprojekt zu kommen, bediente sich die Raumfahrtbehörde einer international gleichermaßen beliebten wie bewährten Methode: Die Konzepte und Finanzierungspläne wurden so lange zurechtgeschustert, bis auch der skeptischste Präsident glauben mußte, wie billig, sicher, genial und unverzichtbar bemannte Raumfahrt sein kann. Die Nasa präsentierte eine Art kosmisches perpetuum mobile – eine universelle Fähre, die ein Kilo Nutzlast zu einem Spottpreis von nur 200 Dollar in die Erdumlaufbahn befördern sollte, und deren Haupttriebwerke 55 Starts ohne größere Wartungsarbeiten aushalten sollten.

Wofür, fragte die Nasa, brauchte man dann noch die alten Geschosse wie die Delta- oder die Titan-Raketen, zuverlässige Arbeitspferde zwar, aber unspektakulär, weil sie keine Astronauten an Bord nehmen konnten. Produktion und Erforschung der bewährten Einwegraketen wurden eingestellt.

Ein fatales Fehlkonzept, wie sich bald nach der Challenger-Katastrophe herausstellen sollte: Anschließend an den Shuttle-Absturz versagten all die ungeliebten herkömmlichen Träger. „Der Shuttle war wie des Kaisers neue Kleider", sagte Gerald Wasserburg vom California Institute of Technology in Pasadena nach dem Desaster. „Alle haben so getan, als sei er die perfekte Antwort auf alle unsere Wünsche. Heute läuft nichts mehr – kein Shuttle, keine Wissenschaft, kein Geld. Wir kriegen keinen Satelliten mehr hoch. Wir kriegen nicht mal mehr einen Baseball hoch".

Schon vor dem Challenger-Absturz konnte der Shuttle längst nicht halten, was die Ingenieure versprochen hatten. Weder flog er, wie erwartet, 50mal im Jahr, sondern bisher nur rund 30mal in zwölf Jahren, noch war er so wiederverwendbar wie vorausgesagt. Die Folgen der Mißkalkulation: Heute kostet es rund 12 000 Dollar, um ein Kilogramm Nutzlast mit dem Shuttle ins All zu liften.

Die bemannte Raumfahrt, beklagte das wichtigste amerikanische Wissenschaftsblatt *Science,* sei schon immer die Crux der Nasa gewesen. Nach dem Mondbesuch sei es im All zwangsläufig langweilig geworden: „Die Spannung wird nur noch angeheizt durch Spektakel und die Möglichkeit tragischer Unfälle." Beides bot die Nasa auf fatale Weise mit ihrem Shuttle-Programm: Aus PR-Gründen rasten der Senator Jake Garn, der Kongreßabgeordnete Bill Nelson oder der Saudi-Prinz Sultan Saud mit der Raumfähre ins All. Den Profi-Astronauten fielen die ob der ungewohnten Schwerelosigkeit speienden VIP's indes arg zur Last.

Auf der Strecke blieb nach dem Challenger-Unglück vor allem die Wissenschaft, denn alle geplanten Experimente waren auf die Ladeluke des Shuttle zurechtgeschnitten. Heute rotten die raffiniertesten Satelliten und Teleskope in den Lagerhallen vor sich hin, nur weil der Shuttle zu selten fliegt oder vom Militär in Beschlag genommen wird.

Immer wieder betonen die Propagandisten der bemannten Raumfahrt, der Mensch im All sei das wichtigste Element zwischen Technik und Bodenkontrolle; er sei unerläßlich, um komplexe Maschinen zu bedienen und zu warten. Die gute alte Voyagersonde, seit über zwölf Jahren unterwegs und bald fünf Milliarden Kilometer von der Erde entfernt, kam recht gut ohne Astronauten aus. Sie wurde von der Erde aus bedient, neuprogrammiert, repariert – und sie funktioniert immer noch. Sie war zudem erstaunlich billig. Voyager ist der Triumph der Techniker und Forscher über den Astronauten.

Im Juli 1989 – Voyager 2 funkte gerade brav und zuverlässig ihre ersten Daten und Bilder von Neptun zur Erde und hatte bereits einen neuen Mond entdeckt – verkündete Präsident George Bush anläßlich des zwanzigsten Jubiläums der Mondlandung neue Ziele der amerikanischen Raumfahrtpolitik: Die Nation brauche eine bemannte Raumstation, sagte er, sie müsse erneut Männer zum Mond schicken und danach zum Mars aufbrechen. „The show must go on."

Der Planet der Neuzeit

Uranus und seine Monde

Kein normaler Mensch fliegt von Perth Richtung Südwesten. Was sollte er dort auch tun? Perth liegt bereits im Südwesten Australiens und selbst dort, das wird jeder Nicht-Perther zugeben, ist schon der Hund begraben. Jenseits von Perth kommt nur noch das Meer – der endlose Indische Ozean – und irgendwann der antarktische Kontinent. Warum also gen Südwesten fliegen?

Dennoch startete am 10. März 1977, abends um 10 Uhr 37, eine vollgetankte Lockheed C-141 vom Perth International Airport und nahm Kurs auf Südwest. Gewisse Umstände deuteten auf einen ungewöhnlichen Flug hin: Die C-141 war nicht gerade ein normales Flugzeug. Ron Gerdes, der die C-141 steuerte, war auch kein normaler Pilot. Die Passagiere waren keine Touristen oder Geschäftsleute, und das Ziel lautete wie der Standort – Perth. Die Fluggäste planten einen Rundflug. Unterwegs wollten sie eine Sternenfinsternis beobachten.

Eine Sternenfinsternis ist so etwas Ähnliches wie eine Sonnenfinsternis. Vereinfacht gesagt: ein Himmelskörper schiebt sich vor einen Stern, und für einen Moment geht das Licht aus. In dieser Nacht beispielsweise sollte der Planet Uranus vor dem Stern SAO 158 687 im Sternbild Waage vorbeiziehen.

Daß ein gut sichtbarer Stern von einem Planeten verdeckt wird, geschieht ziemlich selten, und selbst in jener Märznacht war es ungewiß, ob der Uranusschatten die Erde nicht verfehlen würde. Die Astronomen hatten berechnet, daß man die Sternbedeckung allenfalls ganz im Süden des Globus würde sehen können. Deshalb waren in jener Nacht alle Observatorien der Südhemisphäre alarmiert. Zusätzlich sollte die C-141 zu einem Beobachtungsflug aufbrechen. Es war eine klare Herbstnacht im März des Jahres 1977 – fünf Monate vor dem Start der beiden Voyagersonden.

Die Wissenschaftler wollten die Sternbedeckung nutzen, um die genaue – damals unbekannte – Größe des Uranus zu bestimmen. Die Dauer der Verdunkelung war ein direktes Maß für den Umfang des Planeten. Die Art und Weise, wie das Sternenlicht über dem Planetenhorizont unter- und aufging, also wie es von der Gashülle beeinflußt wurde, sollte einen Einblick in die Zusammensetzung und die Temperatur der Uranusatmosphäre geben.

Die C-141 war für die Untersuchung besonders geeignet, denn der umgebaute Militärjet der Nasa konnte in 12 500 Meter Höhe und damit über den Wolken und dem größten Teil des störenden Wasserdampfes in der Atmosphäre fliegen. Der Jet war zu einem Observatorium umgebaut, dem sogenannten Kuiper Airborne Observatory, benannt nach dem Planetenforscher Gerard Kuiper, der 1948 den fünften Uranusmond Miranda entdeckt hatte. An Bord des „KAO" waren ein 90-Zentimeter-Teleskop und das übliche Inventar an Computern und astronomischen Meßgeräten.

In Perth war eine illustre Crew von 15 Wissenschaftlern zugestiegen, darunter Ted Dunham, ein junger Doktorand, Doug Mink, ein Informatiker mit schulterlangen Haaren, der die Computer programmiert hatte, Don Olson, Al Meyer und Milo Reisner, die am Teleskop saßen, und Teamleiter James Elliot von der Cornell-Universität in New York, mit Elvis-Tolle und beeindruckenden Koteletten, die ihm bis in die Mundwinkel reichten. Eine dreiviertel Stunde vor der erwarteten Sternenfinsternis steuerte der Pilot Ron Gerdes den Jet auf die vorausberechnete Flugbahn, von der aus die Astronomen ihr Teleskop auf Uranus richten wollten. Die Forscher ahnten nicht, welch überraschende Entdeckung sie in den nächsten Minuten machen sollten. Während des Experimentes lief ein Tonband, das alle Gespräche an Bord aufzeichnete:

„Okay", sagte Elliot, als die Uhr 20 Uhr Weltzeit anzeigte, „wir sind jetzt auf Kurs."

„Noch eine Menge Zeit", erwiderte Reisner und beobachtete, wie auf dem Monitor langsam Uranus als weißer Fleck erschien.

Die Wissenschaftler nutzten die Minuten, um ein letztes Mal ihre Photometer zu überprüfen, mit denen sie während des Versuches das Licht von Uranus, von dem Stern SAO 158 687 und von dem dunklen Nachthimmel miteinander vergleichen wollten. In diesem Moment registrierten die Geräte, unbemerkt von den Forschern, ein erstes kurzes Signal.

„Lies noch mal die Anzeige ab – aber langsam", sagte Dunham zu Elliot.

„Für den Himmel: 2800 auf Kanal Eins, 1500 auf Kanal Zwei und 450 auf Kanal Drei", antwortete Elliot.

„Und was war das?", fragte Dunham, als der Schreiber vor seiner Nase plötzlich ein scharfes Verdunklungssignal auf dem Endlospapier aufzeichnete.

„Keine Ahnung", sagte Elliot, „ein Ausrutscher am Teleskop?"

„Nichts", erwiderte Al Meyer.

„Wolken, oder was...?", fragte Elliot. Doch es gab keine Wolken über dem KAO.

Die Forscher rätselten über einen möglichen Meßfehler, als ihnen Ted Dunham ins Wort fiel: „Okay, ich habe hier ein zweites Signal."

„Ich möchte wirklich wissen, ob wir keine Wolken kriegen", sinnierte Elliot.

„Wir haben keine Wolken", reagierte leicht gereizt Peter Kuhn, der am Infrarot-Photometer saß, „ich sag's dir, da ist wirklich nichts am Himmel."

„Gut", witzelte Elliot, „vielleicht ist das der D-Ring. Der D-Ring von Uranus."

Alle lachten. Bis zum 10. März 1977 gab es schließlich nur einen Ringplaneten im Sonnensystem – und das war der Saturn. Kein Wissenschaftler ahnte etwas von Ringen um die anderen Großplaneten. Keine Raumsonde hatte jemals ein Ringsystem besucht.

„Noch einer", rief Dunham dazwischen, als auf der Anzeige ein drittes Signal erschien.

„Ich glaube, die Dinger sind echt", sagte Elliot und wurde langsam unruhig. „Irgendwelche kleinen Körper; wir schauen ja direkt auf die Planetenebene, vielleicht eine Art dünner Ringe. Die eigentliche Bedeckung ist erst in 20 Minuten."

„Richtig", antwortete Dunham, „da, noch einer!"

„Ganz deutlich", sagte Elliot, „irgendetwas verdunkelt den Stern."

Wenig später kam ein fünftes Signal, und Mink glaubte schon, einen Asteroidgürtel um Uranus entdeckt zu haben.

„Mit den ganzen Dingern da oben", meinte Elliot, „können wir die Mission unmöglich nach der Bedeckung abbrechen. Die müssen ja auf der anderen Seite wieder rauskommen."

„Vielleicht kreisen dort oben ja Wolken von Orangensaft", erwog der Flugdirektor Carl Gillespie.

„Anzeichen von Leben", spekulierte sein Assistent Jim McClenaham.

„Müll im Orbit", ergänzte Dunham.

„Ein Bienenschwarm, der seinen Platz sucht", ulkte Reisner.

Dann begann sich das Licht des Sternes an der Uranusatmosphäre zu brechen, und alle Instrumente schlugen aus: Die Finsternis begann.

Keiner der Wissenschaftler war sonderlich erstaunt, als sie im Anschluß an die Bedeckung erneut fünf Signale registrieren konnten. Im Gegenteil: „Alles andere hätte uns überrascht", erinnerte sich James Elliot. Wieder hatten fünf unbekannte Objekte den Stern verdunkelt.

Der Amerikaner glaubte allerdings nach wie vor an einen „Satelliten-Gürtel" um Uranus. Für Ringe waren die Signale viel zu schwach. Kein Mensch hatte je solch dünne Ringe gesehen. „Wir kannten nur die weiten, Zehntausende von Kilometern breiten Ringe des Saturn", meinte Elliot, „etwas anderes konnten wir uns damals einfach nicht vorstellen."

Doch die Beobachtungen von Elliots Kollegen in den Observatorien von Perth und in Südafrika deckten sich mit den Ergebnissen des KAO. Die Ergebnisse der Flugzeugcrew waren eindeutig: Uranus besaß ein System aus fünf Ringen, die das Licht sowohl vor als auch nach der Bedeckung des Sternes jeweils einmal abgeschwächt hatten.

Als die Astronomen ihre Daten später genauer analysierten, entdeckten sie insgesamt neun dünne, dunkle Ringe um den siebten Planeten. Saturn war nicht allein mit seinen Ringen.

Der unerwartete Fund im All war eine ziemliche Sensation, denn über Uranus war bis zum Jahr 1977 und lange vor den Voyager-Ergebnissen wenig bekannt. Das gesammelte Wissen über Uranus ließ sich in wenigen Sätzen zusammenfassen. Die Gelehrten der Antike und des Mittelalters ahnten nicht einmal etwas von dem Planeten, da er mit dem bloßen Auge nicht am Nachthimmel auszumachen ist. Uranus, der immerhin viermal so groß und 14mal so schwer wie die Erde ist, bleibt für uns so unsichtbar wie ein Tennisball aus fünf Kilometern Entfernung.

Auch mit erdgebundenen Teleskopen läßt sich auf dem Planeten wenig erkennen: keine Ringe; keine Einzelheiten in der Atmosphäre; keine Wolkenbilder, an denen man sich orientieren könnte, um wenigstens die Rotationsperiode des Uranus zu bestimmen.

Die Astronomen mußten sich bis Anfang Januar 1986 gedulden, bis sie Genaueres über den blaugrünen Planeten erfuhren. Am 24. Januar, um 9 Uhr 59 pazifischer Zeit, flog Voyager 2 in einem Abstand von 81 500 Kilometern über die Wolkendecke von Uranus, schickte erneut Tausende von Fotos und eine Flut von Meßdaten zur Erde. Das Raumschiff funktionierte selbst in einer Entfernung von drei Milliarden Kilometern so problemlos, als sei die jahrelange Tour durchs All eine reine Routinesache gewesen.

Bis zum Voyager-Vorbeiflug hatten die Astronomen die Länge eines Uranustages auf ungefähr 16 bis 24 Stunden geschätzt. Voyager 2 bestimmte die Rotationsperiode auf exakt 17 Stunden und 14 Minuten. Bis Ende 1985 hatten die Wissenschaftler mit ihren irdischen Großfernrohren fünf Uranusmonde gesichtet, aber sie kannten nicht ihre wahre Masse und Größe. Voyager fand zehn weitere Monde und zwei neue Ringe und vermaß und fotografierte sie alle. Vor der Uranusmission glaubten die Wissenschaftler, der Planet besäße – ähnlich wie Jupiter und Saturn – um einen festen Kern eine flüssige Schicht aus Wasserstoff und Helium. Die Messungen des Raumschiffs räumten auch mit dieser Vorstellung auf: Den Kern des Planeten umgibt eine gewaltige, sogenannte superdichte Atmosphäre, die weder aus Gas noch aus einer Flüssigkeit besteht.

Nach einer nicht einmal sechs Stunden währenden Encounterphase mit Uranus schien es, als habe Voyager einen zuvor unbekannten Planeten besucht.

Das lange Warten

Zu Uranus war es in jeder Hinsicht ein weiter Weg. Das unerforschte Umfeld des siebten Planeten war für die Nasa-Ingenieure absolutes Neuland. Noch nie war ein von Menschen gebautes Gerät bis in diese kalte und dunkle Region des Sonnensystems vorgedrungen. Schon lange kein Raumschiff, das ursprünglich nur für eine Reise zu Jupiter und Saturn gebaut worden und längst technisch veraltet war.

Nach der erfolgreichen Schleuderpartie vorbei an diesen beiden Großplaneten lag vor der Sonde eine „Alles-oder-Nichts-Tour". Bis zum Saturn war Voyager 2 noch das Ersatzgerät gewesen – jetzt gab es keinen Reserve-Roboter mehr. Weder war ein zweites Raumschiff Richtung Uranus unterwegs, noch hätte von Cape Canaveral aus eines starten können. Nicht einmal auf den Zeichenbrettern der Nasa existierte ein Entwurf für eine Sonde, die zu einem späteren Zeitpunkt zu Uranus hätte fliegen sollen. Ein Glück, daß Voyager 2 flog und flog.

Doch die Sonde war längst krank und gebrechlich geworden: Sie war taub auf einem Ohr (dem ersten Radioempfänger) und hörte auf dem anderen (dem Ersatzgerät) nur ein Tausendstel dessen, was es zu hören gab. Voyager hatte seit dem Start an Kraft verloren, denn die Leistung des Plutonium-Generators ließ langsam aber sicher nach. Längst konnten die Techniker nicht mehr alle Bordinstrumente gleichzeitig einschalten. Bei der hektischen Saturn-Begegnung hatte das Raumschiff obendrein steife Gelenke bekommen. Als sich ein Achslager der Arbeitsplattform festgefressen hatte, waren zwei Tage lang die wichtigsten Instrumente an Bord lahmgelegt.

Bei der Uranus-Begegnung mußte Voyager allerdings mehr leisten als je zuvor: Zum einen war die Encounterphase auf nicht einmal sechs Stunden beschränkt, weil Uranus und seine Monde in Seitenlage kreisen. Voyager flog deshalb „senkrecht" auf das Uranussystem zu und entsprechend schnell hindurch. (Die Systeme des Jupiter und Saturn kreisen mehr oder weniger *in* der Bahnebene des Planeten. Die Sonde konnte dort tagelang *quer* durch die Reiche der Planeten fliegen und in Ruhe Mond für Mond besuchen.) Hätten sich die Navigatoren des JPL in dieser Phase geirrt, wäre das der letzte Fehler während der Uranusmission gewesen, denn ein Funksignal von Pasadena zur Sonde und zurück benötigte bereits fünfeinhalb Stunden.

Zum anderen ist es im Bereich des Uranus extrem dunkel. Dort kommt nur noch ein Viertel des Sonnenlichtes an, das auf Saturn scheint, beziehungsweise ein Vierhundertstel dessen, was wir auf unserem Planeten abbekommen. Selbst um die Mittagszeit ist es auf Uranus so dunkel wie auf der Erde in der Dämmerung. Das fahle Licht erforderte beim Fotografieren extrem lange Belichtungszeiten. Noch schwieriger sollte es werden, die dunklen Ringe des Uranus abzubilden. „Das ist", sagte Richard Terrile von JPL, „als wolle man unter einem Weihnachtsbaum, auf dem ganz oben eine einzige kleine Kerze brennt, ein Stück Holzkohle vor schwarzem Hintergrund aufnehmen."

Um diese Probleme zu bewältigen, hatte Voyager 2 vor der Uranus-Begegnung dringend eine Inspektion nötig. Die Ingenieure am JPL, die im Vergleich zu den Wissenschaftlern immer etwas im Hintergrund standen, murrten ob der Forderung der Astronomen. Doch gleich nach der Saturnmission machten sie sich an die Arbeit, denn die Zeit drängte: Ihnen blieben gerade vier Jahre für eine Generalüberholung des Raumschiffs.

Zunächst kümmerten sie sich um einen besseren Funkkontakt zur Sonde, der zwangsläufig schlechter wurde, je weiter sie sich von der Erde entfernte. Der Radiosender von Voyager 2 schickte ein Signal mit einer mageren Leistung von 22 Watt auf die Reise. Davon kam nur ein Bruchteil auf der Erde an. Selbst mit einer riesigen Antennenschüssel ließ sich von einem Ausgangssignal, das aus der Region des Uranus kam, nur ein Billiardstel Watt empfangen. Die Techniker mußten also die Ohren des JPL verbessern, anderenfalls wären die schönsten Voyagerdaten im interplanetaren Raum verhallt.

Das JPL nutzte während der Jupiter- und Saturnmission das Deep Space Network der Nasa, ein Netz aus drei Radioempfangsstationen, die rund um den Globus verteilt sind: eine im kalifornischen Goldstone, 150 Kilometer vom JPL entfernt, eine zweite bei Canberra in Australien und eine dritte in den spanischen Bergen bei Madrid. Jede dieser Stationen horchte mit einer 64-Meter-Parabolantenne in den Weltraum, um etwas von den Voyagerzwillingen zu hören. Für die Uranusmission waren selbst diese Empfänger zu schwach, und sie mußten mit zusätzlichen Antennen gekoppelt werden. Das beste Ohr stand schließlich in Canberra, jener Station, die während der Encounterphase in Richtung der Sonde zeigen sollte.

Schon schwieriger war es, die Augen von Voyager zu verbessern, das heißt, sie den schlechten Lichtverhältnissen bei Uranus anzupassen. Die einfachste Lösung lautete: längere Belichtungszeiten. Genau gesagt, viermal längere Zeiten als bei vergleichbaren Objekten im Reich des Saturn. Wie aber macht man unverwackelte Langzeitaufnahmen von einem Raumschiff aus, das sich mit einer Geschwindigkeit von 25 Kilometern in der Sekunde an seinen Fotomotiven vorbeibewegt?

Die Wissenschaftler wollten beispielsweise ein Mosaik aus acht Fotos von Miranda haben, dem innersten Uranusmond, den Voyager in einem Abstand von 29 000 Kilometern passieren sollte. Dazu mußte die Bodenkontrolle die Sonde mit einer Präzision von 200 Kilometern zwischen Uranus und Miranda hindurchjagen, ohne vorher die genaue Größe und Position des Mondes zu kennen. „Ein Kunststück", schrieb daraufhin die amerikanische *National Geographic,* „als ob Wilhelm Tell einen Pfeil in Los Angeles abschießen würde, um einen Apfel in New York zu treffen." Die arthritische Arbeitsplattform sollte bei diesem Manöver die Kameras für jedes Einzelfoto mit einer anderen Geschwindigkeit schwenken. Selbstverständlich mußte die ganze Prozedur rechtzeitig in die Bordcomputer eingespeist werden, denn vor Ort wäre es zu spät für ein rettendes Funksignal aus Pasadena gewesen. Die Ingenieure rauften sich die Haare. (Später stellte sich heraus, daß die Mirandafotos das Schärfste waren, was Voyager je geliefert hatte.)

Irgendwie mußten die Techniker das Raumschiff in eine ruhige Position bringen, um den Wissenschaftlern nicht nur verschmierte und unscharfe Fotos zu liefern. Leichter gesagt als getan, denn Voyager 2 begann schon zu zappeln, wenn sich nur das Tonbandgerät für die Datenaufzeichnung in Bewegung setzte. Jedesmal, wenn sich die Bandspule in eine Richtung zu drehen begann, wurde die ganze Sonde von dem Drehimpuls in die entgegengesetzte Richtung geschubst. Stoppte die Spule, drehte sich Voyager wieder zurück. Ein schwacher Trost für die Bodenmannschaft: Die einfachsten physikalischen Gesetze von Impuls und Gegenimpuls galten offensichtlich auch in drei Milliarden Kilometer Entfernung zur Erde.

Zur Ruhigstellung des Roboters plante der Flugingenieur Howard Mardeness im Falle einer ungewollten Bewegung, die Hydrazindüsen des Antriebssystems für einen sehr kurzen Moment zu zünden. „Sehr kurz" war allerdings in diesem Fall nicht kurz genug. Denn zehn Millisekunden war das kleinste Schubintervall, das die Düsen beherrschten. Was Mardeness brauchte, war ein fünf Millisekunden-Schub.

Die Voyager-Ersatzdüsen auf der Erde waren längst in ein anderes Raumschiff eingebaut, aber die Ingenieure fanden in einem Lagerraum des JPL noch sieben ältere Testdüsen, an denen sie den begehrten Fünf-Millisekunden-Schub ausprobieren konnten. Die Versuche dauerten ein Jahr. Dann mußte Voyager 1 – längst auf dem Weg zu den Sternen, aber noch empfangs- und sendebereit – als Versuchsobjekt herhalten: Die Düsen im All absolvierten den Fünf-Millisekunden-Schub problemlos, und somit sollte das Kurzzeitmanöver auch bei Voyager 2 funktionieren.

Die Techniker hatten gesiegt. Doch die Wissenschaftler trauten dem neuen Zauber nicht und planten nur vier Langzeitbelichtungen von 96 Sekunden während der Uranusbegegnung ein. „Wir haben", gestand Bradford Smith später kleinlaut ein, „einfach nicht geglaubt, was uns die Ingenieure erzählt haben."

Die aber hatten längst Gefallen an der Fernoperation gefunden. Weil sie befürchteten, die Arbeitsplattform könnte bei der Uranusmission abermals hängenbleiben, brachten sie der ganzen Sonde dreidimensionale Rollbewegungen bei. Damit war gesichert, daß auch festgefahrene Kameras im Ernstfall den anvisierten Objekten hinterherschwenken konnten.

Das größte Problem für die Bodenmannschaft am JPL blieb freilich die jämmerliche Computerkapazität von Voyager. Brauchte das Gerät noch 48 Sekunden, um von Jupiter aus ein Foto zu übermitteln, so hätte diese Prozedur von Uranus aus wertvolle 13 Minuten in Anspruch genommen – eine unerträglich lange Zeit, denn die Sonde konnte nicht beliebig viele Daten an Bord zwischenspeichern. Die Voyagerkameras mußten lernen, das, was sie sahen, in weniger Worten zu beschreiben. Dazu vereinfachten die Programmierer am JPL die Bildübertragung radikal.

Ein Voyagerfoto setzt sich aus 640 000 Einzelpunkten zusammen, die in acht verschiedenen Grauwerten erscheinen können. Das erfordert eine Speicherkapazität von 5 120 000 Informationseinheiten je Foto. Da sich die Helligkeitswerte einzelner, nebeneinanderliegender Bildpunkte nur wenig voneinander unterscheiden (die Randbereiche der Fotos zeigen ohnehin oft nur schwarzen Himmel), sollte die Sonde fortan nicht mehr die absoluten Grauwerte eines Punktes beschreiben. Statt dessen sollte sie nur noch den Helligkeitsunterschied zum Nachbarpunkt übermitteln. Dieses System war zwar anfälliger als das alte, denn ein Punktfehler bedeutete nun zwangsläufig einen ganzen Zeilenfehler. Außerdem mußten die Informatiker einen der Reservecomputer von Voyager 2 völlig neu fernprogrammieren. Aber der Trick verkürzte die Übertragungszeiten: Die Sonde brauche nur noch fünf Minuten, um ein Uranusbild zur Erde zu senden.

Viereinhalb Jahre vergingen, in denen das alte Gefährt auf den neuesten Stand gebracht wurde. Dann, am 24. Januar 1986, achteinhalb Jahre nach dem Start in Florida, überflog die beste Voyager-Sonde, die es je gab, die Wolkendecke eines Planeten, den erst 205 Jahre zuvor ein Musiker und Amateurastronom von seinem Garten im englischen Bath aus entdeckt hatte.

Der Georgstern

Bis zum 13. März des Jahres 1781 endete das Sonnensystem bei Saturn. Bis dorthin hatten Galilei und Kepler geschaut und insgesamt sechs „Wandelsterne" (inklusive der Erde) beobachtet. Dann sah ein Mann namens Friedrich Wilhelm Herschel in den Himmel und fand einen siebten Planeten – den Uranus.

Der Sohn eines Oboisten aus Hannover, Musiklehrer und Komponist von Beruf, war 1757 vor den französischen Truppen nach England geflohen und hatte sich im Seebad Bath als Organist niedergelassen. Obwohl er nie das Orgelspiel gelernt hatte, war er ein großer Tastenvirtuose. Tagsüber musizierte er in der Kirche, leitete den Chor, und abends dachte er über Musiktheorie nach. Dadurch kam er zu der Mathematik, lernte etwas über die Optik und begann, sich für die Astronomie zu interessieren.

Herschel war ein Multitalent. Da er die zur Beobachtung unbekannter Himmelskörper notwendigen Fernrohre nicht kaufen konnte, entwarf und baute er sie selber. Er konstruierte die ersten großen Spiegelteleskope und war bald der am besten ausgerüsteste Astronom der Welt. Selbst das berühmte königliche Observatorium von Greenwich ließ sich von Herschel mit einer 20 Meter hohen Riesenkonstruktion beliefern.

Mit seinem Lieblingsfernrohr entdeckte Herschel den sechsten Saturnmond Enceladus und später den kleinen Mimas. Sicher hätte Herschel noch viel mehr Monde, Planeten und Sterne gefunden, hätte ihm das unsägliche englische Wetter nicht die Arbeit vermiest: Meist zielten seine Geräte in die graue Wolkennacht.

Herschels größte Entdeckung war der Uranus. Sie machte aus dem unbekannten Amateur aus der New King Street Nr. 19 – über Nacht – einen angesehen Profi, der für seine Arbeit 1816 in den englischen Adelsstand erhoben wurde und fortan Sir William Frederick Herschel hieß.

Als er in einer Märznacht des Jahres 1781 das Sternbild des Stieres nach unbekannten Objekten absuchte, erspähte er einen interessanten Fleck. Er mußte vier Tage warten (das Wetter!), dann fand er ihn wieder – aber an einem anderen Ort. Es handelte sich also nicht um einen Fixstern. War es ein Komet? Einen Monat lang glaubte Herschel, einem Schweifstern auf der Spur zu sein. Doch der weiße Fleck folgte nicht dem typischen, langgestreckten Kometenorbit. Der Organist hatte einen Planeten entdeckt.

Die Herren des königlichen Observatoriums in Greenwich waren schwer beeindruckt von der Kunde. Immerhin war die Entdeckung eines neuen Planeten eine Weltsensation. Besonders überrascht waren sie von der Qualität der Herschelschen Teleskope. Wenig später wollte auch King George III. höchstpersönlich durch das Rohr des Musikers sehen. Der König war ergriffen und riet Herschel, die Orgel anderen zu überlassen und nur noch Astronomie zu betreiben. Zur Unterstützung spendierte er eine Leibrente von 200 Pfund im Jahr. Herschel packte seine Sachen und zog nach Slough bei Windsor um.

Fehlte nur noch ein Name für den neuen, den siebten Planeten. Ein französischer Astronom schlug „Herschel" vor. Der Entdecker selber dachte an „Georgius Sidus" (Georgstern), des Königs und des Salärs wegen. Doch dieser Name stieß außerhalb Englands auf wenig Begeisterung. Andere Vorschläge waren: „Neptun", „Minerva", „Astraea" oder „Cybele". Der Direktor der Berliner Sternwarte meinte, der Planet sollte „Uranus" heißen, denn Uranus war in der Mythologie der Vater von Saturn, und Saturn der Vater von Jupiter, und Jupiter der Vater von Mars, Venus und Merkur.

Herschel war die ganze Diskussion ziemlich egal. Aber Uranus gefiel auch ihm. Trotzdem dauerte es bis zum Jahr 1851 (29 Jahre nach Herschels Tod), ehe der Name offiziell per Publikation im *Nautical Almanach* bekanntgegeben wurde.

Der Flug ins Spiegelei

Uranus hatte die Größe des bekannten Sonnensystems mit einem Schlag verdoppelt. Aber der ferne Planet blieb lange ein Mysterium. Selbst als ihm Ende 1985 das Raumschiff Voyager 2 näherkam, hüllte sich der Uranus in eisiges Schweigen. Die frühe Encounterphase begann sehr unspektakulär: Mehr als eine blaue Kugel war auf den ersten Fotos nicht zu erkennen. Sie wurde mit jedem Tag größer und erinnerte bald an einen fusseligen Tennisball. „Wenn wir keine Bilder bekämen", klagte einer der JPL-Forscher noch 15 Tage vor dem Vorbeiflug, „wüßten wir nicht einmal, daß der Planet existiert." Anders als bei Jupiter und Saturn hatte die Sonde bis zu diesem Zeitpunkt von Uranus keine Radiosignale, keine Ultraviolett- und Infrarotdaten empfangen und auch kein Magnetfeld gemessen.

Das spannendste für die Presse war damals noch die Flugroute der Raumsonde. Regelmäßig tagte in Pasadena das Navigationsteam, um über den Kurs zu beraten. Der Abstand des Planeten zur Sonne, seine Größe und seine Dichte waren nicht genau bekannt, und daher mußte Voyager ständig neue Daten zur Erde funken, anhand derer die Bodenkontrolle dann den Kurs durch das Uranussystem korrigieren und die Schleudertour zu Neptun, der vierten Station des Marathons, planen konnte. Am 19. Januar, fünf Tage vor dem Vorbeiflug, zündeten die Ingenieure die Steuerdüsen des Raumschiffes, das 14. Manöver dieser Art seit dem Start in Florida. Die Techniker leisteten wie immer Präzisionsarbeit: Nach siebeneinhalbjähriger Reise war die Sonde bei Uranus gerade vier Kilometer vom Kurs ab- und eine halbe Sekunde zu früh angekommen.

Auf den Bildschirmen tat sich derweil wenig: Der Tennisball blieb in seine strukturlose, blaugrüne Schicht von Methanwolken gehüllt, wenn er mittlerweile auch den ganzen Monitor ausfüllte. Dunkle Monde umkreisten den Planeten nebst schwarzen, kaum sichtbaren Ringen. Am JPL wurde deshalb das Bildteam (imaging team) vorübergehend in ein „Einbildungsteam" (imagining team) umgetauft. Sollte die Uranusmission – nach den sensationellen Ergebnissen bei Jupiter und Saturn – ein optischer Langweiler werden?

Einiges sprach dafür: Von der Atmosphäre waren kaum aufregende Bilder zu erwarten. Die Monde waren kalt und klein. Kleiner beispielsweise als Saturns Titan oder die Galileischen Monde des Jupiter. Womöglich waren es mit Kratern übersäte, tote Eiswüsten. Wenig, so meinten viele Wissenschaftler, hatte sich dort seit der Entstehung der Monde abgespielt. Und die Ringe verhießen auch nicht viel: Sie enthielten weniger Material als die „Lücken" der Saturnringe.

Doch Uranus barg zu viele Rätsel für eine langweilige Begegnung. Selbst wenn Voyager nur öde Bilder zur Erde gefunkt hätte, wären die Forscher mit den „unsichtbaren"

Daten gut bedient gewesen. Als ein Reporter auf der ersten großen Pressekonferenz zwei Tage nach dem Vorbeiflug fragte, warum die hartgesottenen Profis vom JPL „noch immer von den Daten verwirrt" seien, antwortete der Chefwissenschaftler Edward Stone: „Zum Glück sind wir verwirrt. Wären wir es nicht, dann hätten wir ohnehin schon alles über Uranus gewußt. So kann man sagen, je mehr wir verunsichert sind, desto erfolgreicher war die Mission."

Da war beispielsweise die ungewöhnliche Achslage des Planeten. Alle Satelliten der Sonne rotieren um ihre Polachse in aufrechter Position, während sie auf ihrer Bahn um die Sonne kreisen. Uranus liegt (ebenso wie Pluto, der vermutlich kein „echter" Planet ist), auf der Seite. Von der Erde aus betrachtet, sieht man nie auf einen quer liegenden Äquator von Uranus, sondern abwechselnd auf einen seiner beiden Pole. Wahrscheinlich stieß der Planet sehr früh in seiner Geschichte mit einem schweren kosmischen Brocken von Erdgröße zusammen, der ihn umkippen ließ. Dieser Unfall muß allerdings vor der Entstehung der Monde stattgefunden haben, da diese mit dem Mutterplaneten um den geneigten Äquator kreisen.

Während des Voyager-Vorbifluges zeigte der Uranus-Südpol fast direkt in Richtung Sonne – und damit in Richtung Erde und auf das Raumschiff. Die Sonde raste wie auf eine Zielscheibe zu, auf eine Art rotierendes Spiegelei, mit dem Gelben (dem Planeten) in der Mitte, und den Ringen und Monden auf den Bahnen um das Zentrum. Das war der Grund für die kurze Encounterphase: Voyager flog senkrecht durch die äquatoriale Ebene des Planeten.

Die Schräglage des Uranus stellt alles auf den Kopf, was wir auf der Erde über Tages- und Jahreszeiten wissen. Weil der Planet 84 Erdenjahre braucht, um einmal die Sonne zu umkreisen, liegen Nord- und Südpol abwechselnd 42 Jahre lang ununterbrochen im Sonnenlicht, und anschließend für den gleichen Zeitraum im Dunkeln. Das heißt nicht, daß ein Tag auf Uranus 42 Jahre währt, denn dieser wird durch die Rotationsperiode von 17 Stunden und 14 Minuten bestimmt. Die Tageszeit hat wiederum keinen Einfluß auf die Lichtverhältnisse. Der Tag ist im Sommer hell und im Winter dunkel. Ein imaginärer Uranier würde demnach, am Nord- oder Südpol sitzend, einen 42 Jahre langen „Sommer" erleben – einen kalten freilich, denn die Oberflächentemperaturen auf Uranus erreichen nur rund minus 220 Grad Celsius. Säße er am Äquator, wäre es auch nicht wärmer, aber es gäbe immerhin zwei Sommer und zwei Winter im Jahr.

Von den seltsamen Jahreszeiten bekäme der Uranier ohnehin nicht viel mit, da der Planet immer in eine dichte Wolkensuppe gehüllt ist. Diese Wolken konnten die Voyager-Wissenschaftler nur auf speziell gefilterten Aufnahmen und nach einigen Computerspielereien sichtbar machen. Die Wolken waren konzentrisch um den Südpol angeordnet und wehten in Ost-West-Richtung – ein unerwartetes Wettergeschehen.

Ein „aufrechter" Planet, wie die Erde, erhält das meiste Sonnenlicht am Äquator, was die Luftmasse auf typische Weise zirkulieren läßt: Am Äquator steigt warme Luft (oder was auch immer an Gasen vorhanden sein mag) empor und dehnt sich nach Norden und Süden aus. Von dort versucht im umgekehrten Sinne Kaltluft zurückzufließen. Die Rotation des Planeten zwingt diese Luftmassen in Westrichtung, und es entstehen die typischen Nordost- und Südost-Passatwinde.

Bei Uranus sollte das im Prinzip genauso sein: Der Meteorologe Andrew Ingersoll vom California Institute of Technology in Pasadena erwartete an dem der Sonne zugewandten Pol höhere Temperaturen als am Äquator. Und Winde, die entgegen der Rotationsrichtung des Planeten blasen sollten. Doch Uranus folgte nicht dem irdischen Denkschema: Die Temperaturen auf dem Planeten waren überall gleich, und die Winde wehten mit hoher Geschwindigkeit in Rotationsrichtung – und zwar zum Teil schneller, als der Planet sich um die eigene Achse drehte. Sogar am Nordpol, der beim Voyager-Vorbeiflug gerade 21 Jahre Dunkelheit hinter sich hatte, herrschte die gleiche Temperatur wie am Südpol, der seit 21 Jahren in der Sonne lag. „Wir verstehen das alles nicht", sagte Ingersoll voller Ehrfurcht. Später glaubten die Wissenschaftler, eine Erklärung gefunden zu haben: Uranus ist so weit von der Sonne entfernt, daß deren „Wärme" keinen dominierenden Einfluß auf das Wettergeschehen mehr hat. Wichtiger dafür ist die sogenannte Corioliskraft*, welche die Winde auf konstanten Breitengraden hält.

Ähnlich wie Jupiter und Saturn besitzt Uranus eine Atmosphäre, die überwiegend aus Wasserstoff, 15 Prozent Helium, wenigen Prozenten Methan und Spuren von Acetylen oder Ammoniak besteht. Aus den organischen Verbindungen entsteht offenbar in manchen Atmosphärenregionen unter Lichteinfluß ein photochemischer Smog, der auf den falschfarbenen Voyagerbildern wie ein Auge als roter Fleck in der Südpolregion zu erkennen war. „Ich kann mir nicht helfen", sagte Bradford Smith, als er das Foto auf einer Pressekonferenz vorstellte, „aber irgendwie fühle ich mich von Uranus beobachtet."

Obwohl der Planet vorwiegend aus dem superleichten Wasserstoff besteht, ist er mit einer Dichte von 1,27 Gramm pro Kubikzentimeter erstaunlich schwer. Sicher birgt er in seinem Inneren einen festen Kern aus Metall und Gestein. Viele Substanzen, wie Methan, Ammoniak oder Wasser, scheinen zudem zu Wolken aus Eiskristallen gefroren zu sein. David Stevenson vom California Institute of Technology glaubt sogar, daß es auf Uranus einen Ozean aus Wasser gibt.

---

* Auf einer kreisenden Kugel beträgt die Bahngeschwindigkeit an den Polen „null", denn dort legt ein Punkt keine Strecke zurück. Am Äquator erreicht sie ein Maximum. Bewegt sich eine Masse (ein Fußgänger, ein Auto, das Wasser eines Flusses) auf der Kugel vom Pol zum Äquator, dann wird sie auf diese Maximalgeschwindigkeit beschleunigt. Die dafür verantwortliche Kraft nennt man Corioliskraft.

Flüssiges Wasser fern der Erde? Das klingt schwer nach Science Fiction. Wir Menschen, mit unserem begrenzten, geozentrisch ausgerichteten Horizont, kennen diesen lebensspendenden Stoff gemeinhin in drei Aggregatzuständen: fest als Eis; flüssig im Meer; und als Dampf in den Wolken. „Wenn wir aber einen druckfesten Behälter nehmen, der Wasser und Luft enthält", erklärt Stevenson, „und das Ganze aufheizen, verdampft immer mehr Wasser, und der Dampf wird immer dichter. Irgendwann, bei 217fachem Atmosphärendruck und 370 Grad Celsius, kann man nicht mehr zwischen Gas und Flüssigkeit unterscheiden. Das ist der sogenannte kritische Punkt. Danach gibt es nur noch eine Art dichter Flüssigkeit, die jedoch keine mehr ist."

Solch einen Zustand scheint es auf Uranus zu geben. „Ich weiß nicht, ob man das einen Ozean nennen kann", sagt der Planetologe, „aber nach der Definition des *Concise Oxford Dictionary* muß ein Ozean keine Oberfläche haben."

Eine wissenschaftliche Sonde, die direkt in den Uranus eindringen könnte, würde einer Reihe altbekannter Substanzen in seltsamen Zuständen begegnen: Nach einer unsichtbaren, dünnen Hochatmosphäre aus Wasserstoff, Helium und Neon beginnen dichte, eisige Wolkenschichten aus Methan, Ammoniak und Ammoniumsulfid, in die noch sehr schwach das Sonnenlicht scheint. Dann taucht die Kapsel in immer wärmere und dichtere Sphären. Bei irdischen Temperaturen hat der Druck bereits das Hundertfache des Erdluftdrucks auf Meereshöhe erreicht. Die Umgebung besteht im wesentlichen aus gasförmigem, geruchlosem und transparentem Wasserstoff, aber „spürbar" sind jetzt Wolken aus Wasserdampf, vielleicht gar Regentropfen. Noch tiefer, aber bereits 800 Kilometer unter der obersten Wolkendecke, in totaler Finsternis, wenn die Temperaturen 370 Grad Celsius überschreiten und der Druck auf 1000 Atmosphären angewachsen ist, beginnt die schwimmend-schwebende Schicht aus superdichtem Wasserdampf, in der wahrscheinlich große Mengen an Ammoniak gelöst sind – Stevensons' rund 9000 Kilometer tiefer Ozean.

In dessen Abgründen, bei abermals steigendem Druck und steigenden Temperaturen, zerfallen die Wassermoleküle in geladene Teilchen (sogenannte H_3O^+- und OH^--Ionen) und werden zu einem exzellenten Stromleiter. Letztlich hat das Wasser einen Zustand erreicht (unter ein paar Millionen Atmosphären Druck und einigen Tausend Grad Celsius), bei dem es dreimal so dicht ist wie auf der Erde und physikalisch nichts mehr mit dem Stoff zu tun hat, der aus unseren Hähnen rinnt. „Es verhält sich", meint Stevenson, „eher wie ein Metall oder ein geschmolzenes Salz." Am Boden des Ozeans beginnt ein 5000 bis 8000 Kilometer großer Kern aus Metallen und Metalloxiden, ähnlich wie ihn die Erde besitzt.

Dieses „Zweischichtenmodell" von Uranus unterscheidet sich deutlich von dem ursprünglichen Dreischichtenmodell aus der Vor-Voyagerzeit. Demnach hätte der Planet, ähnlich wie Jupiter und Saturn, aus drei getrennten Zonen bestehen sollen: einem festen Kern, einem Ozean aus Wasserstoff und Helium und einer dicken Atmosphärenschicht. Auf die neue Theorie kamen die Wissenschaftler vor allem wegen des bizarren Magnetfeldes des Uranus – eine der überraschendsten Erkenntnisse der Voyagermission: Dieses Feld ist, anders als bei Erde, Jupiter und Saturn, um 60 Grad gegen die Drehachse des Planeten gekippt. Die magnetischen Pole des Uranus liegen somit näher am Äquator als an den geographischen Polen.

Auf der Erde stimmen Magnetfeldachse und Rotationsachse annähernd überein, erkennbar daran, daß die Kompaßnadel fast genau nach Norden zeigt. Auf Uranus käme ein Reisender mit dem Kompaß nicht weit: Die Magnetachse ist nicht nur gekippt, sondern sie ist auch innerhalb des Planeten um 7700 Kilometer auf die Seite verschoben. Die Auroren oder „Polarlichter" auf Uranus sind deshalb eher „Tropenlichter", denn sie leuchten in der Äquatorregion.

Das Problem für den Laien, ein Magnetfeld zu begreifen, liegt darin, daß seine Kraft sich nicht sehen oder fühlen läßt. Der Mensch besitzt keinen Magnetsinn – allenfalls Meßinstrumente, die ihm helfen, ein Magnetfeld zu erkennen. Er kann noch nicht einmal genau erklären, wie ein Magnetfeld zustande kommt.

Vermutlich funktioniert die Erde wie ein großer Fahrraddynamo: Im Kern bewegt sich eine leitende Flüssigkeit aus geschmolzenem Eisen, und diese Bewegung erzeugt einen Strom, der wiederum ein Magnetfeld induziert. Bei Jupiter und Saturn ist die leitende Flüssigkeit metallischer Wasserstoff; bei Uranus kommt dafür nur das ionisierte Wasser in Frage. Himmelskörper mit einem festen Kern, wie etwa der Erdenmond, haben offenbar kein Magnetfeld.

Magnetfelder dehnen sich bis weit in den Raum um die Planeten aus. Diese „Magnetosphären" sind nicht kugelrund wie die Planeten, sondern sie deformieren sich, weil sie von den geladenen Teilchen der Sonnenwinde umströmt werden. Eine Magnetosphäre sieht aus wie ein Windsack auf dem Flugplatz: Bei Uranus beispielsweise lag während des Voyager-Vorbeifluges die „Schockfront", an der die Sonnenwindpartikel auf die Magnetosphäre prallen, 600 000 Kilometer vor der Tagseite. Auf der Nachtseite zog Uranus einen langen Magnetosphären-Schlauch hinter sich her. Weil das Feld um 60 Grad gekippt ist, während sich der Planet um seine eigene Achse dreht, beschreibt der Schlauch eine Korkenzieherform, ähnlich wie ein Wasserstrahl, der einem wildgewordenem Gartenschlauch entweicht.

Im Inneren des Uranus scheint also einiges schief zu liegen. Warum das so ist, bleibt unbekannt. Mangels einer besseren Deutung akzeptieren die meisten Wissenschaftler denn auch die „Unfall-Theorie" aus der Vor-Voyagerzeit: Zu Zeiten der Planetenentstehung gerieten viele mond- oder erdengroße Körper in den Einflußbereich der Jungsatelliten und kollidierten mit ihnen. Uranus erwischte es demnach besonders heftig, offenbar durch einen Treffer in der Polarregion – und er kippte zur Seite.

Mondrecycling

Die Radioastronomen Michael Desch und Michael Kaiser vom Goddard Raumflugzentrum der Nasa hatten ursprünglich vorausberechnet, daß die Raumsonde zwischen Dezember 1984 und Mai 1985 die ersten Signale einer Magnetosphäre um Uranus registrieren würde. Tatsächlich dauerte es bis fünf Tage vor der dichtesten Annäherung am 24. Januar 1986, ehe Voyager 2 die ersten Hinweise auf ein Magnetfeld aufzeichnen konnte. Noch länger als die Radioastronomen mußten die Mondexperten warten, bis sie gute Ergebnisse auf den Tisch, beziehungsweise auf den Monitor bekamen.

Das eindrucksvollste Foto, das sie vor Voyager vom Uranussystem kannten, war eine Aufnahme, die Bradford Smith und Richard Terrile vom JPL mit einem 2,5-Meter-Teleskop in den chilenischen Anden aufgenommen hatten: Es zeigte den Uranus als dikken Klecks, umgeben von fünf Punkten. Während sich das Raumschiff dem Planeten näherte, wurde aus dem Klecks ein blauer Gasball, und die Punkte bekamen kleine Geschwister. Dann, zwei Tage vor dem Vorbeiflug, funkte die Sonde ein überraschendes Bild von Miranda, dem kleinsten, dunkelsten und innersten der fünf altbekannten Monde, nach Pasadena. Auf diesem Foto war eine Struktur zu erkennen, die von weitem aussah wie ein großes, weißes „V" auf schwarzem Hintergrund. Larry Sonderblom, der Astrogeologe aus Flagstaff, Arizona, sonst ein eher redseliger Mensch, hüllte sich in Schweigen. Er wußte, daß die Fotos mit jeder Stunde besser würden, und daß das schärfste von Miranda erst am Tag der Begegnung auf dem Programm stand.

Die meisten Astronomen waren nicht gerade begeistert von der geplanten Flugroute, die das Raumschiff ausgerechnet an Miranda in einem Abstand von nur 29 000 Kilometern vorbeiführen sollte. Dieser Mond galt als der Langweiler im Banne des Uranus. „Ich hätte die Sonde lieber an Oberon oder an Ariel vorbeigeschickt", sagte Sonderblom, „aber der Mirandakurs war notwendig, damit Voyager anschließend zum Neptun weiterfliegen konnte." Einen Tag später – ein Zeitraum, in dem Voyager 1,7 Millionen Kilometer herunterspulte – nahm Sonderblom alles zuvor Gesagte zurück: Miranda wurde *das* Ereignis der Uranusmission.

Nicht alle Forscher schätzen die hektischen Stunden oder Tage einer Encounterphase: Die Computer spucken eine Flut von meist verwirrenden Daten aus den Tiefen des Alls aus, und ein paar Stunden später werden die Wissenschaftler ins Rampenlicht gestoßen, um der Welt, beziehungsweise einer Meute von Journalisten, die endgültige Wahrheit über die Entstehung des Sonnensystems zu präsentieren. Ruhe finden die Astronomen erst, wenn das sensationslüsterne Rudel mit den nervtötenden Fragen abgezogen ist, und die Monate und Jahre der eigentlichen Datenanalysen beginnen.

„Instant science", Wissenschaft als Schnellschuß, nennen die Forscher diese oft überhitzte Sofortinterpretation der Signale aus dem Raum. Manchmal fällt in solchen Momenten selbst den erfahrensten Experten wenig ein. Larry Sonderblom, Fachmann für Planeten und Monde aller Art, fand kaum die rechten Worte, als er am 26. Januar 1986 die neuesten Mirandafotos präsentierte. „Sie müssen sich das so vorstellen", erklärte er, „wenn Sie die bizarrsten geologischen Formationen von allen bekannten Himmelskörpern des Sonnensystems nehmen und auf einen Mond packen, dann sieht es aus wie auf Miranda." Dann sprach er von „übereinander gestapelten Pfannkuchen, nein, besser von Crèpes", von „Rennbahnen" und von „Circi maximi" (die vermeintlichen Schauplätze der römischen Wagenrennen wurden später offiziell „Ovoide" genannt), um die unerwarteten Strukturen auf dem gerade von Voyager überflogenen Uranusmond zu beschreiben.

Da gab es, auf einem Mond, der nicht einmal einen Durchmesser von 500 Kilometern hat, Furchen, die an die „Kanäle" des Mars erinnern, Schluchten wie auf Ganymed, Täler wie auf Tethys oder Krater wie auf Kallisto. Die Astronomen fanden ovale und trapezförmige Gebirge, Abbrüche und eine 20 Kilometer tiefe Schlucht – zehnmal gewaltiger als der Grand Canyon. Ein Astronaut bräuchte unter Miranda-Schwerkraft-Bedingungen rund zehn Minuten, wenn er sich vom Rand der Schlucht bis auf den Grund stürzen würde. Unten schlüge er dennoch recht unsanft auf – mit einer Geschwindigkeit von 200 Kilometern in der Stunde. Zu deuten gab es angesichts des tektonischen Chaos wenig: „Diese Rinnen erinnern uns an Ganymed", meinte Sonderblom und verwies auf einen bestimmten Bereich des Miranda-Bildes, „aber was soll ich dazu sagen, wir verstehen ja nicht einmal Ganymed."

Ein Jahr nach der Uranusbegegnung hatten sich die Wissenschaftler ein paar Theorien zurechtgelegt, um das exotische Terrain auf Miranda zu erklären. Es war ein eisiger Sonntagnachmittag, als Sonderblom, in dickes Flanell gehüllt und mit Langlaufskiern an den Füßen, zu dem eingeschneiten Gebäude der Geologischen Bundesanstalt stapfte, einem schmucklosen Agglomerat aus einstöckigen Labors am Rande von Flagstaff. Der Wissenschaftler arbeitete damals an vier Projekten gleichzeitig: Er bereitete eine zukünftige Marsmission vor, half bei den Vorbereitungen für die „Magellan"-Sonde zur Venus, plante die Neptunmission von Voyager 2 und hatte mit seinen Kollegen in Flagstaff die acht hochauflösenden Mirandafotos am Computer zu einer dreidimensionalen Reliefkarte zusammengebastelt. Darauf waren die verschiedenen Strukturen des Mondes noch deutlicher zu erkennen: hier die geologisch alten Zonen, auf denen ein Krater an den nächsten stieß; dort Flächen mit parallelen Gräben und Furchen, die mit nur wenigen Einschlägen verunstaltet waren.

Alle Astronomen waren sich einig, daß Miranda in seiner Jugendzeit aus eigener Kraft kaum eine nennenswerte geologische Aktivität entfaltet haben konnte, denn dafür ist der Mond viel zu klein. Uneins waren die Experten allerdings in der Frage, warum dennoch all die Berge und Täler entstanden sind.

Sonderblom glaubt, der Mond sei vor Milliarden von Jahren, als die Meteoriten auf ihn herabprasselten und die zerfallenden, radioaktiven Elemente noch genügend Wärme abgaben, gleichmäßig aus Gesteins- und Eisbrocken aufgebaut gewesen. Danach begann der noch verhältnismäßig weiche Körper zu reifen: Das schwere Gestein sank ins Zentrum, das leichte Eis stieg an die Oberfläche. Aus Staub entstanden Felsblöcke und Eisberge. Für diesen Prozeß genügten wahrscheinlich Temperaturen von rund minus 100 Grad Celsius. Unter diesen Bedingungen schmilzt zwar noch kein Wassereis, aber Mischungen aus Wassereis mit Methan, Ammoniak oder Kohlenmonoxid. Die sogenannten Einschlußverbindungen oder „Clarthrate" bilden in diesem Temperaturbereich eine Art dickflüssigen, verformbaren Brei.

Irgendwann ging der Ofen auf Miranda aus, es wurde kälter und die Entmischung geriet ins Stocken. „Was wir heute sehen", erklärt Sonderblom, „sind die eingefrorenen, frühesten Formen einer Monddifferenzierung im Sonnensystem." Riesige Eisdome, die im kosmischen Zeitlupentempo taumelnd die Oberfläche des Mondes durchstießen, blieben unbeweglich in dem erstarrten Umgebungsbrei stecken und bildeten die typischen Muster der Ovoide. Wäre die Differenzierung weitergegangen, so hätten sich Eis und Gestein vollends getrennt und Miranda bestünde heute aus einem festen Kern mit einem festen Eismantel.

Die zweite Theorie zur Entstehung Mirandas basiert auf den Überlegungen des Geologen Eugene Shoemaker. Zur gleichen Zeit, als sich sein Kollege Sonderblom durch den Schnee Arizonas kämpfte, saß Shoemaker mit seiner Frau im palmenumstandenen Labor im sonnigen Pasadena vor dem Stereomikroskop und frönte seiner Lieblingsbeschäftigung: Das Paar zählte Krater. „Ich habe da eine Lieblingsidee", eröffnet der Geologe und bricht in sein typisches, schallendes Gelächter aus, „und ich denke, der Rest des Bildteams wird sie irgendwann übernehmen."

Alle Monde des Uranus bekamen einst heftige Meteoritenschauer zu spüren. Weil die Flugobjekte zum Zentrum der Schwerkraft, also Richtung Uranus gesogen wurden, schlugen auf den äußeren Monden wie Oberon oder Titania wenige und verhältnismäßig langsamere, auf Miranda jedoch viele Meteoriten mit einer hohen Geschwindigkeit ein. Auch im All beißen den letzten die Hunde. „Wenn wir anhand der Krater auf Oberon die ehemalige Einschlagrate für Miranda berechnen," sagte Shoemaker, „kommen wir auf ein Bombardement, das so heftig war, daß der Mond etwa fünfmal auseinandergebrochen sein muß." Genau gesagt, bekam Miranda 14mal soviele Schläge ab wie Oberon. „Jedesmal", fährt Shoemaker fort, „stürzten die Fragmente der Kollisionen wieder in sich zusammen, und dabei wurde der Mond so warm, daß er sich neu ordnen konnte: Gestein nach innen – Eis nach außen." Beim letzten Knall flogen erneut große Brocken aus Fels und Eis umeinander und sammelten sich zu einem zufälligen Aggregat. Ehemalige Kernteile blieben außen hängen und umgekehrt. Durch die Reibungswärme war der Mond noch weich genug, daß die Felsklötze langsam nach innen driften konnten, und das Eis in die freiwerdenden Lücken strömte. Die heute sichtbaren Ovoide wären demnach eine Art Abdruck der abgesackten Felsmassen.

Ähnliches, meinen die Shoemakers, sei auch dem nächstinneren, 1160 Kilometer großen Uranusmond Ariel widerfahren. „Nach unseren Berechnungen hat es Ariel nur einmal in seiner Geschichte zerfetzt", meint der Geologe. Auch dieser Mond ist auf einem großen Teil seiner Oberfläche von bis zu 30 Kilometer tiefen Faltungen, Gräben und Schluchten geprägt. Halb zugeschüttete Krater zeugen von ehemals flüssigem Material, das sich einst über den hellsten der Uranusmonde gewälzt haben muß.

Ob mit oder ohne Kollision, Ariel hat mit Sicherheit wärmere Zeiten erlebt. Denn seine Gräben (die auch im englischen *grabens* heißen) sind mit unverkratertem Material angefüllt, das vermutlich aus Rissen in der Mondhülle emporstieg und sich in die Täler ergoß. Larry Sonderblom glaubt, daß für diesen Prozeß ein Vulkanismus verantwortlich war. Der Wissenschaftler kann allerdings nicht so genau sagen, woher die Ströme aus Eislava ihre Energie bezogen haben.

Umbriel endlich, der nächstäußere und das schwarze Schaf unter den Uranusmonden, sieht aus wie ein typischer meteoritengeplagter Satellit. Doch auch er gibt Rätsel auf, denn seine Kraterwelt ist mit einem dunklen Überzug bedeckt. Es fehlen sogar die von den anderen Uranusmonden bekannten, hellen Strahlenkränze um die Krater, die vermutlich entstanden, wenn bei einem Einschlag Eis aus dem Untergrund an die Oberfläche geschleudert wurde.

Warum ist Umbriel dunkel, während sein fast gleich großer Zwillingsbruder Ariel hell erscheint? Astronomen finden auf jede Frage eine passende Antwort – vorausgesetzt man nimmt es ihnen nicht übel, wenn sie diese im nächstbesten Moment wieder revidieren. Die Wissenschaftler glauben, daß sich auf Umbriel nie genug Wärme entwickelt hat, um die gleichmäßig verteilte Urmaterie aus Eis und Gestein völlig zu entmischen. Die Außenhülle des Mondes bestünde somit aus einem alten, dunkelgrauen Gemenge, aus dem auch ein aufschlagender Meteorit nur dunkelgrauen Staub und Gestein emporwirbeln kann. Umbriel war demnach früher grau, ist heute grau und wird es vermutlich auch übermorgen noch sein.

Titania und Oberon, die beiden größten und fast gleich großen Monde des Uranus, die bereits Herschel entdeckt hatte, sind die äußeren Zwillingen im Reich des blaugrünen

Planeten. Wahrscheinlich bekam Titania gerade soviele Meteoriten ab, daß er begann sich geologisch zu entwickeln und heute ein paar gewaltige Risse und Spalten aufweist; während Oberon das Bombardement gelassen hinnahm und ziemlich ebenmäßig verkratert erscheint.

Anders als die übrigen Monde des Sonnensystems, die ihre Namen aus der griechisch-römischen Mythologie bekamen, erhielten die Monde des Uranus Bezeichnungen, die auf den Planetenentdecker Wilhelm Herschel zugeschnitten waren: Titania, Oberon, Ariel und Miranda sind Gestalten aus den Shakespeareschen Dramen, und Umbriel ist eine Figur des englischen Dichters Alexander Pope. Namen aus der englischen Literatur sollte es auch für die neuentdeckten Uranusmonde geben.

Wochen, bevor Voyager zwischen Planet und Miranda hindurchschoß, hatten die Kameras Ende Dezember 1985 bereits einen kleinen sechsten Mond gesichtet. Weil es der erste im Jahr 1985 entdeckte Uranusmond war, gaben ihm die Astronomen zunächst die unpoetische Bezeichnung 1985U1. Die Wissenschaftler rechneten fest damit, im folgenden Januar weitere Winzlinge zu entdecken, von denen der erste zwangsläufig den Namen 1986U1 bekommen würde. Der 85er Neuling hatte deshalb rasch einen anschaulichen Rufnamen weg: Die Wissenschaftler nannten ihn „Puck", nach dem Kobold aus Shakespeares „Sommernachtstraum".

Das schwarze Karussell

Puck war schwarz wie die Ringe des Uranus, 170 Kilometer groß und der einzige Kleinstmond, von dem Voyager eine detaillierte Aufnahme machte. Seine Oberfläche zeugte von zahlreichen Meteoriteneinschlägen, und der größte Krater maß immerhin 40 Kilometer im Durchmesser. Puck war ein Mimas im Kleinformat.

Der Kobold bekam im Januar 1986 eine Reihe von Begleitern, die entsprechend den Grundsätzen der Internationalen Astronomischen Union 1986U1 bis 1986U9 getauft wurden und später ebenfalls – von Portia bis Bianca – literarische Namen erhielten: Sie wurden wiederum benannt nach Figuren aus Shakespeares Theaterstücken und aus Alexander Popes Epos „Der Lockenraub". Astronomisch gesehen waren es kleine Ausgaben von Puck – 40 bis 80 Kilometer groß und kohlrabenschwarz.

Die Astronomen hatten mit neuen Monden um Uranus gerechnet, aber nicht unbedingt dort, wo sie sich tatsächlich aufhielten: Acht der zehn Neuentdeckungen rotierten in dem „leeren" Bereich zwischen dem äußersten Ring und Miranda. Nur zwei Monde trieben sich direkt im Reich der Ringe herum.

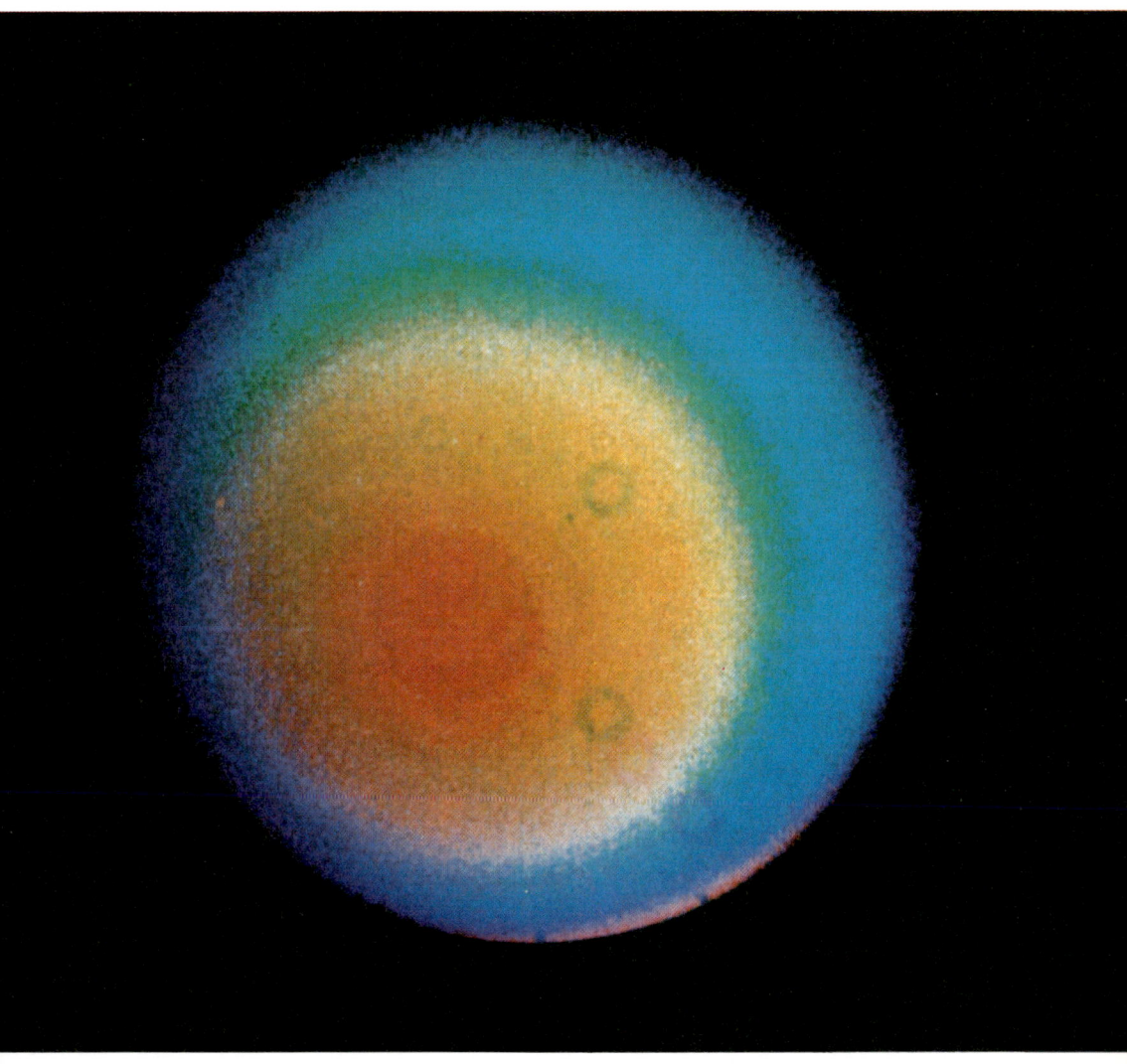

DER UNAUFFÄLLIGE PLANET: Einem Raumfahrer erschiene Uranus blaugrün und strukturlos. Erst die computerverstärkten Falschfarbenbilder, die aus drei Fotos zusammengesetzt sind, zeigen gewisse Details in der Uranusatmosphäre. Um den sonnenzugewandten Pol des Planeten konzentriert sich eine (auf diesem Bild rötlich erscheinende) Smogschicht. Aus den kaum erkennbaren Wolkenstrukturen haben die Astronomen Windgeschwindigkeiten von über 500 Kilometern in der Stunde berechnet.

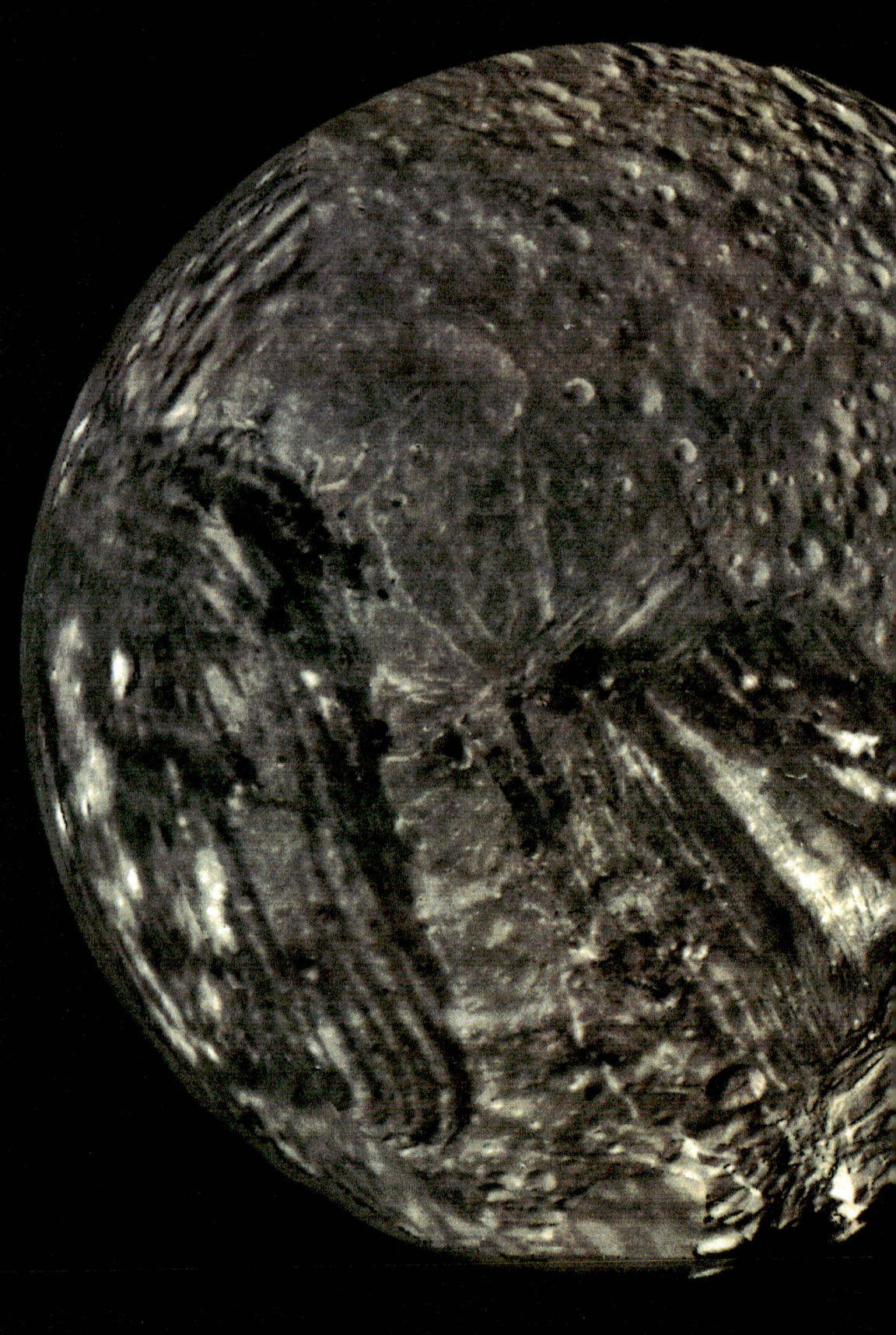

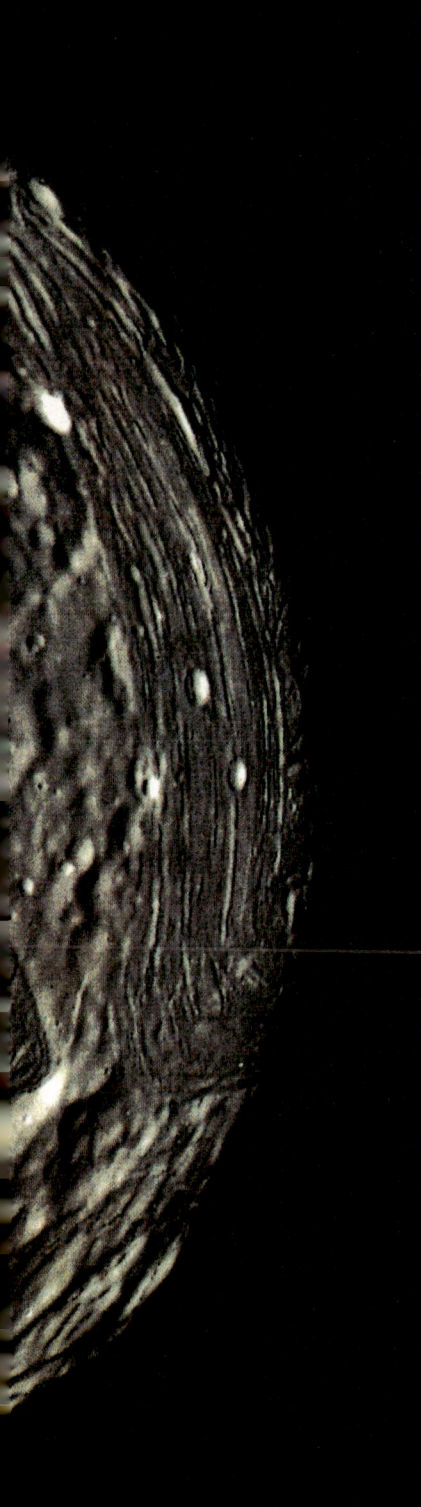
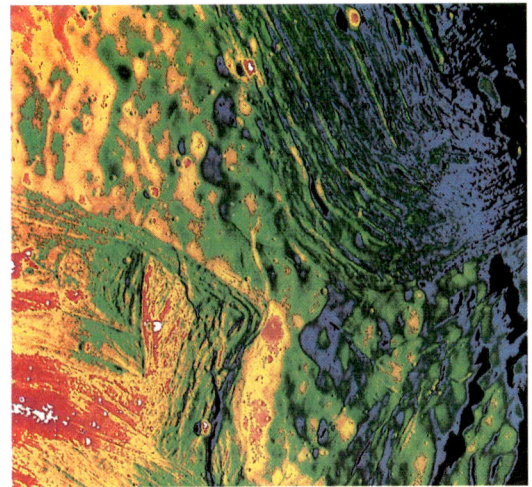
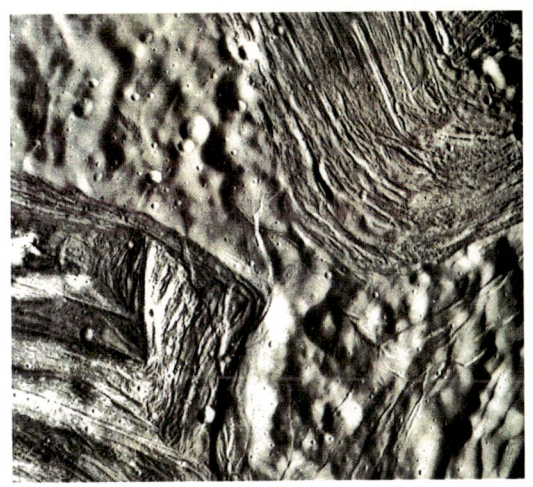

DER WIEDERGEBORENE MOND: Miranda, aus nur 29 000 Kilometern Entfernung aufgenommen, zeigt zwei völlig verschiedene Landschaftsformen – eine Krateregion und eine Zone mit Furchen und Spalten. Vermutlich wurde der Mond vor langer Zeit durch einen Meteoriteneinschlag zerstört und stürzte dann wieder in sich zusammen, so daß heute ehemals innere Teile des Körpers nach außen zeigen.

123

124

Die Monde und Ringe des Uranus

Superdichte Atmosphäre
Kern aus Metall und Gestein

1985 U1 (Puck)
1986 U5
1986 U4
1986 U1
1986 U2
1986 U6
1986 U3
1986 U9

Miranda
Ariel
Umbriel
Titania
Oberon

Schäfermond 1986 U8
Epsilon
1986 U1R Staubring
Schäfermond 1986 U7
Delta
Gamma
Eta
Beta
Alpha
4
5
6
1986 U2R Staubring

SCHWARZE RINGE: Noch bevor die Voyager-Sonden im Jahr 1977 starteten, entdeckten die Wissenschaftler ein System aus neun ungewöhnlichen, dünnen und dunklen Ringen um Uranus. Das Raumschiff fand zwei weitere Ringe. Im Gegenlicht zerfällt das System in fast hundert diffuse Bänder (unten links). Die kurzen Striche im Hintergrund sind Sterne, die bei der 96-sekündigen Belichtungszeit verwischten. Der äußerste und breiteste der Ringe ist der Epsilon-Ring (oben links). Ihn halten zwei „Schäfermonde" mit ihrer Schwerkraft im Form (unten rechts). Die gesamte Uranusfamilie setzt sich aus fünf altbekannten Monden zusammen, zehn neuentdeckten Trabanten und elf Ringen. Wahrscheinlich existieren noch weitere Kleinstmonde. Der Planet selber besteht aus einem steinig-metallischen Kern, der von einer gewaltigen „superdichten" Atmosphäre umhüllt wird, in der eine Mischung aus gasförmigen und gefrorenen Stoffen „schwimmschwebt".

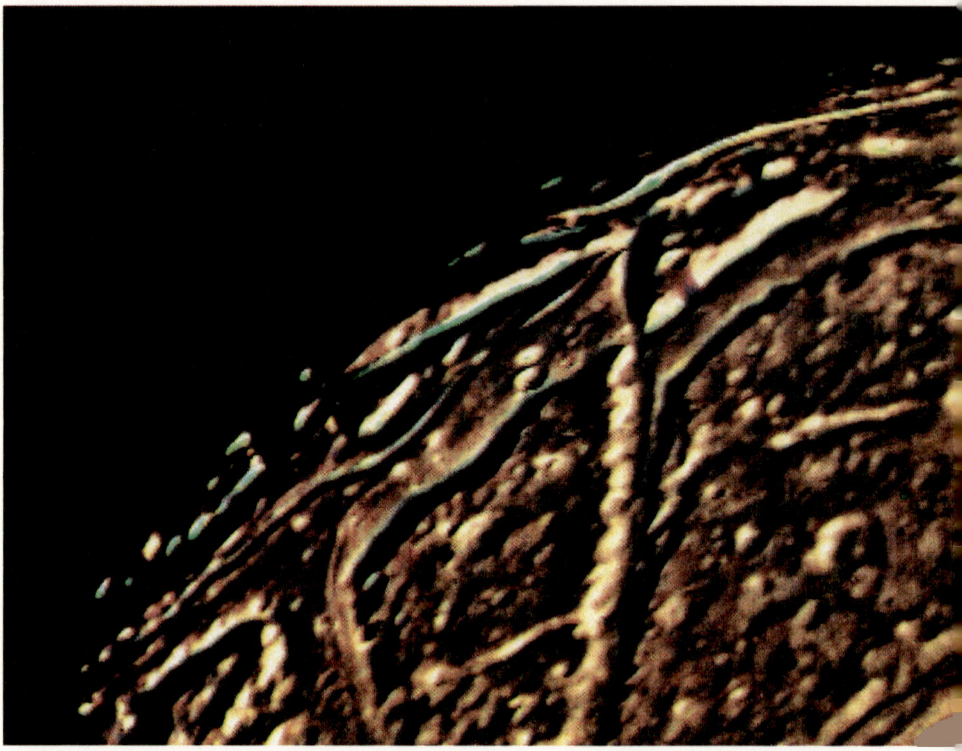

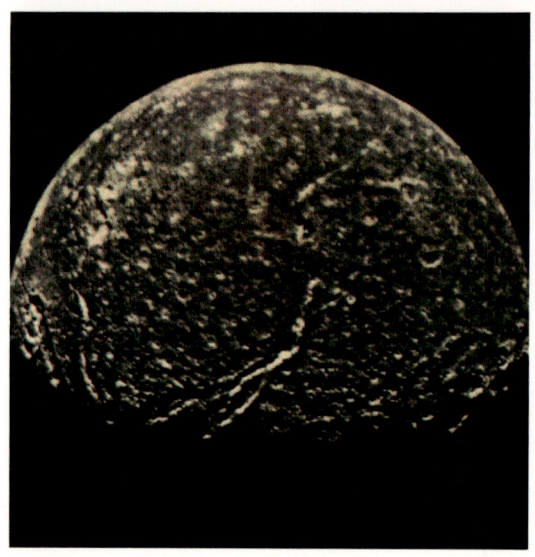
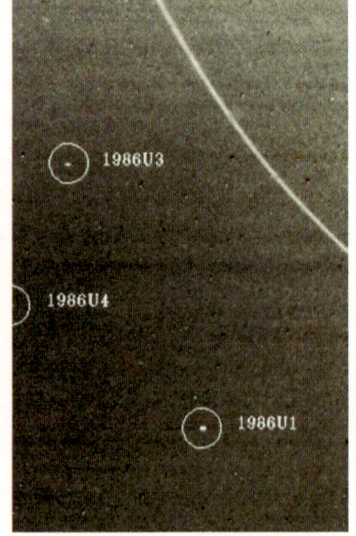

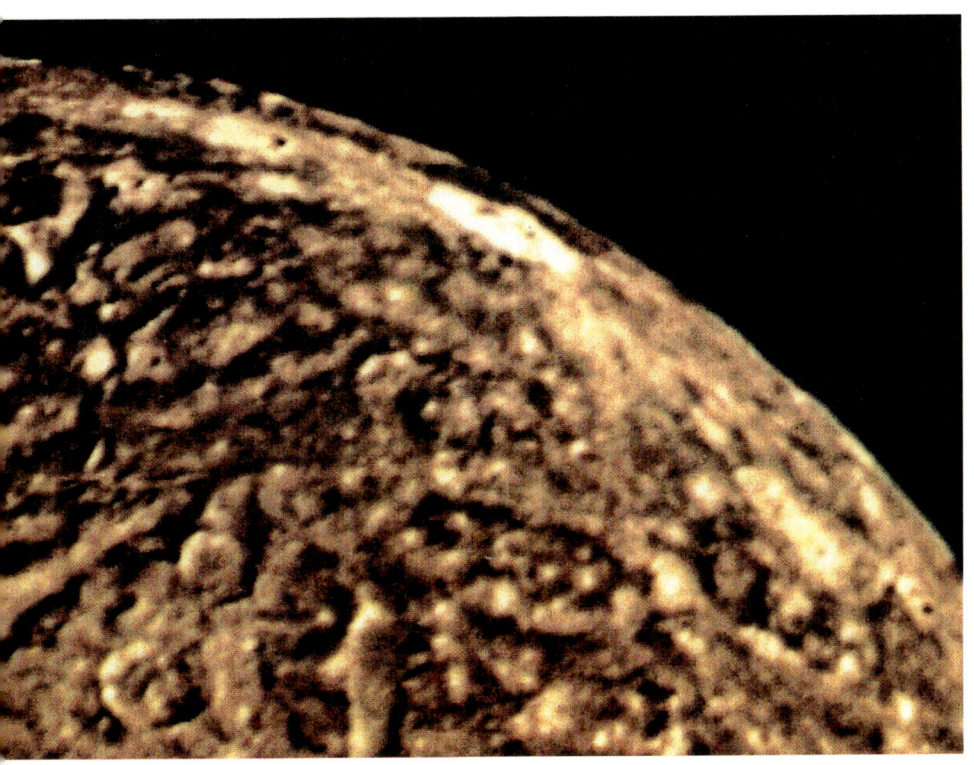

ZWISCHEN KRATERN UND GRÄBEN: Ariel (oben), der zweitinnerste der ursprünglich bekannten Uranusmonde, hat eine geologisch aktive Phase von einigen hundert Millionen Jahren hinter sich. Dabei entstanden Gräben und Verwerfungen, in die wahrscheinlich flüssiges Methan geströmt ist, das später erstarrte. Auch Titania (links), der größte Uranusmond, zeigte den Forschern neben seinen Kratern überraschend viele Faltungen. Insgesamt entdeckte Voyager zehn neue, winzige Monde, die um den Planeten kreisen. Auf dem kleinen Bild sind drei von ihnen als kleine Punkte neben dem Epsilon-Ring zu erkennen.

BLICK ZURÜCK: Als Voyager 2 den Planeten bereits passiert hatte und unterwegs zu Neptun war, fotografierte die Sonde einen Sonnenaufgang auf dem grünblauen Planeten (Mitte). Das untere Foto zeigt Uranus, wie ihn ein Besucher von einem Raumschiff aus sehen würde. Die Farbe stammt von Wolken aus Methankristallen, die den roten Teil des Lichtspektrums absorbieren und Blaugrün reflektieren. das falschfarbene obere Bild läßt einige wenige Wolkenstrukturen erkennen.

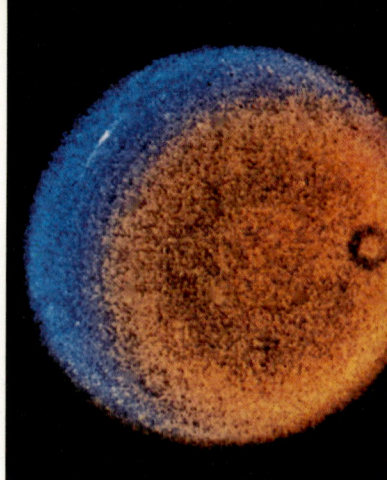

Die beiden Astronomen, Peter Goldreich vom California Institute of Technology und Scott Tremaine vom Massachusetts Institute of Technology in Boston, hatten schon 1977 vorhergesagt, daß es zwischen den Ringen Monde geben müßte. Sie hatten berechnet, daß die dünnen Uranusringe auseinanderdriften müßten, würden sie nicht durch Schäfermonde auf ihren Bahnen gehalten. Die Astronomen erwarteten je ein Schäferpaar pro Ring, also insgesamt 18 Hirten für die neun damals bekannten Ringe.

Voyager 2 fotografierte deshalb beim Anflug auf den Uranus immer wieder das Ringsystem, um nach neuen Trabanten Ausschau zu halten. „Wir hatten einfach ein Tor aufgestellt und warteten, daß die Schäfer hindurchkamen", erklärte Richart Terrile die Suche.

Doch ganz so einfach werden neue Monde nicht entdeckt. Zwar fand Terrile prompt zwei Monde, die inner- und außerhalb des Epsilonringes patrouillierten. Aber die übrigen 16 erwarteten Schäfer ließen sich nicht blicken. Das bedeutete nicht, daß es sie nicht gibt, denn Voyager 2 konnte nur Objekte erkennen, die größer als 20 Kilometer sind. Dafür fotografierte die Sonde acht Kleinstmonde jenseits der Ringe, die offensichtlich keine Hütefunktion haben.

Die Ringforscher hatten ein ruhiges Leben, solange sie nur die breiten, weiten und scharf abgegrenzten Ringe des Saturn erklären mußten, die durch sogenannte Resonanzeffekte in Form gehalten werden. Ein Beispiel soll diesen Mechanismus verdeutlichen: Angenommen, ein Ringpartikel kreist auf einem bestimmten Orbit in zehn Stunden einmal um seinen Planeten. Weiter außen zieht ein Mond seine Bahn, auf der er 20 Stunden, also doppelt so lange, für eine Planetenumrundung braucht. Bei dieser „1 : 2 Resonanz" überholt das Ringteilchen auf der Innenbahn den Mond je Umlauf zweimal an gegenüberliegenden Positionen auf dem Orbit. In diesem Moment zieht der Mond das Teilchen jedesmal ein kleines Stück an und befördert es auf eine weiter außen liegende Bahn. Dort benötigt es natürlich eine etwas längere Zeit für einen Umlauf.

In der Folge erfährt das Ringpartikelchen die Anziehungskraft des Mondes nur noch etwas weniger als zweimal je Umlauf – vor allem aber nicht mehr an gegenüberliegenden Punkten auf dem Orbit. Der Mond zerrt an dem Teilchen und verformt seinen ursprünglich kreisförmigen Orbit zu einer Ellipse. Auf der gestörten Bahn kreuzt das Partikel die Kreisbahnen seiner Ringnachbarn und kollidiert mit ihnen, bis es wieder mit der Masse schwimmt. Bestimmte Zonen um einen Ringplaneten sind somit tabu für Kleinstsatelliten, und sie erscheinen wie „leergefegt". Das führt zu scharf abgegrenzten Bereichen im System, die abhängig sind von der Größe des Resonanzmondes und von der Anzahl und der Größe der Ringpartikel.

Ein typisches Beispiel für einen Fegeeffekt ist die 2 : 1 Resonanz zwischen dem Saturnmond Mimas und der scharfen Außenkante des Saturn-B-Ringes: Innerhalb eines

Bereiches von nur 1,3 Kilometern endet einer der dichtesten Saturnringe im Nichts. Auch die kleinen, von Voyager entdeckten Saturnmonde haben offenbar einen Resonanzeffekt. Sie sind wahrscheinlich für die vielen, schmalen Lücken im A-Ring verantwortlich.

Mit gewissen Einschränkungen konnten die Wissenschaftler damit das ausgedehnte, flache Ringsystem des Saturn erklären. Doch für die Ringe des Uranus* mußten sie eine andere Theorie finden: Sie sind schmal wie Fäden und durch weite Leerräume getrennt. Die Abermilliarden von Ringpartikeln müßten eigentlich immer wieder miteinander kollidieren und sich langsam zu einer weiten Scheibe ausdehnen.

Peter Goldreich und Scott Tremaine „erfanden" deshalb das Prinzip der Schäfermonde – lange bevor Voyager die ersten Schäfer fotografieren konnte. Diese kleinen Monde treiben mit ihrer Schwerkraft einen Ring zu einem engen Band zusammen. Ein Phänomen, das die Voyagerkameras zuerst am F-Ring des Saturns beobachtet hatten.

Die beiden Wissenschaftler erklärten den Schäfereffekt mit einer auf den ersten Blick paradoxen „Schwerkraft-Abstoßung". Dazu wiederum ein Beispiel: Zwei kleine Schäfermonde kreisen in verschiedenen Abständen um einen Planeten, zwischen sich ein Band aus Ringpartikeln. Der innere Mond ist schneller als der äußere – und auch schneller als die Teile des Ringes. Sobald sich der Innenmond einem Ringpartikel nähert, zieht er es etwas an sich und verlangsamt es. Doch kaum ist er vorbei, schleppt seine Schwerkraft das Ringteilchen ein Stück mit, beschleunigt es und schleudert es auf eine höhere Umlaufbahn. Die Schwerkraft des Innenmondes hat das Ringteilchen nach außen abgestoßen.

Der äußere Mond hingegen kreist langsamer als die Körper im Ring, er wird also ständig von ihnen überholt. Da er die Partikel mit seiner Schwerkraft anzieht, bremst er sie ab, und sie fallen auf einen tieferen Orbit. Alle Teilchen eines Ringes, die zu schnell sind, werden von dem Schäfermond zurück auf ihre alte Bahn gewiesen. Die Schwerkraft des Außenmondes hat die Ringteilchen nach innen abgestoßen.

Die Theorie ist mit diesen Überlegungen allerdings noch nicht abgeschlossen, denn der innere Schäfer, der laufend Energie in den Ring pumpt, müßte langsam aber sicher in den Planeten stürzen. Umgekehrt müßte der äußere Schäfer irgendwann davonfliegen. An dieser Stelle kollidieren Schäfermond-Theorie und Resonanz-Theorie: Goldreich und Tremaine glauben daher, daß die Bahnen der Schäfermonde durch die Schwerkraft außen kreisender großer Monde stabilisiert werden.

---

* Die Nomenklatur der Uranusringe ist verwirrend: Die von James Elliot bei der Sternenbedeckung gefundenen sechs Ringe tragen griechische Buchstaben; die drei anschließend aus den Meßdaten berechneten sind mit arabischen Ziffern bezeichnet; zusätzlich fanden die Voyagerkameras im Jahr 1986 zwei neue Ringe. Die Reihenfolge von innen nach außen lautet: 1986U2R – 6 – 5 – 4 – Alpha – Beta – Eta – Gamma – Delta – 1986U1R – Epsilon.

Was 1977 noch eine reine Hypothese war, konnte Voyager 2 bei Uranus bestätigen: Die neuentdeckten Schäfer 1986U7 und 1986U8 (genannt: Cordelia und Ophelia) kontrollierten den Epsilonring auf theoretisch genau berechenbaren Bahnen.

Viel haben die neuen (und die hypothetischen) Schäfermonde nicht zu bewachen: Die elf Uranusringe bestehen aus Wassereis und sind so arm an Materie, daß ihre gesamte Masse in einem Kleinstmond von 30 Kilometern Durchmesser Platz fände. Der Epsilonring, der größte im System, ist zwischen 22 und 93 Kilometer breit. Die anderen Ringe sind teilweise nur einen Kilometer schmal.

„Farblich" ähneln sie den kleinen Monden des Uranus – sie sind schwarz wie Kohle. Der New Yorker Astronom Carl Sagan glaubt, daß die schwarze Farbe zustande kommt, weil hochenergetische Strahlung im Umfeld des Planeten Spuren von Methan im Wassereis zerstört und dabei die Substanz zu langkettigen, teerartigen, organischen Verbindungen vernetzt. Die Ringe wie die Monde sollten demnach von einem klebrigen „Teer der Sterne" bedeckt sein.

Obwohl die Gesamtmasse der Uranusringe gering ist, setzen sie sich vorwiegend aus relativ großen Einzelsatelliten zusammen – von tennisball- bis zu autogroßen Klötzen. Voyager fand hingegen wenig Staub in den Ringen. Ein überraschendes Ergebnis, denn die ebenfalls dünnen Jupiterringe bestehen zur Hälfte aus nur mikrometergroßen Partikeln. Der Theorie nach kollidieren die Teile eines Ringes immer wieder miteinander und werden dabei langsam zu Staub zermalmt. Doch im Reich des Uranus fehlt der Staub. Warum?

Voyager konnte auch diese Frage beantworten: Das Meßgerät für UV-Strahlen registrierte um den Planeten eine dünne, aufgeblähte Hochatmosphäre aus Wasserstoffgas, die bis in die Weiten des Epsilonringes reicht. So hauchfein diese Gasschicht auch sein mag, sie genügt, um ein Staubpartikel abzubremsen und dann in Richtung Mutterplanet zu treiben. „Kleine Staubteile", erklärt die Ringexpertin Carolyn Porco von der Universität von Arizona in Tucson, „die durch die Atmosphäre fliegen, werden von dem Wasserstoff davongefegt, und die Ringe erodieren im Laufe der Zeit." (Aus dem gleichen Grund werden beispielsweise die auf niedrigen Erdumlaufbahnen kreisenden Spionagesatelliten gebremst, stürzen irgendwann in die Atmosphäre und verglühen).

Wenn die Uranusringe einem andauernden Erosionsprozeß unterliegen, warum sind sie dann überhaupt noch vorhanden? Offensichtlich werden die Ringe von außen ständig mit neuer Trümmermaterie gefüttert. Eugene Shoemaker hat berechnet, daß die Ringe und die kleinen Monde jünger als eine Milliarde Jahre sein müssen – und Überbleibsel von Kollisionen zwischen Monden und Meteoriten sind. Solche Treffer wirbeln immer wieder eine Menge von Staub und Kleinteilen auf; Nachschub für neue Ringe und Schäfermonde, die ihrerseits ein kurzes Leben vor sich haben und irgendwann in der Uranusatmosphäre verglühen.

Was Voyager gesehen hatte, war eine Zeitaufnahme eines dynamischen Prozesses aus Ringentstehung und Ringvernichtung. Nicht erkennen konnte das Raumschiff alle kreisenden Einzelteile, die größer als die Ringpartikel und kleiner als die Kleinstmonde sind. Diese Satelliten mit einem für die Kameras unsichtbaren Mittelmaß gibt es vermutlich zuhauf: Es sind Teile, die aus zerbröselnden Satelliten entstanden, zeitweilig als Schäfermonde die Ringe bewachten, zu noch kleineren Schäfern und später zu Staub werden – bevor der Planet sie verschlucken wird.

Am 24. Januar 1986 hatte Voyager 2 den dritten Gasgigangen auf ihrem Marathon im All passiert, und zum dritten Mal hatte die Sonde ein Ringsystem fotografiert. Es unterschied sich deutlich von allem vorher bekannten, aber es scheint eine ähnliche Geschichte wie die Systeme von Jupiter und Saturn zu haben, und es folgt sicher den gleichen physikalischen Gesetzen.

Während dies den Wissenschaftlern klar wurde, war Voyager 2 längst auf dem Weg zum Neptun. Auch dort hatten die Astronomen mittlerweile mit einem Sternbedeckungsexperiment Ringe nachgewiesen: Zwischen den Jahren 1977 und 1984 war damit die Zahl der bekannten beringten Planeten von eins auf vier angestiegen. Ringe, lange als ein kurioses Privileg des Saturn erachtet, waren zu einer völlig normalen Erscheinung großer Planeten geworden.

Bleibt die Frage, warum der nächstgrößte unter den Planeten – die Erde – keine Ringe besitzt.

Die Erde wird nur von einem Mond umkreist, und der hält sich in einer Region, fern der „Roche-Grenze" von 1,5 Planetenradien, auf, innerhalb derer überhaupt ein Ring existieren kann. Selbst wenn der Erdenmond von einem gewaltigen Meteoriten zerstört würde, entstünden aus den Überresten allenfalls Untermonde, die auf weit außen liegenden Orbits weiterkreisen würden – aber keine Ringe.

Dennoch verfügt die Erde seit Jahren über eine Art künstliches Ringsystem und ist außerdem von einer vom Menschen gemachten „Wolke" umgeben. Der Ring ist besetzt mit sogenannten geostationären Fernmelde-Satelliten: In einer Höhe von 36 000 Kilometern über dem Erdäquator benötigen diese Kunstmonde für einen Umlauf um den Planeten genau 24 Stunden. Sie scheinen also an einem ganz bestimmten Punkt über der Erde zu stehen und können immer von den gleichen Bodenstationen angefunkt werden.

Die Wolke hingegen ist nichts als Weltraumschrott, der sich seit dem Start des ersten sowjetischen Satelliten Sputnik im Jahr 1957 im All angesammelt hat: Raketenhülsen, ausgebrannte Treibstofftanks, gealterte Satelliten oder Abfall, den die bemannte Raumfahrt zurückgelassen hat. Kommt der Mensch – folgt der Müll, das ist wie ein Naturgesetz.

Rund 8000 herrenlose Objekte, mit einer Gesamtmasse von immerhin 2000 Tonnen, sind bereits auf den Radarschirmen des Nordamerikanischen Luftverteidigungssystems zu erkennen. An die hunderttausend nicht auf Radarschirmen nachweisbare Teile, die größer als ein Zentimeter sind, kreisen über unseren Köpfen – eine nicht zu unterschätzende Gefahr für Satelliten und für bemannte Raumstationen. Diese können selbst von millimetergroßen Partikeln beschädigt werden, die mit einer Geschwindigkeit von ungefähr 30 000 Kilometern pro Stunde um den Erdball rasen.

Eine gespenstische Begegnung der überirdischen Art erlebten amerikanische Astronauten im Juli 1982, als an ihrer Raumfähre Columbia in nur 12 Kilometer Abstand eine ausgediente sowjetische Raketenstufe vorbeitrieb. Wahrscheinlicher sind Zusammentreffen mit den weit häufigeren Kleinteilen im Raum: Auf dem amerikanischen Forschungssatelliten Solarmax entdeckten die Ingenieure der Nasa 150 kleine Krater, die vorwiegend von durch das All vagabundierenden, abgesplitterten Farbresten stammten. Im Juni 1983 schlug eine derartige Farbflocke in die äußerste Schicht des Dreifachfensters an der später verunglückten Raumfähre Challenger ein.

Außerirdische Wesen, so sie denn einmal eine Forschungssonde in unser Sonnensystem und zu unserem Planeten schicken sollten, würden eine erstaunliche und schwer zu deutende Entdeckung machen: Denn der Ring um die Erde paßt beim besten Willen in keine der gängigen Vorstellungen zur Entstehung des Sonnensystems.

Von Parkfield zum Pluto

Nachrichten aus der galaktischen Provinz

Wie weit ist es zum Neptun? „Zwölf Jahre", würde Edward Stone, der Chef-Wissenschaftler der Voyagermission antworten, denn er denkt seit zwölf Jahren in Voyagerdistanzen.

„246 Lichtminuten", meint Howard Marderness, Flugingenieur am JPL, denn er interessiert sich vor allem für die Zeit, die ein Funksignal braucht, um die Raumsonde zu erreichen.

„4,4 Milliarden Kilometer", berichten die Reporter, um ihren Lesern einen Eindruck von der gigantischen Distanz zwischen der Erde und dem fernen, achten Planeten zu vermitteln.

4 400 000 000 Kilometer? Letztlich können wir auch mit dieser Zahl wenig anfangen.

Von dem Haus, in dem ich wohne, sind es zwei Kilometer bis zum nächsten Briefkasten; 35 Kilometer bis in die nächste Großstadt; 500 Kilometer bis Frankfurt; 900 bis Zürich. Das sind einigermaßen begreifbare Distanzen.

384 000 Kilometer bis zum Mond? Meinetwegen.

Aber 4,4 Milliarden Kilometer zum Neptun? Dieser Planet liegt jenseits des menschlichen Horizontes. Immerhin ist Neptun so weit von uns entfernt, daß die Sonne, von dort aus betrachtet, nicht größer erschiene als ein Sandkorn.

Doch Neptun ist in astronomischen Distanzen gesehen nicht fern. Alle Planeten des Sonnensystems sind uns ausgesprochen nah. Das ist schon daran zu erkennen, daß sie sich deutlich am Firmament bewegen. Es ist, als rasten wir in einem Wagen über die Autobahn: Die nahen Dinge, Bäume, Büsche, Verkehrsschilder – wuusch – vorbei sind sie. Aber der Turm am fernen Horizont, er scheint stillzustehen. Still wie die Sterne am Himmel, die als „Fixsterne" an ein und derselben Stelle zu hängen scheinen, sich in Wirklichkeit aber doch bewegen.

Proxima Centauri, der unserem Sonnensystem nächste Stern (die nächste Sonne!) ist 41 000 000 000 000 Kilometer, beziehungsweise 4,34 Lichtjahre von uns entfernt.

Wäre unsere Sonne, dieser Riesenofen mit einem Durchmesser von 1,4 Millionen Kilometern, eine Apfelsine auf dem Hamburger Rathausmarkt, dann läge die vergleichsweise kleine Sonne Proxima Centauri irgendwo als Pflaume auf dem Marktplatz von Marrakesch.

Neben Proxima Centauri funkeln noch ein paar mehr Sterne am Himmel. Bis zu 3000 lassen sich mit dem bloßen Auge ausmachen – vorausgesetzt, die Nacht ist klar, der Mond scheint nicht und die Lichter der Großstadt sind fern. Schon mit einem Amateurteleskop für ein paar hundert Mark offenbart ein Blick in die Milchstraße einen Massenauflauf von Sternen. Und wenn die Profis ihre Riesenfernrohre auf einen scheinbar schwarzen Fleck am Himmel richten, werden mehr Sterne sichtbar, als man zählen kann. Insgesamt hat die Sonne in unserer Heimatgalaxie, der Milchstraße, rund 100 Milliarden Nachbarn.

100 000 000 000 Sonnen – allein in unserer Galaxie! Daran sollte jeder denken, wenn er das nächste Mal im feuchten Gras liegt und verträumt in den Nachthimmel schaut.

Es gab eine Zeit, da dachten die Astronomen, diese, unsere Galaxie, ein Bereich, der von einem bis zum anderen Ende 100 000 Lichtjahre mißt, sei das Universum. Doch schon mit bloßem Auge läßt sich am Nachthimmel eine schwach leuchtende Wolke erkennen – der Andromeda-Nebel, die uns nächste, 2,2 Millionen Lichtjahre entfernte Galaxie. Jenseits von Andromeda gibt es weitere Galaxien – scheibenförmige, kugelförmige, haufenförmige, unförmige oder kollidierende.

Ungefähr 30 dieser Sternenhaufen in der Nachbarschaft der Milchstraße bilden eine „lokale Gruppe", eine Art galaktische Kleinfamilie. Rund 2500 Haufen in der „Nähe" unserer Milchstraße formieren sich vermutlich zu einer Sippschaft namens „Superhaufen" um die Virgo-Galaxie, die etwa 50 Millionen Lichtjahre von der Erde entfernt ist. Auch die Superhaufen sind nicht allein, denn von ihnen gibt es wahrscheinlich 40 Millionen Stück. Insgesamt vermuten die Kosmologen also rund 100 Milliarden Galaxien mit jeweils 100 Milliarden Sonnen im gesamten Universum. Dabei ist es ziemlich unwichtig, ob diese Zahl etwas zu hoch oder etwas zu niedrig gegriffen ist. Die Aussage ist eindeutig: Die Welt ist größer, als ein Mensch es sich je wird vorstellen können.

Die bewegte Oase

Doch Schluß mit der verwirrenden Zahlenspielerei und zurück in die galaktische Provinz, zurück auf den Planeten Erde, denn dort geht es im Grunde schon kompliziert genug zu.

Zum Beispiel in Parkfield, einem 34-Seelen-Nest mitten in Kalifornien. Es liegt, fern jeder Hektik, etwa auf halber Strecke zwischen San Francisco und Los Angeles. Dort, in einem hügeligen Gebiet, in das ab und zu eine kleine Farm eingebettet ist, spielt sich so wenig ab, daß die Leute noch winken, wenn man ihnen mit dem Auto auf der Straße begegnet. Vor gut dreißig Jahren machte die Gegend einmal Schlagzeilen, weil damals ein junger Mann, der sich James Dean nannte, nahe dem Flecken Cholame mit seinem Porsche gegen einen Baum raste. Seitdem ist es eher ruhig.

Kein Mensch käme auf die Idee, unter dem verschlafenen Parkfield ein geologisches Pulverfaß zu vermuten. Doch der Ort liegt haargenau auf einem Epizentrum* der sogenannten San-Andreas-Spalte, einem notorischen Erdbebengebiet, das sich wie ein Riß 1200 Kilometer lang von Norden nach Süden durch Kalifornien zieht. Auf dem Wirkungsbereich der Spalte liegen die beiden Metropolen Los Angeles und San Francisco und dort hat es in der Vergangenheit immer wieder zum Teil schwere Erdbeben gegeben.

Diese Erschütterungen wird Kalifornien immer wieder zu spüren bekommen. Das Unangenehme daran ist, daß sie bisher nicht vorherzusagen sind. Nur in Parkfield kann man fast die Uhr nach den Beben stellen: Regelmäßig in den Jahren 1875, 1881, 1901, 1922, 1934 und 1966 flogen hier die Tassen aus den Schränken. „Im Durchschnitt kommt es alle 22 Jahre zu einem Beben mit einer Stärke von mindestens 5,5", erklärt der Seismologe Allan Lindh von der geologischen Bundesbehörde in Menlo Park bei San Francisco. Das nächste wäre demnach eigentlich 1988 fällig gewesen.

Weil in Parkfield die Erde so zuverlässig rumort, haben die Seismologen um den Ort eine Reihe von Instrumenten im Boden vergraben, die schon die leisesten Regungen im Erdreich registrieren können. Anhand dieser Fingerzeige aus dem Erdinnern wollen die Wissenschaftler die Vorphase eines Bebens zum ersten Mal möglichst genau verfolgen. Mit den Ergebnissen hoffen sie eine Art Frühwarnsystem für die Erschütterungen entwickeln zu können.

Duane Hamann aus Parkfield, einer der letzten Zwergschullehrer der Vereinigten Staaten, hat dadurch einen Nebenjob bekommen: Jeden Nachmittag steigt er in seinen weißen Dodge und kurvt auf einen Hügel zu einer unscheinbaren Hütte, die nur durch eine Satellitenantenne auf dem Dach auffällt.

In dieser Bude verbergen sich Meß- und Funkgeräte, Computer und eine Laserkanone, deren scharf gebündelten Strahl Hamann des Nachts auf die nahe gelegenen Bergkuppen abfeuert. Dort sind Spiegel angebracht, die den Laser reflektieren. So läßt sich millimetergenau feststellen, ob in der beschaulichen Landschaft alles noch dort steht, wo es hingehört.

Das tut es freilich schon lange nicht mehr, denn zwischen der Laserkanone und den Spiegeln im Westen liegt die San-Andreas-Spalte. „Wir stehen hier auf der Nordame-

---

*Epizentrum = direkt über dem Erdbebenherd liegendes Gebiet der Erdoberfläche

rikanischen Platte", erklärt Hamann in einer kalten, sternenklaren Nacht, und deutet auf einen Spiegel, der funkelnd den violetten Laserstrahl zurückwirft. „Die Bäume dort drüben stehen schon auf der Pazifischen Platte. Dazwischen klafft ein Riß, der vielleicht zwanzig Kilometer tief in die Erde reicht."

An den „Platten", die der Lehrer beschreibt, zerren unentwegt titanische Kräfte. Wie Eisschollen driften die Tafeln langsam in entgegengesetzte Richtungen, die Pazifische Platte, auf der die kalifornische Küste mit Los Angeles liegt, nach Norden; die Nordamerikanische, an der der gesamte Kontinent hängt, nach Süden.

Die ganze äußere Erdkruste ist aus etwa einem Dutzend derartiger „tektonischer Platten" aufgebaut, die auf dem mehr oder weniger flüssigen Erdinnern herumschwimmen. Wo immer die riesigen Tafeln aneinanderstoßen, kommt es regelmäßig zu Erdbeben, zu Vulkanausbrüchen, oder es türmen sich gewaltige Gebirge auf, wie im Himalajamassiv. Andere Regionen werden auseinandergerissen – es entstehen Ozeane oder Gräben wie das ostafrikanische Rift Valley.

In Kalifornien beobachten die Forscher genau das Zwischenphänomen: Dort reiben sich die Platten aneinander. Wenn Duane Hamann genug Zeit hätte, könnte er in zehn Millionen Jahren beobachten, wie sich das Stadtungetüm von Los Angeles an seiner Laserkanone vorbeischiebt – unaufhaltsam auf seinem erdgeschichtlichen Weg zu den Aleuten in Alaska.

Der Lehrer bräuchte sich keine Sorgen um mögliche Beben zu machen, wenn sich die kontinentalen Platten einfach nur ruhig und sanft vorwärts bewegten. In der Mitte der San-Andreas-Spalte tun sie das tatsächlich, und dort entstehen keine Erderschütterungen. Aber anderswo, vor allem in den Randzonen der Verwerfung, klemmt es immer wieder jahrzehntelang im Gestein. Während dieser Zeit baut sich eine ungeheure Spannung zwischen den gegenüberliegenden Platten auf. Irgendwann, wenn der Streß zu groß geworden ist, tut es einen Schlag, und der Fels entlang der Spalte macht einen mächtigen Satz – bei dem großen Beben von 1857 waren es immerhin neun Meter. Dann stürzen die Häuser und Brücken ein, und Staudämme kommen gefährlich ins Wanken.

Erdbeben und Vulkanausbrüche erinnern uns daran, daß die Erde ein bewegter Planet ist, und wir nur einen dünnen Boden unter den Füßen haben – eine etwa 100 Kilometer starke Kruste, die auf dem halbflüssigen Erdmantel aufliegt. Dieser Mechanismus der „Plattentektonik", der unter anderem erklärt, warum auf der Erde (im Unterschied zu allen anderen Planeten) Kontinente aus den Ozeanen herausragen, ist erst seit erstaunlich kurzer Zeit bekannt.

„Erfunden" hat die Plattentektonik ein deutscher Meteorologe, Amateurgeologe und Polarforscher namens Alfred Wegener. Er hatte schon 1912 behauptet, Amerika, Afrika, Australien und die Antarktis hätten vor Urzeiten einmal einen einzigen Superkontinent gebildet, der aber später zerbrach und auseinanderdriftete. Wegeners Zeitgenossen hielten diese Theorie von dem ehemaligen Kontinent „Gondwana" für – gelinde gesagt – verrückt.

Doch der Forscher war seiner Zeit voraus. Als die Geologen in den sechziger Jahren auf dem Grund des Atlantischen Ozeans unerwartet junges Basaltgestein fanden, das offenbar von dem Mittelrücken des Meeres aus in Richtung der Kontinente wanderte, kramten die Wissenschaftler Wegeners Hypothesen wieder hervor: Der Beweis war erbracht, daß die Erde sich tatsächlich öffnete und an bestimmten Stellen die Kontinente verschob. Gesteinsanalysen ergaben, daß Gondwana vor 180 Millionen Jahren zerbrochen war, daß die Kontinente immer schon wanderten und sich verformten und dies auch weiterhin tun werden.

Ein außerirdischer Raumfahrer, der den blauen Planeten umkreisen, beobachten und vermessen könnte, würde dieses Phänomen vermutlich rasch erkennen: Aus der Ferne sticht es geradezu ins Auge, daß die heutigen Kontinente wie die Teile eines Puzzlespiels zusammenpassen: Die Westküste Afrikas fügt sich an die Ostküste Südamerikas, Nordamerika an Europa oder die Antarktis an die Spitze Südafrikas. Mit einem empfindlichen Meßgerät, beispielsweise einer Laserkanone, wie sie Duane Hamann in Parkfield bedient, könnte der Alien die Drift der Kontinente sogar millimetergenau verfolgen.

Dem Außerirdischen fiele rasch auf, daß die Erde ein ungewöhnlicher Planet ist. Schon aus großer Distanz ist zu erkennen, daß er der einzige innere Planet des Sonnensystems ist, der einen „richtigen" Mond besitzt. Nirgendwo sonst gibt es driftende Kontinente und tektonisch gefaltete Gebirge. An keinem anderen Ort ist eine Atmosphäre zu finden, in der ungebundener Sauerstoff umhertreibt. Dafür mangelt es an Kohlendioxid in der Atmosphäre, eine Substanz, die auf den anderen Satelliten eher häufig ist.

Das alles käme dem Alien so ungewöhnlich vor, daß er sein Raumschiff näher an den Erdball heransteuern würde, um die eigenartigen Wolkengebilde aus Wasserdampf und die weiten, blauen Flächen zu studieren, die den größten Teil des Planeten einnehmen, und die – kaum zu glauben – aus einem kosmisch altbekannten Stoff in einem ungewöhnlichen Aggregatzustand bestehen: aus flüssigem Wasser.

Anschließend würde der Gast aus dem All abdrehen, lange mit seiner Heimatstation korrespondieren, dem GPL (Galactical Propulsion Laboratory) im Sonnensystem der Betelgeuze*, und seine Bordcomputer mit sämtlichen Meßdaten vom Planeten Erde füttern. Wenig später würden die Rechner ein erstaunliches Ergebnis vermelden: Der blaue Planet mit den treibenden Kontinenten ist gerade groß genug, um in seinem Inneren noch die Wärme des radioaktiven Zerfalls zu bergen; seine Schwerkraft ist genau groß

---

* Betelgeuze = Riesensonne im Sternbild des Orion

genug, um die Moleküle des Wassers und der Atmosphärengase Stickstoff und Sauerstoff festzuhalten; und die Erde kreist just in einem Abstand um die Sonne, der an der Erdoberfläche eine Durchschnittstemperatur von rund 15 Grad Celsius bewirkt. Der Betelgeuzianer würde dann aufgeregt in seinem galaktischen Almanach blättern und ergriffen feststellen: Dies sind genau die Bedingungen, unter denen eine – wenn auch primitive – Art von Leben entstehen könnte.

Die heiße Schwester

Daß die Erde ein Planet ist, *weiß* die Menschheit seit Kopernikus, der zu einer Zeit lebte, als Michelangelo seine Kirchen ausmalte und Kolumbus die Neue Welt entdeckte. Dies zu *glauben,* fällt uns mitunter heute noch schwer: Zu ungewöhnlich erscheint die grünblaue Oase Erde neben den übrigen acht lebensfeindlichen Planeten – neben dem verkraterten und überhitzten Merkur, dem staubigen Mars oder dem eisigen Uranus. Schon der erdnächste Sonnensatellit, die Venus, ist eine mörderische Hölle.

Auf den ersten Blick könnte man meinen, die Venus sei eine zweite Erde. Die ungleichen Schwestern besitzen beide eine beachtliche Atmosphäre, sie sind fast gleich groß, haben eine praktisch identische Zusammensetzung und sehr ähnliche Schwerkraftbedingungen. Die Venus, nach dem Mond der hellste Fleck am Nachthimmel gilt den Menschen seit Ewigkeiten als „Abend-" oder „Morgenstern". Schon die alten Babylonier, die Chinesen und die Griechen haben den Planeten eingehend beobachtet. Aber selbst mit guten Fernrohren läßt sich wenig auf der Venus erkennen, denn eine 70 Kilometer dicke Atmosphärenschicht hüllt die „Göttin der Liebe" in einen undurchsichtigen Schleier.

Entsprechend verwegen waren die Mutmaßungen, welche die Astronomen bis in die sechzige Jahre anstellten – bevor die ersten Raumsonden Richtung Venus fliegen sollten. Manche Wissenschaftler glaubten, die Polkappen der Venus seien mit einer dichten Eisschicht belegt. Andere erwarteten ein blühendes, exotisches Leben in dichtem Dschungel. Wieder andere prophezeiten eine Art Frankensteinsches Großlabor mit Teichen aus flüssigem Zink, mit bromgefüllten Seen und Phenolschnee an den Polen.

Am 24. August 1962 startete das amerikanische Raumschiff Mariner 2, die erste interplanetare Sonde überhaupt, zu einem Venus-Vorbeiflug. Drei weitere US-Sonden folgten. Die Sowjets jagten eine ganze Flottille von gut zwei Dutzend Venera- und Vega-Robotern zur Liebesgöttin. Die Hälfte der Forschungsgeräte verfehlte das Ziel oder zerschellte unverrichteter Dinge an der Planetenoberfläche – aber der Rest funkte hervorragende Ergebnisse zur Erde.

Heute haben die Astronomen ein recht gutes Bild von dem meistbereisten Planeten im Sonnensystem: An der Oberfläche der orange-violetten Landschaft herrschen Temperaturen von rund 465 Grad Celsius, das ist heiß genug, um Blei zum Schmelzen zu bringen. Die Venus ist zwar nicht der sonnennächste Planet, aber überraschenderweise der wärmste. Auf ihn drückt eine schwere, dichte Atmosphäre aus Kohlendioxid und Stickstoff, die auf der Venus mit dem fast 90fachen des Erdenluftdrucks lastet – vergleichbar mit dem Wasserdruck in 900 Meter Meerestiefe. Durch die dicke „Luft" treiben Wolken aus Schwefelsäure, ein Stoff, den wir Irdischen in unsere Autobatterien füllen. Feine Tropfen fallen als „saurer Regen" in Richtung Planet, doch sie kommen nie auf der Oberfläche an, weil sie in den unteren, wärmeren Atmosphärenschichten erneut verdampfen.

Die Venus dreht sich so langsam und „verkehrtherum" um die eigene Achse, daß der Tag und die Nacht jeweils 121 Erdentage währen, und die Sonne am Venushimmel im Westen auf- und im Osten untergeht. Beziehungsweise ginge, wenn man sie durch die dichte Wolkendecke sehen könnte. Für einen Auf- und Untergang braucht die Sonne so lange, daß dabei mehr als ein Jahr vergeht: Ein Venusjahr (die Umlaufzeit des Planeten um die Sonne) dauert 224,7 Erdentage, also 19 Erdentage kürzer als ein Venustag (die Rotationsperiode des Planeten um die eigene Achse).

Im Juni 1985 warfen die sowjetischen Raumsonden Vega 1 und 2, als sie auf ihrem Flug zum Halleyschen Kometen an der Venus vorbeikamen, je einen Landeapparat und eine Kapsel über dem Planeten ab, die an Ballons baumelnd die dichte Atmosphäre untersuchen sollten. Die Landegeräte setzten weich auf der Venus auf, nahmen ein paar Bodenproben und fanden Gestein, das an den Basalt auf der Erde erinnerte. Erwartungsgemäß stellten die Geräte unter den brutalen Temperatur- und Druckbedingungen ihren Dienst schon nach 20 Minuten ein. Die vorsichtshalber aus Teflon gefertigten Ballons schwebten etwas länger durch die Wolken, entlang des Venusäquators von der Tag- auf die Nachtseite des Planeten. Die Gondeln mußten einiges aushalten: Wirbelstürme mit Windgeschwindigkeiten von bis zu 240 Kilometern in der Stunde trieben die Kapseln vor sich her. Fallwinde ließen sie zeitweise bis zu 2500 Meter unter die geplante Flughöhe absacken. Nach zweitägiger Höllenfahrt zerplatzten die Kapseln auf der Sonnenseite der Venus.

Die bisher beste Oberflächenkartierung des Planeten gelang den sowjetischen Sonden Venera 15 und 16, die ähnlich wie militärische Aufklärungssatelliten mit einem Bildradar ausgerüstet waren und einen großen Teil des Terrains abtasteten. Aus den Daten fertigten die Astronomen eine topographische Karte mit einer Auflösung von zwei Kilometern an. Noch genauer soll die 1989 gestartete Magellan-Sonde der Nasa die Venus vermessen. Das Raumschiff wird voraussichtlich Mitte 1990 auf einen Orbit um den Morgenstern einschwenken und ihn alle 189 Minuten umkreisen, während er sich unter der Sonde um die eigene Achse dreht. Dabei tasten die Meßgeräte die Oberfläche der Venus Streifen für Streifen ab.

Diese Daten sollen zum JPL gefunkt und dort zu einer Karte verarbeitet werden. Die Wissenschaftler wollen damit herausfinden, ob es auf der Venus Vulkane gibt oder vielleicht sogar eine Kontinentverschiebung wie auf der Erde. Möglicherweise entdecken sie auch einstige Flußtäler oder trockengefallene Küsten, die auf eine frühere Existenz von Wasser hinweisen würden. Denn nach wie vor ist nämlich ungewiß, ob auf der Venus einmal Klimabedingungen herrschten, die das Wasser haben fließen lassen.

Jeder Körper des Sonnensystems erhält von dem Zentralstern eine gewisse Ration an Licht. Ein Teil wird von den Wolken oder von der hellen Oberfläche zurück ins All reflektiert. Ein anderer Teil trifft auf dunklere Flächen und heizt den Körper auf, der die Energie nun in Form von infraroter oder Wärmestrahlung wieder abgibt. Für infrarotes Licht aber sind die Atmosphären nur begrenzt durchlässig. Moleküle von Wasser, von Kohlendioxid oder Methan reflektieren die Wärmestrahlung zurück auf die Oberfläche. Dadurch heizt sich die Atmosphäre auf wie die Luft im Treibhaus: Auch dort dringt das Licht ungehindert ein, doch die Wärme bleibt unter den Glasscheiben gefangen.

Durch den sogenannten Treibhauseffekt werden auf allen Planeten oder Monden, die eine Atmosphäre haben, die Temperaturen mehr oder weniger erhöht. Auf der Erde hat der natürliche Treibhauseffekt überhaupt erst zu den lebensspendenden Temperaturen geführt. Sie lägen ohne eine Atmosphäre bei eisigen minus 20 Grad Celsius. Tatsächlich messen die Meteorologen aber eine Durchschnittstemperatur von etwa plus 15 Grad.

Momentan sind wir allerdings dabei, so viele Spurengase in die Gashülle des Planeten zu blasen, daß ein erhöhter Treibhauseffekt unser Klima aus dem Gleichgewicht zu bringen scheint: Die Klimazonen beginnen sich weltweit zu verlagern, und die mittleren Temperaturen und der Meeresspiegel steigen seit Jahren langsam, aber beständig und bedrohlich an.

Die Venus ist im Vergleich zur Erde ein Supertreibhaus. Ohne Gashülle müßte an der Planetenoberfläche eine Temperatur von plus fünf Grad Celsius herrschen. Doch das reichlich vorhandene Kohlendioxid und die Schwefelsäuretröpfchen, die den Planeten umwabern, sind exzellente Blocker für infrarotes Licht. Dadurch stiegen die Temperaturen, die früher sicher einmal niedriger lagen, immer weiter an, was zur Folge hatte, daß möglicherweise vorhandenes Wasser verdampfte, das ebenfalls ein gutes Treibhausgas ist. Die Temperaturen stiegen also weiter. Als nächstes gaste das Kohlendioxid aus dem Karbonatgestein, und der Effekt schaukelte sich weiter hoch, bis ein Gleichgewichtszustand erreicht war, bei dem die dichten Wolken irgendwann zuwenig Sonnenlicht hindurchließen, um den Ofen noch weiter aufzudrehen. Die Meteorologen nennen dies einen *runaway greenhouse effect,* einen „durchgebrannten Treibhauseffekt", der aus der Göttin der Liebe einen höllischen Planeten machte.

Der heißkalte Planet

Gegen dieses Fegefeuer empfände ein Astronaut einen Ausflug zum Merkur, dem sonnennächsten Planeten, zwar nicht unbedingt als angenehm, aber als sehr abwechslungsreich: Immerhin kühlt es auf der Nachtseite dieses Kraterkörpers auch mal ordentlich ab. Und welch ein Ausblick böte sich dem Besucher! Merkur besitzt nicht den Hauch einer Atmosphäre, denn alle Moleküle, die fliegen können und die Fluchtgeschwindigkeit von vier Kilometern in der Sekunde erreichen, sind längst verschwunden. Der Himmel über Merkur ist deshalb auch tagsüber tiefschwarz. Dennoch würde das grelle Licht der Sonne (Merkur bekommt durchschnittlich siebenmal mehr Licht ab als die Erde) und die Reflektion der Planetenoberfläche den Gast gewaltig blenden.

Und erst diese Hitze! 430 Grad kann sie in der Mittagszeit erreichen, das ist heißer als im Pizzaofen. Auf den kühlenden Abend zu warten, erschiene fast sinnlos, denn ein Tag auf Merkur dauert sehr, sehr lange. Erdenwochenlang müßte der Astronaut auf den Sonnenuntergang warten, zu dem sich der Stern offenbar nur schwer durchzuringen vermag: Erst sinkt er auf den Horizont, dann steigt er wieder, bevor er endgültig verschwindet und einer minus 170 Grad kalten Nacht Platz macht. Die Temperatur sinkt so extrem, weil keine Atmosphäre als isolierende Schicht vorhanden ist.

Bei Merkur über Tag und Nacht zu sprechen erfordert etwas Phantasie: Der Merkur wandert binnen 88 Tagen auf einer Ellipsenbahn um die Sonne und rotiert alle 58 2/3 Tage um die eigene Achse, also genau dreimal in jenem Zeitraum, der ihn zweimal um die Sonne führt. Ein Merkurjahr ist somit nach irdischer Rechenweise 88 Tage und ein Merkurtag 58 2/3 Tage lang.

Aber die Definition ist in diesem Fall unsinnig. Sinnvoller ist es, einen Tag als jenen Zeitraum zu definieren, der zwischen zwei Sonnenaufgängen vergeht. Ein solcher „Sonnentag" dauert auf Merkur 176 Tage, also doppelt so lang wie ein Merkurjahr. Doch damit nicht genug: Weil der Planet auf seiner exzentrischen Einjahresbahn der Sonne mal näher und mal ferner steht, scheint diese immer verschieden groß und verschieden warm und vollführt, von unterschiedlichen Standorten auf Merkur aus betrachtet, unterschiedliche Auf- und Abbewegungen am Himmel.

Schon der seltsame Tag- und Nachtrhythmus brächte uns aus dem Gleichgewicht. Die Hitze und die Kälte könnten wir kaum ertragen. Und die extreme Strahlendosis würde uns bald umbringen. Selbst wenn wir auf wundersame Weise überleben sollten, würde es uns auf Merkur bald langweilig: Die Bilder der Nasa-Sonde Mariner 10, des einzigen Raumschiffes, das den Planeten je besucht hat, zeigen nichts als eine endlose Kraterwüste.

Wo kein Marsmensch wohnt

Kein Vergleich zu jenem Planeten, den die Science-Fiction-Autoren seit jeher verehren und für den, nach der Erde, einladendsten Ort im Sonnensystem halten – den Mars. „Alles, was wir bisher von diesem Planeten wissen", frohlockt James Allan von der amerikanischen Firma *Space Biosphere Ventures,* „lädt uns geradezu ein." Tatsächlich sieht es auf Mars-Fotos, aufgenommen von den amerikanischen Viking-Sonden, nicht viel anders aus als etwa im kalifornischen Death Valley.

Allan arbeitet für ein illustres Unternehmen, das in der Wüste Arizonas, in der Nähe des Nestes Oracle, ein riesiges Gewächshaus baut: nicht das größte der Welt, aber sicher das ungewöhnlichste.

Ein ganzer Stab von Wissenschaftlern hat sich jahrelang die Köpfe zerbrochen, wie das Gebäude bestückt werden soll. Urwaldbäume wachsen dort, genauso das Dorngestrüpp der Wüste. Ein kleiner Ozean, immerhin zehn Meter tief, schwappt im Banne mechanisch simulierter Wogen über ein Korallenriff, an dem sich exotische Fische tummeln. Im sumpfigen Marschland, einer Wattenmeer-Kopie, vergraben sich Muscheln und Krebse, und kleine Lemuren hangeln durch die Lianen. Alles in ein und demselben Gebäude, versiegelt und abgeschlossen von der Umwelt, ein kleiner eigener Planet – genannt Biosphere 2: eine Miniaturausgabe von „Biosphäre 1", unserer guten alten Erde.

Anfang 1990 soll sich die Tür zu Biosphere 2 ein letztes Mal öffnen, um sich dann für zwei Jahre zu schließen. Mit eingesperrt werden dann acht Freiwillige, die erproben sollen, ob die Welt im Glas auch wirklich funktioniert und ob die Menschen nicht nur in, sondern auch von dieser Welt leben können.

Wenn es nach James Allens Traum ginge, dann würde die grüne Kunstlunge demnächst einmal auf dem Mars aufgebaut, um den von der Erde eingeflogenen Marsmenschen eine heimelige Bleibe zu bieten. „Die Leute werden auch mal was Grünes sehen wollen", sagt die potentielle Glashaus-Kandidatin Kathleen Dyhr von Space Biosphere Ventures, „nicht immer nur Metall und Instrumente. Jeden Tag auf die Sterne starren, die werden ja verrückt. Schließlich sind wir Erdenbürger – auch auf dem Mars."

Etwas skeptischer verfolgt die sonst um keinen PR-Gag verlegene amerikanische Raumfahrtbehörde das Wahnsinnsunternehmen Bioutopia in Arizona: „Das Ding ist einfach nicht groß und komplex genug, um sich selbst am Leben zu erhalten", argwöhnt der Nasa-Biologe James Bredt. Tatsächlich haben Ökologen bisher lediglich sich selbst erhaltende Systeme geschaffen, die Pflanzen, Bakterien und Krabben einen Raum zum Leben geben. „Aber ein Mensch", gibt Bredt zu bedenken, „ist ein wenig komplizierter als eine Krabbe." Außerdem, urteilt der Nasa-Wissenschaftler, sei das Glashaus viel zu schwer, um auf eine interplanetare Reise gehen zu können.

Doch Skepsis hin und Wahnsinn her: Über den Köpfen der Biospherianer bereiten sich die Kosmonauten an Bord der sowjetischen Raumstation Mir angeblich schon auf den langen Marsch zum „Roten Planeten" vor. Die beiden Raumfahrer Wladimir Titow und Musa Manarow haben es bereits ein ganzes Jahr in der Schwerelosigkeit und ohne festen Boden unter den Füßen ausgehalten. Mit weiteren Rekordflügen ist zu rechnen.

Statt 366 Tage alle 90 Minuten lang einmal um den Erdball zu rasen, hätten die beiden Kosmonauten gut und gern bis zum Mars fliegen können. „Früher oder später wird der Mensch das tun", sagt Wjatscheslaw Kowtunenko, Leiter des sowjetischen Raumfahrt-Versuchszentrums Babakin in Moskau, „wir trainieren jetzt schon." Dann philosophiert der Wissenschaftler: „Seit der Mensch sein Bewußtsein erlangt hat, zieht es ihn in die Ferne. Reine Neugier. Er hat den Ozean auf einem Stück Holz überquert, er lernte zu fliegen, schlußendlich hat er die Atmosphäre durchbrochen und ist in den Kosmos vorgestoßen. Die Reise zum Mars ist die logische Folge."

Was an einem Marsmenschen logisch ist, wird sicher die Zukunft entscheiden. Immerhin kam Kowtunenko schon wenige Monate nach seinen euphorischen Worten auf den Boden der Realität zurück: Das sowjetische Programm zur Eroberung des Mars hatte einen seiner berüchtigten Rückschläge erlitten: Im Herbst 1988 verlor das Raumschiff Phobos 1 den Funkkontakt zum Kontrollzentrum in Kaliningrad, weil ein Ingenieur die Phobos-Antenne in die falsche Richtung gedreht hatte. Am 27. März 1989 fiel dann das fast identische Schwesterraumschiff Phobos 2 aus, das kurz zuvor auf einen Marsorbit eingeschwenkt war.

Dabei hätte das Phobos-Unternehmen eine geniale Mission werden können: Die erste Sonde sollte zunächst eine Zeitlang die Planetenoberfläche fotografieren und dann den Marsmond Phobos ansteuern. Diesen merkwürdigen Trabanten – sowie einen zweiten namens Deimos – hatte der amerikanische Astronom Asaph Hall im Jahre 1877 entdeckt, zu einem Zeitpunkt, als der Mars die Erde in einem ungewöhnlich kleinen Abstand von 55 Millionen Kilometern passierte. Phobos sieht aus wie eine angebissene pockennarbige Kartoffel, mißt über die längste Achse gerade 27 Kilometer und zeigt die Spuren eines gewaltigen Kratereinschlags. Deimos ist ein ähnlich unförmiges, noch kleineres Gebilde. Beide Trabanten sind allem Anschein nach keine echten Monde, sondern ehemals durchs All vagabundierende Asteroide, die vor Urzeiten auf ihrem kosmischen Flug zufällig in das Schwerefeld des Mars gerieten, eingefangen wurden und seither im Banne des Planeten ihre Kreise ziehen. Wenn auch nicht für alle Ewigkeit: „In 30 bis 70 Millionen Jahren", erklärt Roald Sagdejew, Michail Gorbatschows oberster wissenschaftlicher Abrüstungsexperte und charismatischer Chef des Moskauer Instituts für Raumfahrtforschung, „hat der Mars die Monde so weit an sich gezogen, daß sie auf den Planeten stürzen werden."

Das Raumschiff Phobos sollte sich noch im Jahr 1989 langsam an den Mond Phobos herantasten, dessen Oberfläche filmen und mit dem Lasergerät „Lima" und der Elektronenkanone „Dion" die Bodenbeschaffenheit analysieren. Zusätzlich war geplant, wertvollen Ballast auf dem Mond abzuwerfen: zwei Roboter namens „Lander" und „Hüpfer". Ersterer sollte sich sofort mit einem Bodenanker an Phobos festkrallen und etwa ein Jahr lang wissenschaftliche Experimente ausführen. Der Hüpfer sollte den Vorteil der geringen Schwerkraft des winzigen Mondes nutzen und insgesamt zehn känguruhähnliche 20-Meter-Sprünge vollführen. In den Sprungpausen hätte der Roboter sein programmiertes Forschungsprogramm abspulen können.

Aus den kleinen Sprüngen wurde vorerst nichts, denn die Sonden kamen gar nicht erst bis an Phobos heran. Und obwohl die beiden Raumschiffe während ihres Fluges von der Erde zum Mars wichtige Meßdaten nach Kaliningrad funkten, war die Mission insgesamt ein gigantischer Flop. Möglicherweise gerät dadurch das gesamte, ehrgeizige sowjetische Marsprogramm ins Stocken, das Anfang des nächsten Jahrtausends in einem bemannten Flug zum Roten Planeten hätte gipfeln sollen.

Die weitere Erforschung des Marsterrains steht dennoch auf dem Plan. „Ein geologisches Wunderland", wie es der kalifornische Planetologe Michael Carr von der Geologischen Bundesanstalt in Menlo Park beschreibt: gigantische vier Milliarden Jahre alte Krater, der Vulkan Olympus Mons, zweieinhalbmal so hoch wie der Mount Everest, eisbedeckte Polkappen, die größten Sandwüsten des Sonnensystems und ausgetrocknete Flußtäler, jene „Kanäle", von denen manche Astronomen früher glaubten, sie seien von Marsmenschenhand angelegt, um über weite Strecken das rare Marswasser zu transportieren.

Wasser könnte hier – rein theoretisch – Leben bedeuten, denn der Mars ist der Erde in Aufbau und Sonnenabstand recht ähnlich. Am 20. Juli 1976 setzte die amerikanische Sonde Viking 1 zur ersten weichen Landung auf unserem Nachbarplaneten an – unter anderem mit dem Ziel, nach Spuren alten Lebens zu suchen. Langsam schwebte das Raumschiff durch die wolkenlose Atmosphäre und stemmte sich mit seinen Düsentriebwerken gegen die Anziehungskraft der fremden, neuen Welt. Dann, ganz sanft, setzte das dreibeinige Gefährt aus Stahl auf der Oberfläche des Planeten auf. Ungewöhnlich langsam senkte sich der rostrote Staub, der bei der Landung aufgewirbelt worden war. Dann bot sich ein überwältigender Anblick: eine Wüstenlandschaft, übersät mit roten Steinen und Felsblöcken; in der Ferne, bis zum Horizont eine schier endlose Dünenkette. Keine Spur von Leben weit und breit.

Das Raumschiff hätte in der kalifornischen Simpson Desert oder in einer Wüste des amerikanischen Südwestens gelandet sein können, doch die Temperaturfühler signalisierten, daß es dafür viel zu kalt war: minus 55 Grad, bei einer leichten Brise aus Südwest.

Dann fuhr der mechanische Greifarm der Sonde aus, grabschte in den Staub und füllte eine Bodenprobe in das mitgebrachte Kleinstlabor. Ferngesteuert versuchten die JPL-Wissenschaftler den Dreck vom Mars mit Wasser, Wärme und einer Nährlösung zum Leben zu erwecken. Doch der elektronische Laborant fand weder schlafende Mikroben noch Reste von organischen Molekülen. 45 Tage später versuchte es Viking 2 an einem anderen Landeplatz: wiederum Fehlanzeige. Der Mars gilt seither als biologisch tot – keine Mikroorganismen, keine Überreste noch so primitiver Pflanzen, geschweige denn Spuren von Marsmenschen.

Selbst ernstzunehmende Wissenschaftler finden sich nicht mit dieser Idee von einem sterilen Mars ab. Schließlich hatten die Roboter das Marsreich nur an der Oberfläche durchwühlt, wo die harten Strahlen aus dem All womöglich alles einstige Leben ausgelöscht haben, keiner hatte tief in die Dauerfrostböden gebohrt. Dort, unter Bedingungen, wie sie in der Antarktis herrschen, könnte es winzige Ökonischen geben – oder zumindest einmal gegeben haben. Immerhin fanden Biologen selbst in einer Entfernung von 1500 Kilometern zum irdischen Südpol unter dem Eis ein paar extrem angepaßte Algenformen. „Ziemlich hoch entwickelte Lebensformen", findet Robert Wharton vom Desert Research Institute in Reno, Nevada, „die haben eine Zellwand, DNA und vererben ihre Gene an ihre Nachkommen. Das sind zwar noch keine Elefanten, aber es ist ein wichtiger Schritt auf der Evolutionsleiter."

Zu dieser Entwicklung der Arten fehlen dem Mars womöglich nur ein paar Temperaturgrade – klimatische Bedingungen, die es früher auf dem roten Planeten sicher einmal gegeben hat. Die Astronomen gehen davon aus, daß der Mars in seiner Jugend wärmer war, dann aber rasch auskühlte. Zum einen, weil er weiter von der Sonne entfernt ist als die Erde. Zum anderen, weil er nur halb so groß ist wie diese und deshalb seine innere Hitze nicht lange halten konnte.

Während der Warmzeit war der Planet wahrscheinlich in eine Treibhausatmosphäre aus Kohlendioxid und Wasserdampf gehüllt, es regnete wie auf der Erde, und das Wasser floß in Strömen. Davon zeugen noch heute die trockenen Flußtäler. Der Regen wusch das Kohlendioxid aus der Gashülle, in den Ozeanen verband sich das Gas mit gelöstem Calcium oder Magnesium zu Karbonatgestein, und die Atmosphäre verarmte langsam an Treibhausgasen*. Genau umgekehrt wie auf der Venus sorgten immer weniger Treibhausgase für immer tiefere Temperaturen, so lange, bis sie so weit sanken, daß das Wasser nur noch als Schnee und Eis am Boden liegen blieb: Der Kriegsgott Mars war zu einem toten Kühlfach erstarrt.

Bleibt die Frage, ob die kurze Warmphase (die zu jener Zeit auftrat, als sich auf der Erde die ersten Makromoleküle regten) ausreichte, um einer biologischen Evolution auf die Sprünge zu helfen.

Manche Futurologen möchten gleich einen Schritt weitergehen und dem Mars einen Schnellkurs in Sachen Evolution geben: Hin und wieder landen auf den Tischen der sowjetischen und amerikanischen Raumfahrtbehörden Pläne, die eigentlich der Science-Fiction-Literatur entstammen. Die Visionäre des Buches „The Greening of the Mars" beispielsweise wollen dem Mars eine eigene Atmosphäre verpassen und damit ein paar lästige Fliegen mit einer Klappe schlagen. Nach den Vorstellungen der Autoren James Lovelock und Michael Allaby sollte man die Interkontinentalraketen, die dank der Abrüstungsverhandlungen überflüssig werden, mit jenen ungeliebten Substanzen vollpacken, die auf der Erde die Ozonschicht zerstören und das Treibhausklima schüren, und auf den Mars schießen. Eine Rakete mit gierigen Mikroben gleich hinterher, die als Pioniere der Evolution schon mal den Boden für den später eintreffenden Marsmenschen bereiten sollen. Die künstliche Atmosphäre würde dann die Oberfläche des roten Planeten auf lebensfreundlichere Temperaturen aufheizen, das Eis abtauen – und den Mars zum Leben erwecken.

Der Planet, der aus der Kälte kam

Vorerst brauchen wir allerdings nicht auf eine solche Arche Noah im Sonnensystem zu hoffen. Spätestens die Voyagersonden haben gezeigt, daß der Mensch auf der Erde und nur auf der Erde sein Zuhause finden kann. Merkur, Venus und Mars sind zu kalte oder zu heiße Steinwüsten. Die äußeren Planeten Jupiter, Saturn, Uranus und Neptun sind unwirtliche Gasbälle. Und Pluto, der – im allgemeinen – äußerste Satellit der Sonne, ist auch kein Ort zum Verweilen. Pluto, in der Mythologie der finsterste aller Götter, war

---

* Auf der Erde sorgt der Vulkanismus für einen steten Kreislauf des Kohlendioxids. Die Hitze des Erdinneren setzt das im Karbonatgestein gebundene Kohlendioxid wieder frei und sorgt so für den lebensnotwendigen Gehalt dieses Treibhausgases in der Atmosphäre. Doch Vorsicht: Zuviel Kohlendioxid, das beim Verfeuern von Öl, Kohle und Erdgas entsteht, vermag diesen Kreislauf der Erde gefährlich zu stören.

der griechische Herr der Dunkelheit und macht als Planet seinem Namen alle Ehre: Bis zum Jahr 1930 konnte er den Teleskopen der Wissenschaftler entkommen. Dann, an einem Nachmittag im Februar, schlug die Stunde des neunten Planeten.

Der junge Astronom Clyde Tombaugh vom Lowell Observatorium bei Flagstaff in Arizona war ein fleißiger Mann. Entweder saß er am Teleskop oder an einem sogenannten Blinkkomparator. Mit dem Gerät konnte er zwei verschiedene Fotoplatten von Himmelsaufnahmen miteinander vergleichen und rasch feststellen, ob auf einem der beiden Bilder ein neues Objekt aufgetaucht war. Am Ende seiner professionellen Karriere hatte Tombaugh 90 Millionen Platten in den Komparator eingelegt. Die Ausbeute der Fleißarbeit konnte sich sehen lassen: Der Forscher hatte einen Kugelsternhaufen, einen Supersternhaufen mit 1800 Galaxien, einige kleine Sternenhaufen, einen Kometen, knapp 800 Asteroide neu entdeckt – und einen Planeten.

Der sprang ihm förmlich ins Auge, als er zwei Aufnahmen vom 23. und vom 29. Januar 1930 miteinander verglich. „Das ist er!" rief der Jungforscher begeistert. Dann ging er ins Kino und sah sich den Gary-Cooper-Film „The Virginian" an. In den folgenden Tagen machte Tombaugh ein paar weitere Aufnahmen, um seinen Fund zu bestätigen.

Da 1930 bereits alle wohlklingenden Namen aus der Mythologie vergeben waren, bekam die Neuentdeckung die Bezeichnung Pluto. Tombaugh wäre etwas Netteres zwar lieber gewesen, aber immerhin barg Pluto die Initialen des amerikanischen Astronomen Percival Lowell, der schon 1905 vermutet hatte, hinter Neptun verberge sich ein neunter Planet. Richtig bekannt wurde der Gott der Unterwelt jedoch in einer ganz anderen Figur: Noch im gleichen Jahr tauchte in dem Mickey-Maus-Film „The Chain Gang" in einer Nebenrolle erstmals ein Hund namens Pluto auf, der ein eher karges Leben in seiner Holzhütte führte.

Anfangs dachten die Wissenschaftler, der Planet Pluto sei so groß wie die Erde. Doch mit verbesserten Teleskopen schrumpfte der gemessene Durchmesser des Planeten jahrelang, bis er (vorläufig) bei 2435 Kilometer angekommen war: Für den Gott der Unterwelt blieb nur Rang neun unter den Planeten. „Jedesmal, wenn wir Pluto untersuchen", pflegen die Astronomen zu scherzen, „wird er kleiner."

Seit dem Jahr 1978 kennen die Wissenschaftler auch einen Pluto-Mond namens Charon, der halb so groß wie der Planet ist und ihn in einem Abstand von nur 20 000 Kilometern umkreist. Der Mond scheint auf Pluto zwar nicht so hell wie der Erdenmond, aber er sieht achtmal so groß aus wie dieser. Weil die Eigenrotation des Planeten genau synchron mit der Bewegung des Mondes um Pluto verläuft, könnte man Charon immer nur von einer Seite des Pluto aus sehen – von der anderen aber nie. Auf Pluto geht die winzig erscheinende Sonne alle 6,4 Tage auf und unter, aber der riesige Mond bleibt immer am gleichen Ort des Himmels stehen. Es ist, als hätten die Götter eine nie verlöschende Laterne am Himmel über Pluto aufgehängt.

Schon im vergangenen Jahrhundert war den Spezialisten für Himmelsmechanik aufgefallen, daß die Bahnen von Uranus und Neptun nicht immer ganz mit den theoretisch berechneten übereinstimmten. Sie sagten deshalb unentdeckte Planeten voraus, die mit ihrer Schwerkraft auf die Orbits der beiden äußeren Gasgiganten Einfluß nehmen sollten. Ein mysteriöser „Planet X" kam ins Gerede. Als dann Tombaugh Pluto entdeckt hatte, schien das Rätsel gelöst. Doch der Planet aus der Kälte war zu klein, um die Bahnverschiebungen vollständig erklären zu können. So ist bis heute ungeklärt, ob nicht noch ein zehnter Planet auf einem weitausholenden exzentrischen Orbit um die Sonne kreist. Ihn zu finden dürfte nicht leicht sein. Die Standardtechnik für unbekannte Himmelsobjekte hat schon Clyde Tombaugh benutzt. Also: Wer immer nach dem Planeten X sucht – ran an den Blinkkomparator.

Der blaue Gott der Meere

Neptun und seine Monde

Roboter sind im Grunde genommen dumme Maschinen. Sie tun, was man ihnen sagt. Voyager, der alternde Automat, hatte zwar über die Jahre eine Art Eigenleben entwickelt, aber auch er tat im wesentlichen, was die Ingenieure ihm von Pasadena aus hinterherfunkten.

Die Techniker hatten der Sonde für das Finale des Marathons ein paar neue Kunststücke beigebracht – beispielsweise eine „Nickbewegung", mit der Voyager bei Langzeitfotos dem anvisierten Objekt so hinterherschwenkte, daß die Antennenschüssel während der Aufnahme nie den Kontakt zur Erde unterbrechen mußte. „Wer sagt denn", fragten die Ingenieure angesichts des verbesserten Raumschiffs, „daß man einem alten Hund keine neuen Tricks mehr beibringen kann?"

Voyager war in Hochform und bereit für den letzten Akt der Sight-Seeing-Tour. Aber was sollte sich die Sonde im Reich des achten Planeten überhaupt anschauen? Welches Arbeitsprogramm sollten die Ingenieure der Sonde aufgeben?

„Wenn ich Voyager nicht mit diesen Geologen oder Ringleuten teilen müßte", sagte der Atmosphärenexperte Andrew Ingersoll, „ich würde die Kameras fortwährend auf die Wolkendecke des Planeten richten. Man sollte einen regelrechten Wetterfilm drehen."

„Ich würde möglichst nah an Neptun und an den Mond Triton heranfliegen", meinte der Geologe Larry Sonderblom, „das bedeutet zwar ein gewisses Risiko, aber wir wären ja verrückt, wenn wir es nicht eingingen. Was nützt uns denn eine intakte Sonde nach der Neptun-Begegnung?"

„Wir sollten einen möglichst großen Abstand zu Neptun halten", forderten umgekehrt die Radioastronomen, denn sie erhielten die besten Meßergebnisse, wenn sie eine relativ große Distanz zum Planeten wahrten.

Manche Forscher plädierten sogar dafür, die Sonde direkt auf den Planeten zufliegen oder auf dem Mond Triton zerschellen zu lassen, sie also zu opfern, um im letzten Moment des Anfluges optimale Meßdaten zu bekommen.

Der Streit unter den Wissenschaftlern war programmiert. Sie wollten am liebsten alles studieren – Atmosphäre, Magnetfeld, Ringe, Monde und neue Monde und unbekannte Ringe entdecken. Auf allen vorherigen Stationen war die Route durch das jeweils nächste Ziel vorgegeben, aber hier hatten sie zum ersten Mal auf dem gesamten Marathon freie Hand, den Weg durch ein Planetensystem zu planen. Die Flandro-Minovich-Schleudertechnik setzte einen ganz bestimmten Flugkorridor für die gravitationsunterstützte Reise bis zum Neptun voraus: Zum Schwungholen war Voyager 2 an Jupiter vorbeigerast und hatte dabei eine zusätzliche Geschwindigkeit von 16 Kilometern in der Sekunde gewonnen.* Anschließend tauchte Voyager unterhalb des Saturn hindurch und schoß auf der dritten Station haargenau zwischen Uranus und Miranda hindurch, um Neptun zu erreichen. Aber nach Neptun gab es kein Ziel mehr.**

Voyager-Manager Charles Kohlhase mußte schlichtend eingreifen, um die elf verschiedenen Untersuchungsteams zu einem Kompromiß zu bewegen: „An diesen entlegenen Ort", erklärte Kohlhase, „kommen wir nicht so schnell zurück. Also sollten wir uns genau überlegen, was wir dort tun."

Um Neptun überhaupt zu erreichen, mußten die Techniker das Raumschiff nach dem Uranus-Vorbeiflug auf einen imaginären Punkt im All lenken, an dem sie den Planeten am Abend des 24. August 1989 vermuteten. Zu diesem Zeitpunkt und an dem vorausberechneten Ort sollten sich, auf die Sekunde genau, Metallkäfer und Gasgigant begegnen, die beide mit einer Geschwindigkeit von ungefähr einer halben Million Kilometer pro Tag auf den Treffpunkt zurasten.

Der Theoretiker Andreij Sergejewski hatte schon im Jahr 1980 – noch bevor Voyager 2 Saturn erreicht hatte, und eine Vier-Planeten-Tour gesichert war, herausgefunden, daß sich Neptun und sein Mond Triton direkt hintereinander besuchen ließen. Um zu Triton zu gelangen, mußten die Techniker den Roboter ganz knapp über den Nordpol des Neptun „hinwegschrammen" lassen, damit die Sonde im richtigen Winkel auf Mondkurs abgelenkt wurde. Je weiter sie sich an Neptun heranwagen würde, um so näher würde sie nach diesem Manöver auch dem Mond kommen. Umgekehrt sollte sich mit jedem Kilometer, um den die Sonde ihren Abstand zu Neptun vergrößerte, die Distanz zu Triton um neun Kilometer erhöhen.

Um allen beteiligten Wissenschaftlern Genüge zu tun, wollten die Ingenieure das Raumschiff ursprünglich so steuern, daß es in einem Abstand von 44000 Kilometern über Triton hinweggeflogen wäre. Das allerdings paßte den Mondexperten nicht, die

---

* Jupiter mit seiner gewaltigen Masse büßte entsprechend eine Geschwindigkeit von nur 0,0003 Millimetern in einer Million Jahre ein.

** Theoretisch hätten die Ingenieure Voyager 2 nach der Neptunbegegnung noch weiter zu Pluto schicken können. Das freilich hätte einen Flug tief durch die Atmosphäre des Neptun erzwungen – einen Weg, den das Raumschiff, das nicht für einen Atmosphären-Eintritt gebaut ist, nicht überlebt hätte.

den Trabanten auf einem direkteren Weg anfliegen wollten, um die Gefahr verwischter Bilder zu vermeiden.

Also berechneten die Flugplaner einen Kamikazeflug in 1300 Kilometer Abstand über Neptuns Wolkendecke, auf dem die Sonde bis auf 8000 Kilometer an Triton herangekommen wäre. Den Sicherheitsexperten im Voyager-Planungsstab sträubten sich die Haare, als sie von dieser Route hörten. Sie glaubten, der Roboter käme dabei so nahe an Neptuns Atmosphäre, daß er von ihr womöglich abgebremst und bei dieser aufreibenden Begegnung aus der Bahn geworfen würde. Außerdem war ungewiß, wo eine mögliche Ringregion eine Gefahr für die Sonde bedeuten würde – immerhin können bei einer Vorbeiflug-Geschwindigkeit von annähernd 100000 Kilometern in der Stunde selbst Staubteilchen zu lebensgefährlichen Geschossen werden. Letztlich drohte dem Raumschiff auch eine Beschädigung durch das Magnetfeld des Neptun. Bei Jupiter hatte Voyager 2 schlechte Erfahrungen gemacht, als das dortige Strahlungsfeld für einen kurzen Moment die Borduhr außer Funktion setzte und den programmierten Zeitplan durcheinanderbrachte.

Als die Flugplaner dann auch noch erkannten, daß sich Größe, Masse und Position von Neptun und seinem größten Mond von den angenommenen Werten unterschieden, wurde auch diese Route wieder verworfen. Voyager sollte vorsichtshalber auf Abstand zu dem Planeten gehen.

Im November 1986 traf sich das „Voyager-Steuerkommitee" in Pasadena, brütete einen Tag lang über dem angepeilten Kurs und einigte sich auf einen neuen Kompromiß: Die Sonde sollte – sicher vor Atmosphäre und Ringen – in etwa 4900 Kilometern Abstand über Neptuns Wolkendecke hinwegfliegen und Triton in 38500 Kilometern Distanz passieren. Keinem Körper des Sonnensystems (mit Ausnahme der Erde) sollte der Roboter so nahe kommen wie Neptun. Kleinere Kurskorrekturen konnte Voyager bis wenige Tage vor der Begegnung selbständig ausführen. Sogar für den Fall, daß sich die Planetenatmosphäre weiter als erwartet ausdehnen sollte, war vorgesorgt: Die Bodenkontrolle hatte die Bordcomputer mit den beiden „Trajectory Change Maneuvers" B19 und B20 programmiert, mit denen sich das Raumschiff aus der Gefahrenzone hätte steuern können.

Die Planer der Nasa hatten an jede mögliche Panne – auch auf der Erde – gedacht: Das Stromversorgungsunternehmen California Edison hatte eine Notleitung ins JPL gelegt, die den Forschern die nötige Elektrizität geliefert hätte, falls das Netz in der heißen Encounterphase wegen einer Überlastung zusammengebrochen wäre. Selbst ein Erdbeben (das JPL liegt fast genau auf der notorischen San-Andreas-Spalte!) war einkalkuliert. Pasadena muß einmal im Jahr bei einer statistischen Wahrscheinlichkeit von zwei Prozent mit einem Beben rechnen, das die Verbindung zwischen dem JPL und seinen Raumschiffen unterbrechen und das Institut von der Stromversorgung abschneiden könnte. Deshalb lagerten an allen Stationen des Deep Space Network auf der Erde vorbereitete Computerladungen, die den Roboter mit Daten gefüttert hätten, selbst wenn Pasadena in Schutt und Asche versunken wäre.

Am 13. März 1987, etwa auf halber Stecke zwischen Uranus und Neptun, feuerten die Hydrazindüsen von Voyager 70,5 Minuten lang, um die Sonde auf den neu berechneten Sicherheitskurs zu bringen. Ende 1988 gab es ein zweites, kürzeres Steuermanöver. Eine geplante dritte Lenkung konnten sich die Techniker sparen, weil ihr Gefährt keine zehn Kilometer vom Ziel abgewichen war, und Anfang Juni 1989, genau gesagt 80 Tage, 21 Stunden und 17,6 Minuten vor der Neptunbegegnung, startete das Computerprogramm B 901, die sogenannte Observation des Neptun: Teil vier des kosmischen Besuchsprogramms begann, und zu sehen war ein heller Fleck in dunkler Nacht.

Diese Vorphase des Planetenbesuchs diente den Wissenschaftlern zu ersten Beobachtungen und den Technikern zu letzten Tests und Einstellungen der Meßgeräte. Die Bodenkontrolle wies beispielsweise das Raumschiff an, sich ein paarmal um alle Achsen zu drehen, so daß ein unbedarfter Beobachter den Eindruck bekommen hätte, der Roboter sei völlig außer Kontrolle geraten. In Wirklichkeit war dieses Manöver lediglich dazu angelegt, das Magnetometer an Bord zu eichen.

Bereits die ersten, verwaschenen Aufnahmen des Neptun kamen den Astronomen ungewöhnlich aufregend vor. Die besten Fotos mit einem erdgebundenen Teleskop hatte 1986 Heidi Hammel von der Universität in Hawaii gemacht. Darauf waren in der Südhemisphäre des Planeten schemenhafte Flecken zu erkennen, die sich, durch die Augen von Voyager gesehen, als ansehnliche Wolkengebilde entpuppten. Heidi Hammel beobachtete von Hawaii aus Neptun während des ganzen Vorbeifluges der Sonde, um spätere Fernrohrbeobachtungen besser interpretieren zu können. Bald fanden die Wissenschaftler einen Fleck in der Neptunatmosphäre, der die kosmischen Wetterkundler noch lange beschäftigen sollte und später einen unbekannten Punkt, den sie als neuen, dritten Mond deuteten und fortan „1989 N 1" nannten.

Die Tage am JPL vergingen gemächlich, der grauenvolle Smog über Los Angeles glich in diesen Sommerwochen gelegentlich der unwirtlichen Atmosphäre des Neptun, und der Planet schwoll auf den Monitoren zu einem himmelblauen Ballon an, auf dem die weißen Wolkengebilde immer deutlicher wurden. Das Ganze erschien, als seien es Satellitenbilder jenes altbekannten Planeten, von dem aus Voyager einst gestartet war. „Sieht Neptun nicht aus wie die Erde?", fragte die Ringexpertin Carolyn Porco aus Tucson, Arizona, „Ich habe ein richtig heimeliges Gefühl, wenn ich diese Bilder betrachte."

Anfang August entdeckten die Astronomen in Abständen von 27 000, 37 000 und 48 000 Kilometern zum Planetenmittelpunkt drei weitere Monde – „1989 N 2", „1989 N 3" und „1989 N 4". Und am Morgen des 11. August fanden die Forscher in der Nähe von N 3 und N 4 die ungewöhnliche, aber erwartete Formation zweier Ringfragmente um den Planeten. Alles schien nach Plan zu laufen.

Am Sonntag, den 20. August 1989, hatte Voyager 2 Geburtstag: Der Roboter war genau zwölf Jahre lang auf Achse. Noch kein Grund zum Feiern für die Mitarbeiter des JPL, die auf das nächste Wochenende warteten. Und ein Routinejob für jenen Angestellten, der täglich die Schautafel auf dem Campus des Institutes auf den neuesten Stand brachte, auf der die Reisedauer und die Entfernung der Voyager-Zwillinge von der Erde angezeigt war.

Tags darauf war es mit der Ruhe in Pasadena vorbei: Eine Tausendschaft von Journalisten fiel wie ein Meteoritenschauer über das JPL her. Im Pressezentrum neben dem Karman Auditorium vergruben sich die Reporter und die Mitarbeiter der Agenturen hinter Bergen von Papier, hinter Schreibcomputern, Telefonen oder Faxgeräten. Auf dem Oak Grove Drive vor dem JPL hatte eine ganze Flotte von Fernsehübertragungswagen festgemacht, die ihre Nachrichten mit einer Hochtechnik in alle Welt hinausposaunten, gegen die Voyager 2 zu einem elektronischen Zwerg schrumpfte.

Um überhaupt noch eine Nachricht von dem Raumschiff empfangen zu können, das sich seit der Uranusbegegnung um weitere 1,5 Milliarden Kilometer von der Erde entfernt hatte, mußten die Techniker die drei Parabolantennen des Deep Space Network (DSN) in Spanien, Australien und Kalifornien nochmals vergrößern – von 64 auf 70 Meter Durchmesser. Die Riesenohren waren nötig geworden, um Signale zu empfangen, die nurmehr mit einer Leistung von einem zehnbilliardstel Watt auf der Erde ankamen. 35 weitere Hörhilfen rund um den Globus standen bereit, um das DSN zu unterstützen. Kaum ein Radioteleskop auf der Erde, das Ende August 1989 nicht auf die Live-Sendung vom Neptun wartete. Unter den Lauschern war erstmals auch das „Very Large Array"-Teleskop bei Albuquerque in New Mexico, das acht Stunden am Tag (immer dann, wenn Voyager 2 über dem Himmel von New Mexico stand) seine 27, auf Eisenbahnschienen verschiebbaren 25-Meter-Einzelohren, Richtung Neptun schwenkte.

Der Abhöraufwand machte einen beträchtlichen Teil der Kosten des gesamten Projektes aus, das, wie die Nasa-PR-Abteilung gerne mitteilte, für den amerikanischen Steuerzahler zu einem Spottpreis zu haben war: Jeder US-Bürger finanzierte das Marathon im All mit dem Gegenwert von sechs Schokoriegeln.

In den Tagen vor der Begegnung hatten die Flugingenieure immer wieder die Position von Neptun und seinem Mond Triton neu bestimmt, um die Sonde auf den genauen Kurs vom Planeten zu Triton schießen zu können. „Langsam kriegen wir mit, wo der Planet ist", erklärte der Projektleiter Norman Haynes. Am Vormittag des 21. August zündeten die Ingenieure dann für einen kurzen Moment die Steuerraketen an Bord des Raumschiffes zu einer finalen Korrektur. „Das war unser letztes Manöver", sagte Haynes, „jetzt gibt es kein Zurück mehr."

Wetterbericht vom Ende der Welt

Auf den ersten Blick sind Uranus und Neptun kosmische Zwillinge – ungefähr gleich schwer und von gleicher Farbe. Doch Uranus ist etwas dicker und sein Bruder etwas schwerer, so daß dieser auf eine deutlich höhere Dichte kommt – ein Fakt, glaubten die Astronomen, der womöglich große Folgen haben könnte. So strahlt Neptun zweimal mehr Energie ab, als er von der Sonne erhält. Diese Hitze kann nur aus dem Inneren des Planeten stammen. Nicht daß Neptun deshalb ein heißer Ort im Sonnensystem wäre – aber im Vergleich zu dem schwachen Sonnenlicht, das ihn erreicht, gelten die minus 218 Grad, die in den äußeren Atmosphärenschichten herrschen, als durchaus „warm".

Die Atmosphärenforscher waren nicht sonderlich erstaunt, daß Neptun ein anderes Wettergeschehen zeigte als Uranus. Aber *was* sie sahen, hatten sie dennoch nicht erwartet: Statt einer dicken, dichten nichtssagenden, fahlblauen Gashülle aus einem Methannebel, fanden sie Stürme und Wolken – und eine Formation, die dem „Großen Roten Fleck" des Jupiter verblüffend ähnelte. Wie dort tobte zwischen dem 20. und dem 25. südlichen Breitengrad ein mächtiger, dunkelblauer, offensichtlich stabiler Hurrikan, der, im Vergleich zur Planetengröße, die gleichen Ausmaße hatte wie der Jupiterfleck. Wegen der Ähnlichkeit nannten die Experten den entgegen dem Uhrzeigersinn wirbelnden Antizyklon, an dessen Rand weiße Zirrus-Wolken trieben, den „Großen Dunklen Fleck". Ein anderer Wirbel, der „Roller", fegte mit einer Geschwindigkeit von 175 Metern in der Sekunde im Bereich des 42. südlichen Breitengrades um den Planeten.

Bradford Smith fand noch mehr Parallelen zwischen den beiden großen Wirbelstürmen. „Neptuns Dunkler Fleck", sagte er, „ist, wie bei Jupiter, roter als seine Umgebung. Das bedeutet nicht, daß er rot ist, aber er ist weniger blau als die übrige Atmosphäre."

Neptun ist, gleich den drei anderen Großplaneten, ein gigantischer Ballon aus verschiedenen Gasen, vorwiegend aus Wasserstoff und Helium. „Erkennen" lassen sich allerdings nur die äußersten Atmosphärenschichten, und die enthalten – wie bei Uranus – Methan. Diese Substanz absorbiert, also „verschluckt" die orangenen und roten Wellenlängen des Sonnenlichtes. Was übrig bleibt (vor allem die kürzeren Wellenlängen im blauen Bereich), wird reflektiert. Deshalb ist der Gott der Meere blau. Die weißen Wolken am Rand des Großen Dunklen Fleckes bestehen aus gefrorenen Methaneiskristallen, die das aus tieferen Atmosphäreschichten reflektierte Licht blockieren.

„Neptun ist ein wunderbar einfacher Planet", kommentierte der Meteorologe Andrew Ingersoll, „wir brauchen überhaupt keine Tricks mit falschfarbenen Bildern anzustellen, um irgendwelche Strukturen sichtbar zu machen. Neptun erscheint auf den Fotos genauso, wie ihn ein Astronaut von einem Raumschiff aus sehen würde."

Ingersoll wußte gut genug, daß Neptun einfacher zu betrachten, als zu erklären sein würde. Denn der Planet verfügt im Vergleich zu Jupiter nur über ein Zwanzigstel der Energiemenge (Sonnenstrahlung und innere Wärme zusammengerechnet), erlebt aber ein zum Verwechseln ähnliches Wetter. „Das paßt nicht ganz zusammen", meinte James Pollack vom Ames Forschungszentrum der Nasa. „Wir sind an einem Punkt angekommen, wo wir nicht einmal erklären können, warum die Winde auf Neptun überhaupt so heftig wehen. Überall, von der Venus bis zum Neptun, finden wir solch starke Winde mit Geschwindigkeiten von 100 bis 500 Metern pro Sekunde, dabei ist sowohl die Sonnenstrahlung auf die einzelnen Planeten als auch die Wärme, die sie aus dem Inneren abgeben, total verschieden. Die einzige Ausnahme ist die Erde. Hier messen wir durchschnittliche Windgeschwindigkeiten von 15 Metern pro Sekunde."

Mit diesem Wissensstand sollten die Meteorologen aus den Wolkendaten des 13. August eine Neptun-Wetterprognose für die kommenden zwölf Tage stellen. Die Wissenschaftler wollten den Großen Dunklen Fleck und andere, kleinere Atmosphärenstrukturen im Detail studieren. Dafür mußte Voyager rechtzeitig erfahren, wann sie ihre Telekamera auf welche Stelle des Planeten richten sollte.

Das Problem dabei war, daß sich auf zeitversetzten Bildern der Wirbel keine gleichbleibenden Wolkenmuster erkennen ließen. „Wir wissen deshalb noch nicht einmal, in welche Richtung die Dinger rotieren", fluchte Ingersoll. „Bislang ist es so, als blickten wir aus dem All auf eine Rennbahn. Wir erkennen die Bahn aber nicht, in welche Richtung die Pferde laufen. Vor allem rennen dort jede Stunde andere Pferde herum." Offenbar stiegen und fielen die weißen Wolken in der Atmosphäre, lösten sich dabei auf oder bildeten sich neu.

Trotz dieser Probleme lieferte Ingersoll rechtzeitig seinen Wetterbericht bei den Programmierern im JPL ab. Und er lag nicht schlecht mit seiner Prognose: Bei den späteren Nahaufnahmen der Atmosphäre zeigte die Voyagerkamera genau auf den Ort, den die Forscher Tage zuvor nur erahnen konnten.

Der berechnete Planet

Wilhelm Herschel hatte eine Lawine losgetreten. Nachdem der Musiker aus Bath 1781 den Uranus entdeckt hatte, wollten alle Astronomen der Welt den neuen Planeten am Nachthimmel sehen. Binnen kurzer Zeit lag eine Unzahl von Beobachtungsdaten über die Uranus-Bahn vor. Doch mit diesem Orbit schien irgend etwas nicht zu stimmen.

Die Bahn eines Planeten wird durch die Schwerkraft der Sonne, zu einem geringen Teil auch von der Gravitation seiner Nachbarplaneten bestimmt. Dieses Kräftespiel läßt sich nach den Gesetzen der Himmelsmechanik berechnen. Doch bei Uranus schienen diese Gesetze zu versagen. Es war, als zerrte ein unbekannter Körper an der Bahn des Planeten. Einige Astronomen des 19. Jahrhunderts schlossen daraus, daß es jenseits des Uranus einen weiteren großen, einen achten Planeten geben mußte. Im Prinzip gab es zwei Möglichkeiten, diesem Unbekannten auf die Spur zu kommen: Entweder ihn am Nachthimmel zu suchen, was eine mühselige Angelegenheit zu werden drohte. Oder seinen Standort theoretisch zu berechnen, was für damalige Verhältnisse eine große mathematische Herausforderung bedeutete.

John Couch Adams, ein Bauernsohn aus Cornwall in England, schien wie geboren für diese Aufgabe. Schon als kleiner Bub ging er seinen Lehrern mit seinen Rechenkünsten auf die Nerven, und bereits als Zwölfjähriger wälzte er lieber mathematische Fachliteratur in der Bibliothek des Davenport Mechanics Institute, als die Schulbank zu drücken. 1833, im Alter von 20 Jahren, begann der bescheidene Mann mit seinem Studium an der Universität von Cambridge. Dort stieß er auf einen Bericht eines gewissen George Airy, eines königlichen Astronomen in Greenwich, der das seltsame Bahnverhalten des Uranus beschrieben hatte. Sieben Tage später verfaßte Adams ein persönliches Memorandum, in dem er beschloß, den Unregelmäßigkeiten in Uranus' Bewegung auf den Grund zu gehen. Nach seinem Mathematikexamen begann er mit der Arbeit, über die er bald James Challis, den Direktor des Observatoriums in Cambridge, unterrichtete.

Adams konnte unbesorgt sein, daß ihm womöglich ein Konkurrent zuvorkommen würde: Das Problem galt unter Experten als unlösbar. Davon war insbesondere George Airy überzeugt, durch den Adams überhaupt erst auf die Idee gekommen war, den unbekannten Planeten zu berechnen.

Dieser Airy muß ein ekelhafter Zeitgenosse gewesen sein. Er hatte wenige Freunde, konnte dafür aber wie ein Idiot schuften. Er war dermaßen von sich selbst überzeugt, daß er bereits mit 22 Jahren seine erste Autobiographie schrieb. Der unbeliebte Karrierist brachte es schließlich bis zum Cambridge-Professor und zum Posten des königlichen Astronomen.

John Adams, ein wissenschaftlicher David gegen Airy, brauchte nicht sonderlich lange, um nachzuweisen, daß es hinter Uranus einen weiteren Planeten geben mußte. Die genaue Ortsbestimmung war hingegen eine mühsame Rechnerei – im Grunde eine typische Computerarbeit. Mit Hilfe von Papier und Tintenfeder sagte Adams erst zwei Jahre später die Position des achten Planeten voraus – wie sich herausstellen sollte, mit einer Genauigkeit von zwei Grad.

Neptun war damit noch lange nicht entdeckt. Adams ging mit seinem Ergebnis zu Challis und dann zu Airy, damit die Herren Astronomen den fraglichen Himmelsabschnitt nach dem neuen Planeten absuchten. Doch die beiden Gelehrten waren nicht sonderlich an Adams' Resultaten interessiert. Nach Airys Meinung wurden Planeten mit dem Teleskop entdeckt – und nicht von irgendwelchen jungen Rechenkünstlern auf einem Stück Papier ermittelt.

Im nahen Frankreich spielte sich zur gleichen Zeit, und unbeeinflußt von den Vorgängen in Cambridge, ein ähnliches Drama ab: Urbain Jean Joseph Le Verrier, ebenfalls ein begnadeter Mathematiker, hatte wie sein britischer Kollege bemerkt, daß Uranus' seltsamer Weg nur durch die Störung eines weiteren Planeten verursacht werden könnte. Auch Le Verrier machte sich an die Arbeit und berechnete die Position des Unbekannten mit hoher Genauigkeit. Die Pariser Akademie der Wissenschaften war beeindruckt von dem Befund, doch wie vernagelt weigerten sich auch in Frankreich die Astronomen, nach dem theoretisch beschriebenen Objekt zu suchen.

Englands Himmelsforscher hatten inzwischen Wind von Le Verriers Resultaten bekommen, und John Challis bequemte sich endlich ans Telespkop, suchte aber nicht den beschriebenen, engen Bereich, sondern einen vergleichsweise riesigen Himmelsabschnitt von zehn mal 30 Grad ab. Unter englischen Wetterverhältnissen bedeutete dies eine nervtötende Arbeit von etwa einem Jahr. Kein Wunder, daß Challis dabei der gesuchte Fleck am Himmel durch die Lappen ging. Ironie des Schicksals – oder ausgleichende Gerechtigkeit: der Astronom hatte während seiner Beobachtungen Neptun zweimal gesehen und ihn sogar in seinen Aufzeichnungen vermerkt, ihn aber nicht als Planeten erkannt.

Ähnlich glücklose Nächte hatte schon über 200 Jahre zuvor Galileo Galilei verbracht. Obwohl er nur über schlechte Teleskope verfügte, und Neptun nur ein Zehntel so hell scheint wie Uranus, hatte der Italiener den achten Planeten mit großer Wahrscheinlichkeit zweimal erblickt. Aus den schriftlichen Unterlagen Galileis geht hervor, daß er während zweier Jupiterbeobachtungen im Dezember 1612 und im Januar 1613 einen „Stern" sah, der nach heutigen Berechnungen der Planet Neptun gewesen sein muß.

1846, zur gleichen Zeit, als Challis von englischem Boden aus vergeblich nach Neptun spähte, schrieb der Franzose Le Verrier einen verzweifelten Brief an den Deutschen Johann Gottfried Galle vom Observatorium in Berlin und bat ihn um Hilfe bei der Planetenfahndung. Womöglich wäre auch dieser großeuropäische Versuch, den Neptun endlich zu entdecken, gescheitert, hätte nicht an jenem 23. Juli Johann Franz Encke, der Direktor des Observatoriums, zufällig Geburtstag gehabt. Der Chef hatte feierliche Verpflichtungen und konnte das Fernrohr getrost für eine Nacht seinem Assistenten Galle überlassen. Gemeinsam mit seinem Doktoranden Heinrich d'Arrest richtete Galle das für heutige Maßstäbe zierliche Teleskop auf den von Le Verrier beschriebenen Ort und verglich den Himmelsausschnitt mit einer Sternenkarte. Nach nicht einmal einer Stunde trug er mit ungelenker Schrift folgende Bemerkung in die Sternenkarte ein: „Neptun beobachtet".*

Die beiden Entdecker stürmten Enckes Geburtstagsfest, schleppten den Direktor in das Observatorium und starrten dann zu dritt bis ans Ende der Nacht auf den achten Planeten, den zuvor keiner sehen wollte.

Nach einer zweiten, bestätigenden Beobachtung in der folgenden Nacht, informierte Encke die Deutsche Astronomische Gesellschaft, daß er gemeinsam mit Galle einen neuen Planeten gefunden hätte. Über d'Arrest verlor er kein Wort. Den erhofften Ruhm der Geschichte brachte dieses unlautere Vordrängeln in das Rampenlicht der Astronomie dennoch nicht: Als offizielle Neptunentdecker gelten heute die beiden Mathematiker Adams und Le Verrier.

Monde auf schiefer Bahn

Keine drei Wochen nach der denkwürdigen Nacht in Berlin, fand der englische Astronom William Lassell den ersten Neptunmond Triton, der in einem Abstand von 354 600 Kilometern um den Planeten kreist. Über ein Jahrhundert später, im Jahr 1949, stieß der Amerikaner Gerard Kuiper auf Nereid, den zweiten Mond. Dieser bewegt sich auf einem weit ausladenden, elliptischen Orbit um Neptun, auf dem er sich dem Planeten bis zu 1 387 000 Kilometer nähern, beziehungsweise sich 9 635 000 Kilometer von ihm entfernen kann.

Triton ist auf den ersten Blick ein ganz normaler Durchschnittsmond: Mit einem Durchmesser von 2 720 Kilometern ähnelt er dem Erdenmond, dem Saturntrabanten Titan oder den Galileischen Monden des Jupiter. Er kreist in einer Entfernung um seinen Mutterplaneten, die der des Erdenmondes von der Erde gleicht. Und er rotiert in 5,9 Tagen einmal um seine eigene Achse, was genau einem Umlauf um Neptun entspricht. Dadurch zeigt er (genau wie der Erdenmond) immer mit der gleichen Hälfte auf seinen Planeten.

Alles andere an Triton ist freilich anormal. Seine Bahn ist um 28 Grad zum Planetenäquator geneigt und der Mond bewegt sich rückläufig um Neptun, also in umgekehrter Richtung zu dessen Rotation. Damit ist Triton der einzige größere Mond im Sonnensystem, der „verkehrt herum" läuft. Lange schon hatten die Wissenschaftler vermutet, daß Triton ein durch das Sonnensystem streunender Superkomet war, bevor er zufällig in den Einflußbereich des Neptun geriet und von seiner Schwerkraft auf einen regel-

---

* Den Namen Neptun hatte Le Verrier bereits vor der eigentlichen Entdeckung des Planeten verwendet.

mäßigen Orbit gezwungen wurde. Weil der „Urtriton" dabei aus der „falschen" Richtung kam, kreist er seither rückwärts um Neptun.

Dies ist auf lange Sicht eine gefährliche Bahn. Denn die Gezeitenkräfte bremsen den Mond mit jedem Umlauf geringfügig ab und treiben ihn irgendwann – sicher noch nicht in den kommenden Milliarden Jahren – so nah an Neptun heran, daß der Mond zerbröselt und als Ringsystem mit vielen kleinen Monden weiterleben wird.

Vorerst aber herrscht Ruhe im Neptunsystem – und eine ungewohnte Leere: Jupiter, Saturn und Uranus besitzen jeweils 15 bis 23 Monde. Von Neptun waren bis Mitte 1989 gerade zwei Satelliten bekannt. Voyager fotografierte insgesamt sechs weitere, Kleinstmonde mit den vorläufigen Namen 1989 N 1 bis 1989 N 6, unförmige Eisklumpen mit einem Durchmesser von 50 bis 420 Kilometern. 1989 N 6, der kleinste der Findlinge, ist etwa so groß wie die Mittelmeerinsel Ibiza. Und 1989 N 1, so stellte sich heraus, der mächtigste unter den Neu-Monden, ist größer als der altbekannte Nereid.

Warum hatte ihn dann kein Astronom von der Erde aus entdeckt? „Weil er im Gegensatz zu Nereid sehr nahe um Neptun kreist und von dem Planeten überstrahlt wird", antwortete Bradford Smith. 1989 N 1 scheint der größte Mond des Sonnensystems mit einer unregelmäßigen Gestalt zu sein. Wäre er noch größer, dann würden seine Schwerkräfte vermutlich ausreichen, um aus dem klumpigen Satelliten eine regelmäßige Kugel zu formen.

1989 N 1 umrundet Neptun in einem Abstand von 4,7 Planetenradien*. Alle anderen Neuentdeckungen liegen innerhalb dieses Bereiches und jenseits von N 1 beginnt die große Leere: Bis zu einem Abstand von rund tausend Planetenradien gibt es – außer Triton – nicht einen einzigen Mond. Erst ganz außen „eiert" Nereid auf seiner einsamen Bahn.

Einen mondarmen Raum wie zwischen N 1 und Nereid hatte Voyager 2 auf ihrer ganzen Reise noch nicht beobachtet. Diese Entdeckung war ungewöhnlich, aber nicht unbedingt unerwartet, denn einige Theoretiker hatten genau dies vorausgesagt. Andrew Prentice von der Monash Universität im australischen Melbourne meinte, eine Mondsuche würde nur in der Region bis maximal sechs Neptunradien Erfolg haben. Peter Goldreich vom California Institute of Technology, ein genialer und unkonventioneller Wissenschaftler, hatte die Grenze noch enger gefaßt: „Wir haben gesagt, außerhalb fünf Planetenradien gibt es keine neuen Satelliten. N 1 kreist in einem Abstand von 4,7 Radien, danach scheint Schluß zu sein."

Goldreich, der mit Kollegen bereits vor Jahren die Existenz von Schäfermonden theoretisch vorausgesagt hatte, gehörte zwar nicht zum Voyager-Team, aber er sprach

---

* Die Astronomen geben den Abstand von Monden und Ringen zum Planeten oft in Planetenradien an. Dies erleichtert den Vergleich der einzelnen Planetensysteme untereinander. In diesen – relativen – Größen gemessen, lassen sich viele Parallelitäten zwischen den Großplaneten feststellen.

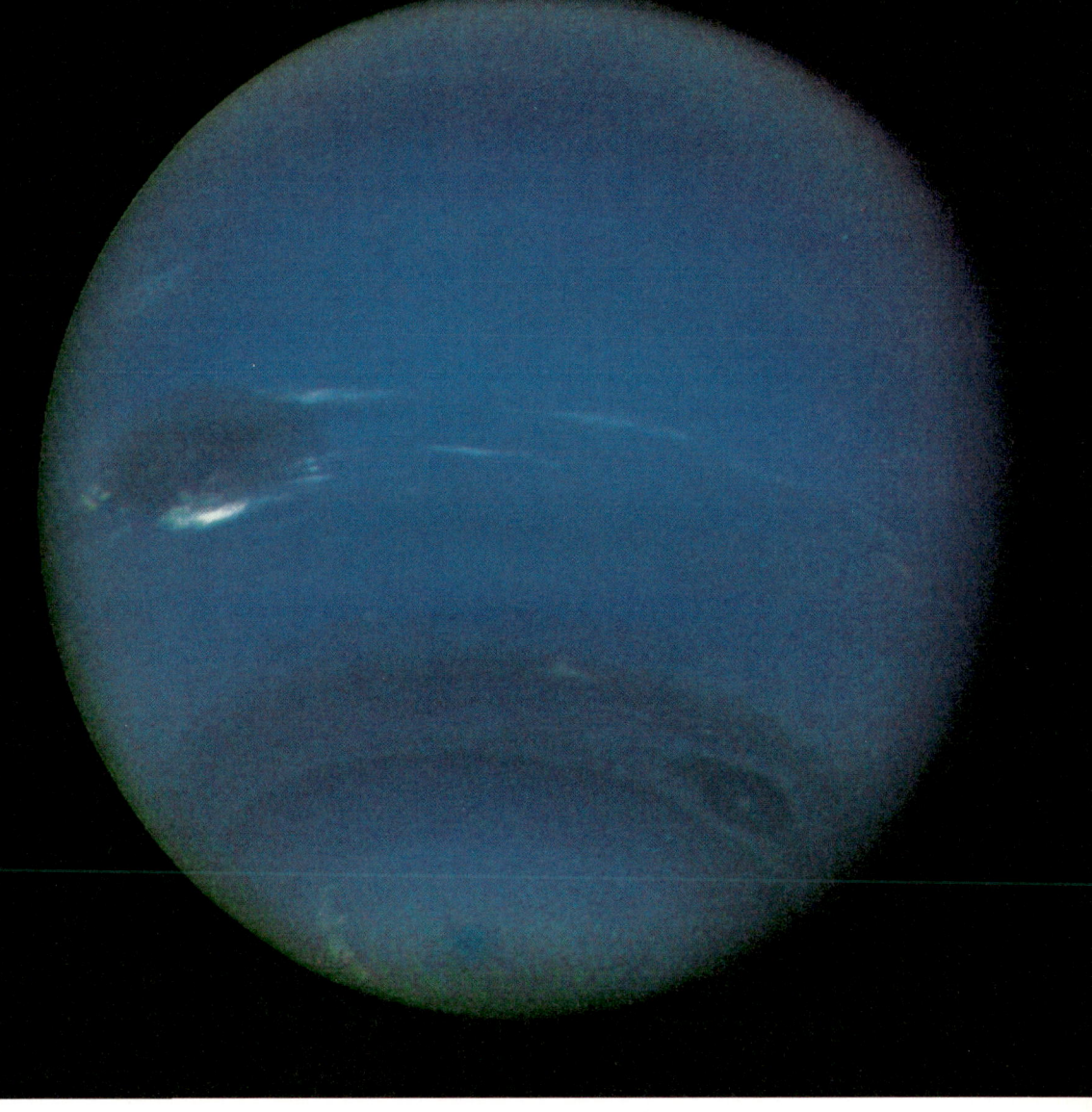

AM ENDE WIEDER EIN BLAUER PLANET: Voyager 2 war noch eine Woche von Neptun entfernt, als die Sonde diese Aufnahme nach Pasadena schickte. Das Raumschiff fotografierte den Planeten während zweier Tage fast ununterbrochen, um die Bewegung des „Großen Dunklen Fleckes" zu verfolgen, eines gigantischen Wirbelsturmes von der Größe des Planeten Erde.

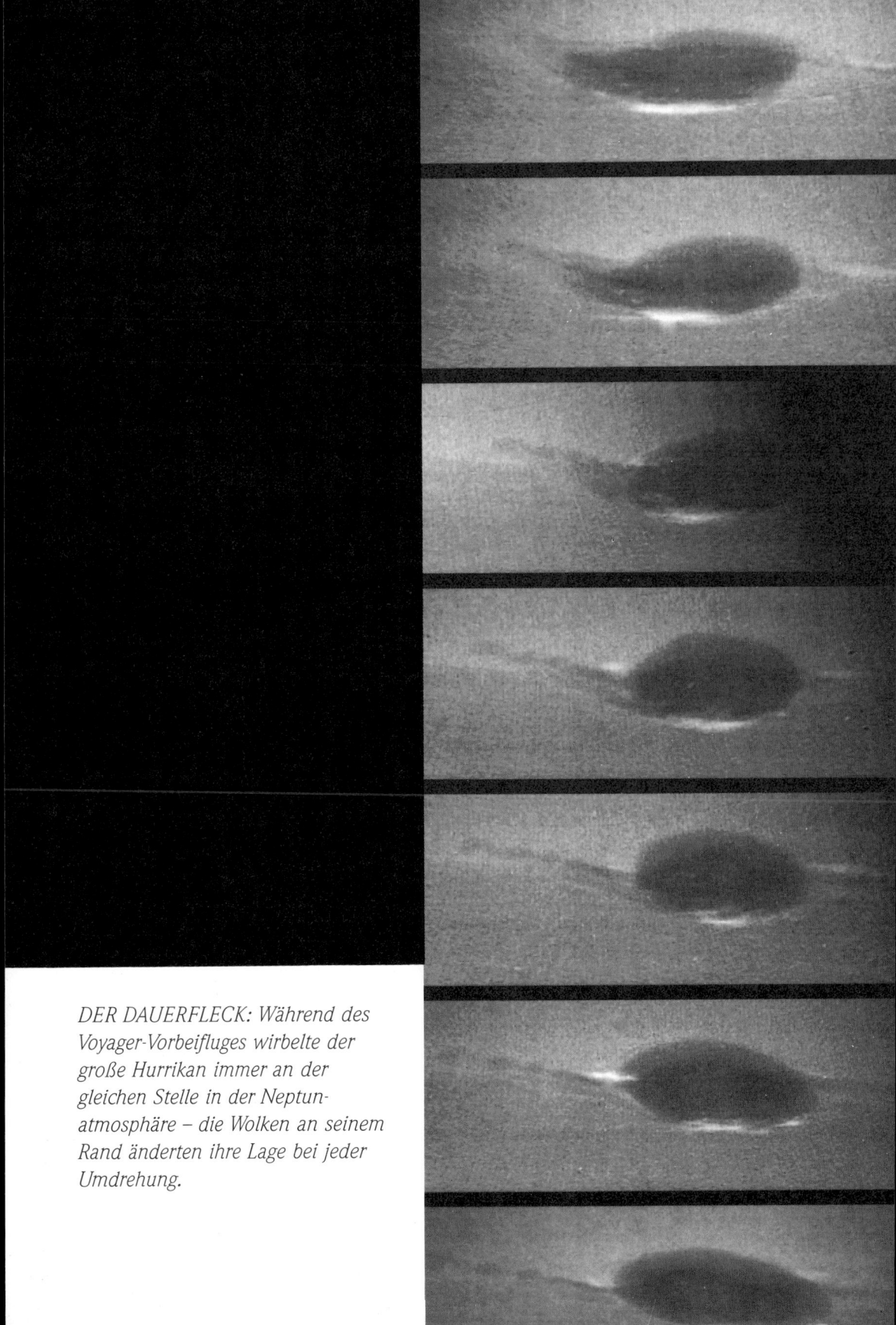

DER DAUERFLECK: Während des Voyager-Vorbeifluges wirbelte der große Hurrikan immer an der gleichen Stelle in der Neptunatmosphäre – die Wolken an seinem Rand änderten ihre Lage bei jeder Umdrehung.

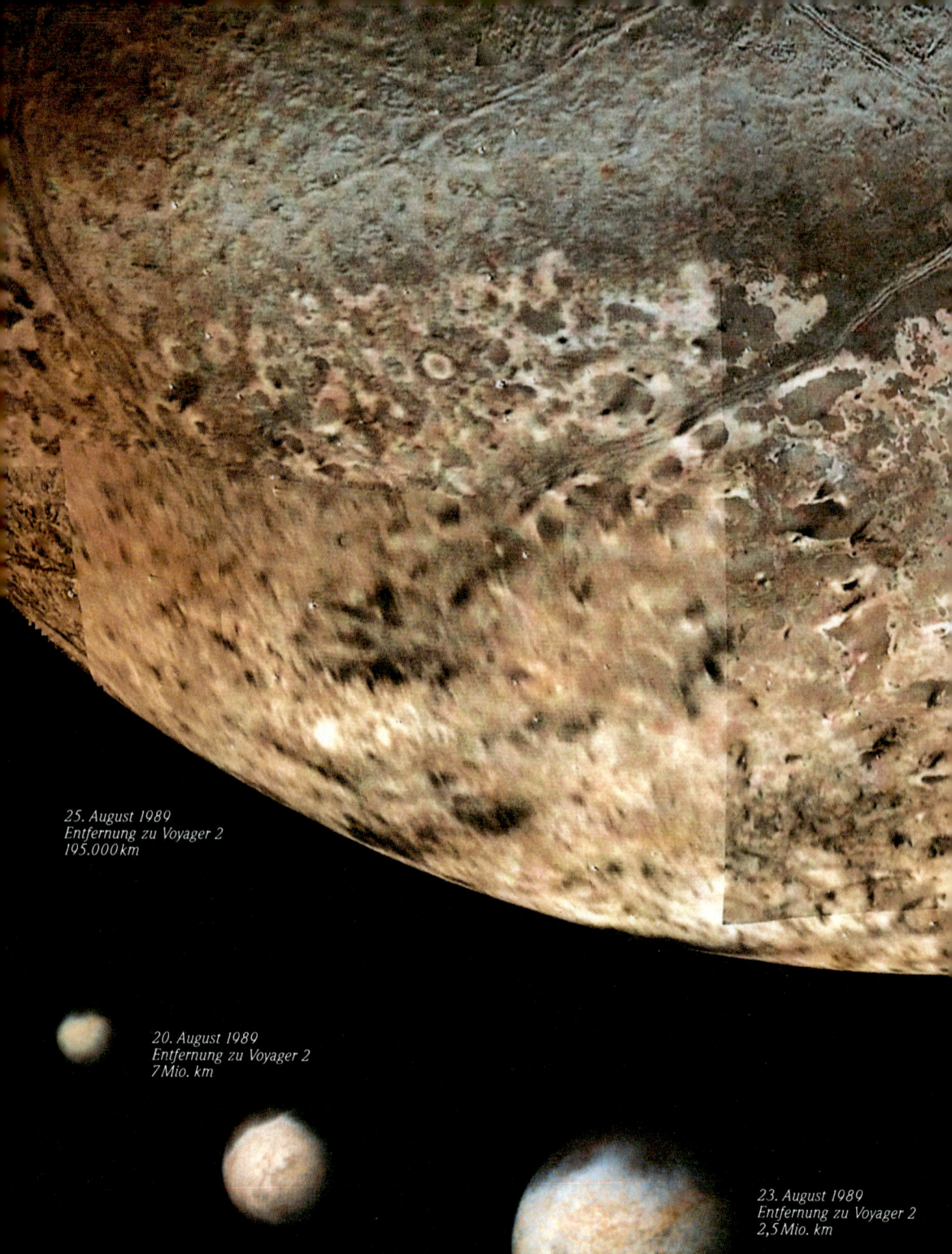

25. August 1989
Entfernung zu Voyager 2
195.000 km

20. August 1989
Entfernung zu Voyager 2
7 Mio. km

22. August 1989
Entfernung zu Voyager 2
4 Mio. km

23. August 1989
Entfernung zu Voyager 2
2,5 Mio. km

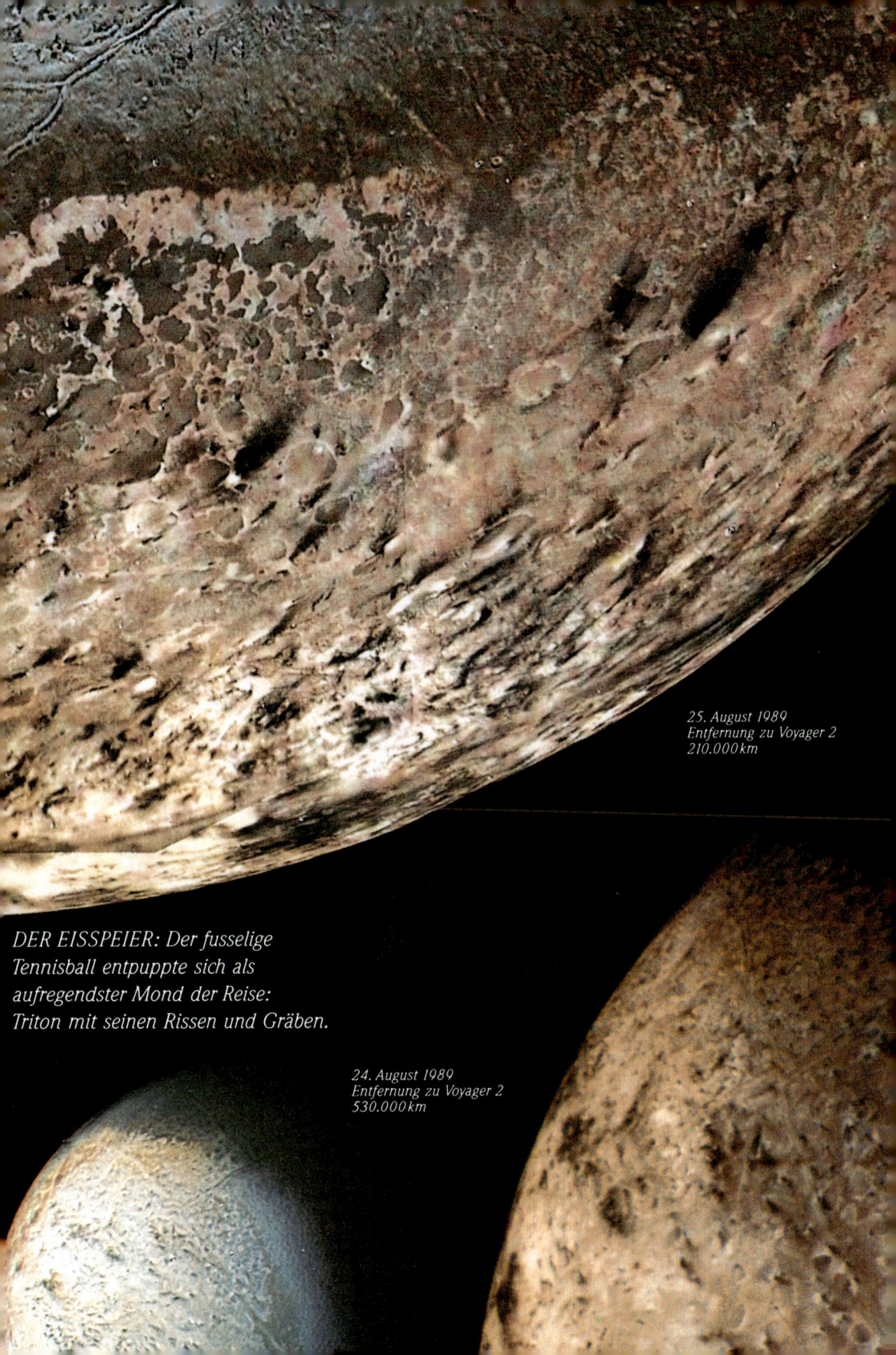

25. August 1989
Entfernung zu Voyager 2
210.000 km

DER EISSPEIER: Der fusselige Tennisball entpuppte sich als aufregendster Mond der Reise: Triton mit seinen Rissen und Gräben.

24. August 1989
Entfernung zu Voyager 2
530.000 km

TRITONISCHE SEENPLATTE: Die beiden Kraterseen (oben) waren einst mit flüssigem Stickstoff gefüllt. Als Triton auf seine heutige Temperatur von minus 235 Grad abkühlte, erstarrten sie zu Eis. Auf der Nordhemisphäre des Mondes fand Voyager narbenartige dunkle Flecken (links).

SCHOCKFRONT: Vier amerikanische Sonden sind derzeit in alle Himmelsrichtungen unterwegs, um die Grenze des Sonnensystems zu suchen – dort, wo die Sonnenwinde auf die Winde aus dem interstellaren Raum prallen.

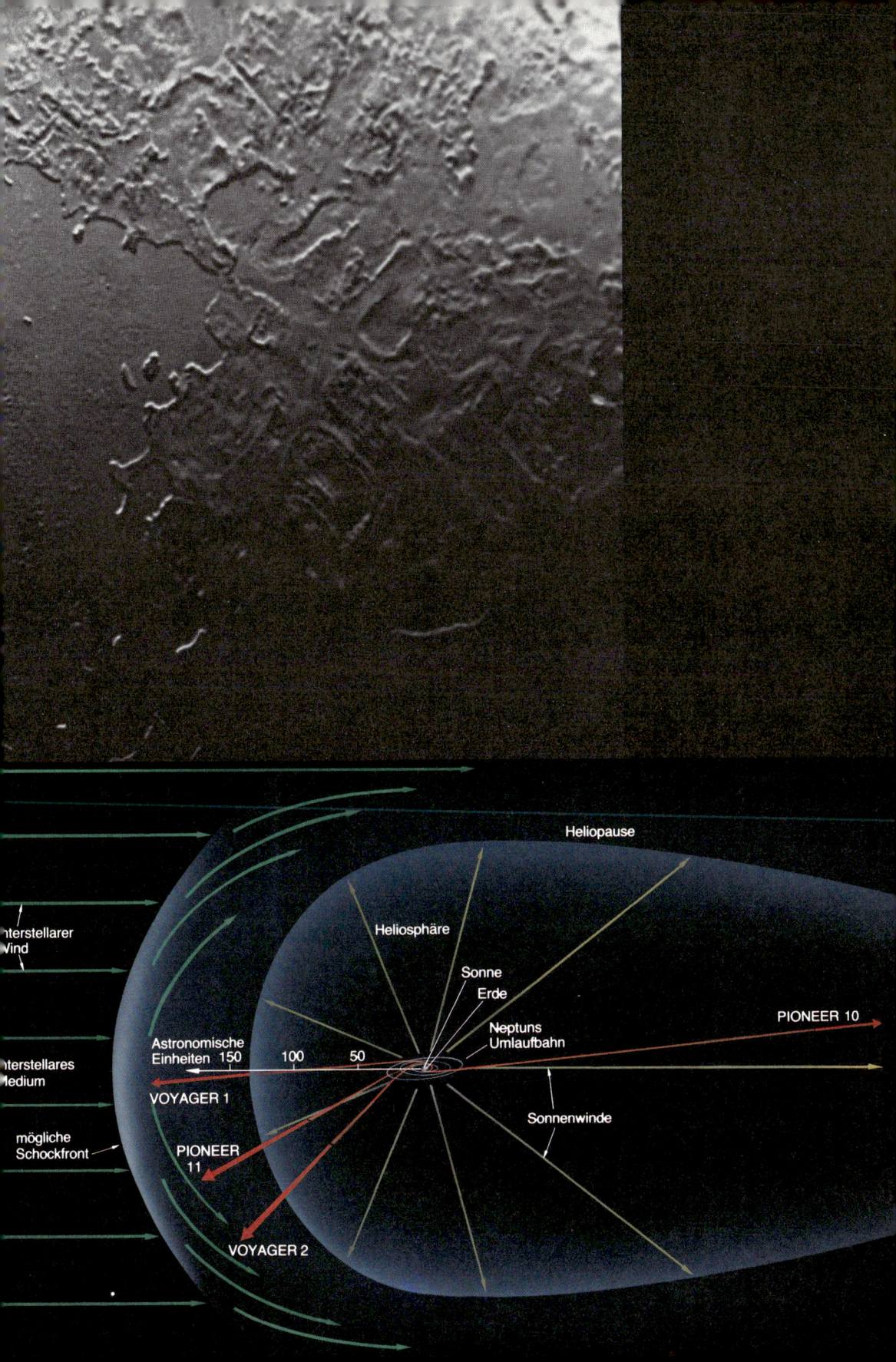

DIE LETZTE POSTKARTE: Bereits auf dem Weg in die Unendlichkeit, blickte Voyager 2 noch einmal zurück. Über Neptun und seinem kleinen Trabanten ging die Sonne auf.

auf einer internationalen Konferenz zur Erforschung des Sonnensystems, die parallel zum Voyager-Vorbeiflug an Neptun in Pasadena stattfand. „Ich habe schon geahnt, daß ich nicht richtig angezogen bin", sagte Goldreich, als er in Shorts und einem rosafarbenen, mexikanischen T-Shirt an das Rednerpult trat, „aber ich hoffe, es stört keinen."

Dann führte er seine Theorie von Triton und den Kleinstmonden vor: Als der Ur-Triton einst in den Einflußbereich des Neptun auf einen rückwärtig orientierten und zum Planetenäquator geneigten Orbit geriet, war der Mond kleiner als heute. Triton flog lange Zeit auf einer exzentrischen Bahn um den Planeten und wurde durch die Gezeitenreibung in seinem Inneren aufgeheizt. Die Hitze, die dabei entstand, ließ ihn womöglich für eine Milliarde Jahre als flüssige Kugel durch die eiskalte Allregion des Neptun fliegen.

Für eine heiße Zeit sorgten noch andere Ereignisse: Auf seiner chaotischen Bahn kreuzte Triton die Orbits anderer, älterer Monde des Neptun. „Triton hat alles, was im Weg stand, regelrecht verschluckt", erklärte Goldreich, „er hat den ganzen Bereich zwischen 1000 und fünf Planetenradien leergefressen und wuchs dabei." Übrig blieben nach dieser Trümmertour nur Nereid, der in sicherem Abstand um Neptun kreist, und die inneren Kleinstmonde, die Triton auf seinem Kollisionskurs nie erreichen konnte. Vermutlich sind die Winzlinge, wie auch die Ringe des Neptun, Relikte von Tritons Freßreise durch den Kosmos – die Brosamen, die vom Tisch des großen Mondes fielen und nunmehr ein befristetes Dasein in der Nähe des Planeten führen.

Im Laufe der Jahrmillionen wurde Tritons Bahn immer regelmäßiger. Die Gezeitenkräfte ließen nach, und die heiße Phase ging dem Ende entgegen. Die heutige, geologisch so vielfältige und junge Oberfläche des Mondes (wie im Kapitel „Die Sieben-Milliarden-Kilometer-Tour" beschrieben) wäre demnach ein Überbleibsel der Warmzeit, als ein halbflüssiges Gemisch aus Wassereis mit eingelagerten Methan- und Stickstoffmolekülen über den Mond trieb. Langsam paßten sich die Temperaturen der Umgebung an, sanken unter minus 200 Grad, die letzten Ozeane aus flüssigem Stickstoff gefroren, und feine Eiskristalle bedeckten den Mond. Glaubt man Larry Sonderbloms Vulkanismus-Theorie, scheint sich der blau-violett-orangene Mond am Ende der Welt nur noch manchmal an seine bewegte Jugend zu erinnern und bläst einen seiner Stickstoff-Vulkane in den schwarzen Himmel. Diese Eruptionen sind wahrscheinlich unabhängig von der inneren Wärme des Mondes. „Das Gute an ihnen ist", meinte Sonderblom, „daß sie mit Sonnenenergie betrieben werden." Demnach verdichtet der Schnee, der auf Triton auf der kalten, sonnenabgewandten Seite fällt, die Stickstofflagen im Schnee so lange, bis sie sich verflüssigen und wie bei einem artesischen Brunnen in die Höhe steigen. Mit jedem Jahreszeitenwechsel könnte dieses geologische Spektakel von vorne beginnen.

Peter Goldreich hatte sich längst auch Gedanken über ein mögliches, unterbrochenes Ringsystem des Neptun gemacht. Diese „Bogenringe", oder „Ringbögen" oder „Ringsegmente" (die Dinger hatten keinen richtigen Namen, weil keiner wußte, wie sie aussehen sollten) hatten die Forscher im Rahmen einer internationalen, astronomischen Großfahndung Anfang der achtziger Jahre „entdeckt". Dies war eine der merkwürdigsten Untersuchungen der Astronomiegeschichte.

Schon im Jahre 1968 empfingen die beiden Astronomen Edward Grinan und Scott Shaw von Neuseeland aus bei einem Sternenbedeckungs-Experiment ein Ringsignal, jedoch ohne ihm eine Bedeutung zuzumessen. Die Zeit war einfach noch nicht reif für Ringe jenseits des Saturn. Dummerweise gingen die Meßdaten später verloren, so daß eine Nachanalyse der Beobachtung nicht möglich war. Es gab nur noch eine handschriftliche Kopie der Urdaten, die aber irgendwann in eine Pfütze gefallen und kaum noch zu entziffern war.

1980 wollte James Elliot, der Co-Entdecker der Uranusringe, das fliegende Kuiper-Observatorium (KAO) chartern, erhielt aber keine Genehmigung dazu. Die Neptunringe mußten warten.

Am 10. Mai 1981 gingen die Wissenschaftler dann gezielt auf die Suche: Wieder zog Neptun an einem Stern vorüber, und dieser verlöschte einmal kurz, bevor der Planet ihn verdunkelte – aber nicht, nachdem er wieder auftauchte. Das konnte kein Ring gewesen sein. Hatte sich etwa ein unbekannter Mond vor den Stern geschoben?

Der nächste Versuch bot sich am 15. Juni 1983: Bei idealen Beobachtungsbedingungen richteten die Experten rund um den Pazifik, in Australien, Neuseeland, Japan, Indonesien, Taiwan, Guam und Hawaii ihre Teleskope ins All. Zusätzlich ging James Elliot mit dem KAO in die Luft – aber niemand fand auch nur ein Anzeichen eines Ringes. Elliot veröffentlichte daraufhin einen Beitrag im britischen Fachblatt *Nature* mit dem Inhalt, daß es keine Ringe um Neptun gäbe.

Andere Wissenschaftler gaben nicht auf. Unter ihnen war André Brahic, ein Astronom von der Universität in Paris, der so schnell spricht, daß kaum ein Mensch seinem Redeschwall folgen kann. Brahic bat am 22. Juli 1984 um Beobachtungszeit im Europäischen Südobservatorium (ESO) in den chilenischen Anden. Er bekam sie aber nicht zugestanden, weil man die Suche nach nicht existierenden Ringen für absurd hielt. Der Franzose überredete daraufhin die beiden Kollegen, für die zwei der ESO-Teleskope während der besagten Julinacht reserviert waren, die Sternenbedeckung zu beobachten. Sie konnten verfolgen, wie das Sternenlicht vor der Verdunkelung flackerte – anschließend aber nicht.

Vermutlich weil Brahic zuvor so viel von seinem Versuch gesprochen hatte, richteten in der gleichen Nacht auch die Astronomen in einem anderen, nur 100 Kilometer entfernten Andenobservatorium, das Teleskop auf Neptun. Sie beobachteten das gleiche Phänomen.

„Es ist schwer zu definieren, was man sieht, wenn das Licht eines Sternes ausgeht", erinnert sich Brahic, „Flugzeuge?, Vögel?, Wolken?, einen Mond?, vielleicht auch Ringe? Aber da zwei Teams gleichzeitig das Gleiche gesehen hatten, mußte es ein Ring sein. Und zwar ein unregelmäßiger Ring oder ein Materiebogen, etwa 67 000 Kilometer von Neptuns Zentrum entfernt." Merkwürdigerweise wurden diese 84er-Bögen seither nie mehr (auch nicht von Voyager) gesichtet.

Als 1985 ein Doppelstern hinter Neptun vorbeizog, wurde das Licht des ersten ausgeschaltet, das des zweiten jedoch nicht. Nachfolgende Beobachtungen zeichneten ein immer verworreneres Bild: Mal gab es Bögen, mal nicht, und in einem dritten Fall fanden die Wissenschaftler wieder einen Bogen – dafür aber an einem unerwartet weit von Neptun entfernten Ort. Es schien fast, als kreisten die Ufos um den achten Planeten. „Oh nein", meint André Brahic, „wir haben es hier nicht mit einem neptunischen Loch Ness-Monster zu tun. Das ist eher so wie bei der Gruppe von Blinden, die einem Elefanten begegnet: Jeder beschreibt das Tier anders, denn der eine ertastet den Rüssel, der nächste ein Bein und so weiter."

Aber was war es wirklich, das im Umfeld des Neptun die Sterne hin und wieder verdunkelte? Die Experten waren sich noch Anfang August 1989 unsicher, was sie von Neptun zu erwarten hatten. Drei Bögen galten als wissenschaftlich einigermaßen gesichert. Dennoch dachten manche Forscher nach wie vor, es gäbe überhaupt keine Ringe. Edward Stone, der wissenschaftliche Leiter des Voyagerprojektes, hatte einmal über 50 und mehr Ringbögen spekuliert. „Ohlala", kommentierte André Brahic, „sie sollten mal sehen, wie viele Bögen man erkennt, wenn man die ganze Nacht vor dem Bildschirm am Observatorium sitzt." Andere Wissenschaftler glaubten, Neptun habe womöglich Ringe auf einer Polarbahn und nicht um den Äquator. „Ich bin auf alles gefaßt", sagte Carolyn Porco, „das ist ja das Spannende an der Sache."

Mehr Durchblick als die Praktiker glaubten die Theoretiker zu haben. Ein einfaches, unbewachtes Ringfragment, das hatten sie berechnet, würde sich spätestens in zehn Jahren zu einem vollständigen Ring egalisieren. Peter Goldreich und seine Kollegen Scott Tremaine und Nicole Borderies klügelten deshalb ein Modell aus, das über Milliarden von Jahren stabil sein sollte. Ein Bogen, so dachten sie, funktioniere ähnlich wie Janus und Epimetheus, die beiden Saturnmonde, die sich stets verfolgen und niemals kriegen. Nur daß bei Neptun einer der beiden Monde durch eine ganze Horde von kleineren und größeren Teilchen ersetzt ist. In diesem Schwarm, der aussieht wie ein sich nach hinten verjüngender Schwanz, würde jeder jeden über Urzeiten hinweg verfolgen.

In einem anderen Modell von Jack Lissauer von der Universität von Kalifornien in Berkeley stabilisierten zwei Monde die seltsamen Ringfragmente: Einer lief dem Bogen hinterher, und der zweite kreiste auf einer Innenbahn. In jedem Fall hätte Voyager ein bis zwei Monde je Ringbogen finden müssen, denn die Satelliten hätten nach der Modellrechnung mindestens 200 Kilometer groß sein sollen. Auf jeden Fall aber groß genug, daß die Kameras sie hätten entdecken können. Bei 50 Bögen wären das 50 bis 100 Monde gewesen! Am 11. August 1989 gab es hocherfreute Gesichter unter den Ringfreaks am JPL. Voyager hatte – fast schon auftragsgemäß – ein erstes, ziemlich unscharfes Schwarzweißbild nach Pasadena gefunkt: Es zeigte den Mond 1989 N 4 als weißen Fleck und gleich daneben feine Streifen, die in etwa aussahen wie die propagierten Ringbögen. Ein Segment gerade außerhalb des Mondes und ein zweites, das dem Mond über eine Strecke von 80 000 Kilometern hinterher zu laufen schien.

Als Voyager dem Planeten näher kam, wurden die Bögen immer länger – und mit ihnen die Gesichter der Ringforscher. Am 22. August 1989 kam Bradford Smith mit einem unerwarteten Bild zur täglichen Pressekonferenz: „Das ist nicht unbedingt das, was wir gesucht haben", gestand er ein: „Neptuns erster vollständiger Ring. So etwas hatten wir eigentlich ausgeschlossen."

Das Leben der Astronomen wurde nicht leichter, als bei besserer Bildauflösung ein ganzes Band von ebenmäßigen Ringen sichtbar wurde, einer wunderschöner als der andere, zum Teil mit scharfen, andererseits aber auch mit diffusen Rändern. Nur der äußerste blieb in eindeutige Segmente unterteilt, obgleich auch dieser mittlerweile in sich geschlossen war. „Ich würde sagen, das sind fünf getrennte, durchgehende Ringe", sinnierte Bradford Smith, „aber diese Aussage ist nicht verbindlich."

„Es muß irgendwelche Monde geben, die diese Ringe stabilisieren", kommentierte Carolyn Porco angesichts der neuen Lage, die eine noch verwirrendere Nomenklatur mit sich brachte: „Ringe, unterbrochene Ringe, Partikelgürtel, Klumpen, Verdickungen – ihr könnt das nennen, wie ihr wollt", meinte Porco gegenüber den Reportern, „nehmt das, was euch am meisten anmacht." Die Forscher selbst waren mittlerweile zu der bildhaften Bezeichnung „Würste" übergegangen.

„Möglicherweise", grübelte Peter Goldreich, „gibt es kleine Monde, die diesen Ring bewachen, so klein, daß Voyager sie nicht erkennen kann." Der Theoretiker konnte nicht ahnen, daß die Sonde gerade dabei war, ein wundersames Experiment zu machen: Auf einem eigentlich verwackelten Bild, bei dem die Kamera nur zufällig in die richtige Richtung geschwenkt war, wurde, in einem der Ringe eingebettet, eine Reihe von rund zehn Kilometer großen Eisklötzen sichtbar. Unter normalen Umständen hätte die Sonde solche kleinen Monde nicht mehr fotografieren können. Möglicherweise sind sie es, die mit ihrer Schwerkraft für die Stabilität der Ringwürste sorgen.

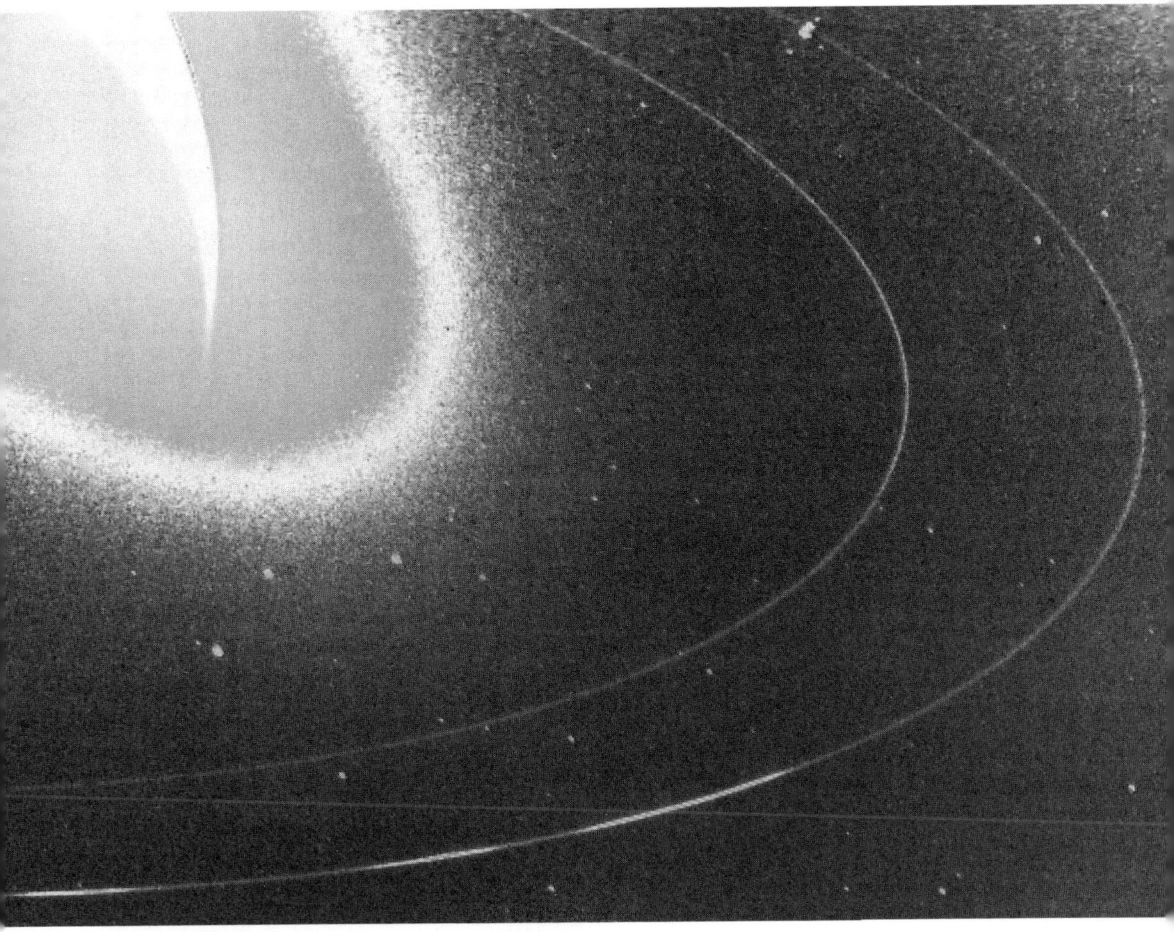

Alle Vermutungen über die erwarteten Bogenringe um Neptun brachen zusammen, als Voyager das erste Bild von vollständigen Ringen übermittelte (oben). Neben den beiden Hauptringen sind dünne Bänder zu sehen, die um den gesamten Planeten reichen (unten).

Bekamen die Ringforscher am 22. August ihre Überraschung serviert, so mußten sich die Radioastronomen noch bis unmittelbar vor dem Neptun-Vorbeiflug gedulden, bis sie überhaupt brauchbare Daten bekamen. Sie warteten auf die Schockfront und auf Signale eines möglichen Magnetfeldes um Neptun. Voyager traf ungewöhnlich spät – am Vormittag des 24. August und nur neun Stunden vor der dichtesten Annäherung an Neptun – auf die Zone, wo die Sonnenwinde auf das Partikelfeld des Planeten prallen. Die der Sonne mit rasender Geschwindigkeit entströmenden Teilchen (sie benötigen für die Strecke bis zum Neptun gerade drei Monate) werden an dieser Stelle abrupt abgebremst und heizen sich dabei auf eine Temperatur auf, die höher ist als jene im Inneren der Sonne. Voyager überstand den „Hitzeschock" nur, weil die Dichte der Teilchen gering war. „Das ist wie bei einem 300 Grad heißen Pizzaofen", erklärte Tom Krimigis von der John Hopkins Universität in Baltimore, „da kann man die Hand kurz hineinhalten, ohne zu verbrennen. Aber in 80 Grad heißem Wasser verbrüht man sich schon." Ähnlich konnte Voyager unbehelligt durch das superheiße Plasma fliegen, aber einem Astronauten wäre die Hand abgefroren, hätte er sie aus dem Fenster gestreckt.

Als die Instrumente der Sonde dann den Einfluß der Magnetlinien deutlich zu spüren bekamen, konnten die JPL-Wissenschaftler erstmals die Rotationsperiode, also die Tageslänge des Neptun bestimmen. Sie lag bei 16 Stunden und drei Minuten. Zuvor kannten sie nur die Rotation der Wolkenbilder, die eine – falsche – Periode von 17 Stunden und 52 Minuten vermuten ließ.

Neptuns Magnetfeld war mit einer Größe von 0,13 Gauß* das schwächste, das Voyager jemals gemessen hatte. Selbst das der viel kleineren Erde ist doppelt so stark. Dafür war die Magnetachse um 50 Grad zur Rotationsachse des Planeten geneigt. Die schiefe Lage des Magnetpols kam überraschend, denn sie ähnelte jener, die das Raumschiff 1985 bei Uranus ermittelt hatte. Damals hielten die Wissenschaftler ein gekipptes Magnetfeld für einzigartig und dachten, es sei zustande gekommen, weil Uranus in seiner Jugend von einem schweren Schlag umgeworfen wurde. Doch die Voyagerergebnisse von Neptun brachten auch das Bild vom Nachbarn Uranus durcheinander.

Close Encounter

Dann kam die Nacht der Nächte: Am Abend des 24. August konnte man im JPL keine zehn Meter mehr laufen, ohne über ein Fernseh- oder ein Beleuchterkabel zu stolpern.

---

* Benannt nach dem deutschen Mathematiker Karl Friedrich Gauß, ist dies die physikalische Meßgröße für die Stärke eines Magnetfeldes. Bei der Erde beträgt sie 0,3, bei Merkur 0,003 und bei Jupiter 14,3 Gauß.

Im JPL-eigenen Studio kommentierten die Wissenschaftler jede Phase des kosmischen Nahkampfes zwischen dem Metallzwerg Voyager 2 und dem Gasgiganten Neptun. Einige amerikanische Fernsehanstalten hatten sich zu einem stundenlangen Voyager-Marathon zugeschaltet und übertrugen jedes einzelne Bild, das aus dem All nach Pasadena kam.

Manche Forscher liefen nervös herum, wie die Tiger im Käfig. Denn bei aller Routine – eine Planetenpassage war auch für die Astro-Profis eine spannende Angelegenheit: Die Sonde mußte zweimal die Ringebene durchqueren, verschwand sechs Minuten nach dem Flug über den Nordpol im Funkschatten des Planeten und absolvierte dort insgesamt 24 knifflige Manöver. Währenddessen herrschte 49 Minuten lang Funkstille. Einzige Beruhigung für die Bodenmannschaft: das Wetter über der zuständigen DSN-Station in Australien war ruhig und klar, es drohten also keine Probleme mit der Datenqualität. Tage zuvor waren noch ein paar verrauschte Bilder im JPL angekommen, weil Regen in Spanien den Empfang gestört hatte.

Zwar waren sich die Ingenieure absolut sicher, daß Voyager die Äquatorebene außerhalb möglicher Ringe durchqueren würde. „Aber eine Gefahr bedeutet solch ein Flug immer", sagte Donald Gurnett, der Chef-Wissenschaftler für die Plasmawellen-Experimente. „In dieser Ebene gibt es auch jenseits der Ringe noch fein verteilte Partikel."

Gurnett saß vor dem Bildschirm, auf dem eine Anzeige die vom Plasmawellen-Instrument registrierte Trefferquote der Partikel beschrieb. Neben ihm hatte Edward Stone Platz genommen. „Solange die Teilchen kleiner sind als Staub", erläuterte er, „gehen wir kein Risiko ein. Vermutlich haben wir es mit Partikeln in Mikrometergröße zu tun, etwa so, wie sie im Rauch oder in Wolken vorkommen."

Kurz vor elf Uhr 54 pazifischer Zeit begann der Durchflug. Deutlich waren die Treffer zu hören, wie ein Hagelschauer auf einem Wellblechdach. Bis zu 300 Einschläge zeichnete das Gerät in der Sekunde auf. Der Lärm stieg und stieg, und die Anzeige flackerte bedrohlich bis in den roten Bereich. Hatten die Voyager-Ingenieure doch zuviel gewagt? „Hoffentlich hört das auf, wenn wir durch sind", entfuhr es Gurnett, der gebannt auf den Bildschirm starrte. Dann wurde das Trommelfeuer leiser und verstummte wenig später ganz. Die erste Hürde war genommen.

Die zweite, der Flug über Neptuns Wolkendecke, verlief sehr unspektakulär: Voyager hatte sicherheitshalber die Kameras und die meisten Meßgeräte abgeschaltet und aus der Flugrichtung geschwenkt.

„Ursprünglich wußten wir gar nicht, daß wir die winzigen Partikel in der Äquatorebene messen können", erzählte ein beruhigter Gurnett später, als die Sonde auch den zweiten Flug durch die Ringebene überstanden hatte. „Das Plasmawellen-Instrument war dafür nicht gedacht. Aber wenn die mikrometerkleinen Teilchen regelrechte Krater in die Sonde schlagen, entweichen 100 000 Grad heiße, geladene Partikel, die wir mit der Antenne dieses Gerätes registrieren können."

Gurnett glaubt auch zu wissen, wo diese Teilchen herkommen: Vermutlich entstehen sie, wenn Mikrometeoriten auf die Kleinstmonde und die Ringe prasseln und dort einen Feinstaub herausschlagen, der sich scheibenförmig um den Planeten ausbreitet wie einst der Urnebel.

Die Nacht hatte erst begonnen, als die JPL-Wissenschaftler ihren Dauerimbiß aus Pizza und Kaffee für den obligatorischen Encounter-Champagner unterbrachen. Vor ihnen lag die Begegnung mit Triton. Es nahte der Morgen, als auf den Bildschirmen ein Foto des faszinierenden Neptunmondes nach dem anderen auftauchte.

Die meisten Daten über Triton blieben allerdings vorerst an Bord von Voyager gespeichert. „So können wir sie beliebig oft herunterfunken lassen, falls es Probleme beim Empfang gibt", erläuterte Norman Haynes. Unter den zwischengelagerten Daten war auch das vielleicht wahnsinnigste Experiment, das die Sonde an dem Mond vollführte. Die Atmosphärenwissenschaftler um Leonard Tyler von der Stanford Universität bei San Franzisko hatten, nachdem Voyager den Mond passiert hatte, eine Ladung Radiowellen über den Tritonhorizont zur Erde geschickt. Diese Wellen wurden von der hauchfeinen Mondatmosphäre verlangsamt. Als das Signal aus dem Reich des Neptun von den Antennen des DSN aufgefangen wurde, hatte es sich um sage und schreibe 0,000 000 000 03 Sekunden verzögert. Das genügte Tyler, um einen Gasdruck von 10 Mikrobar Stickstoff auf Triton zu errechnen.

Abschied – und Aufbruch

Direkt im Anschluß an die Encounternacht gab es eine Begegnung seltsamer Art: Die Straßen um das JPL wurden abgesperrt, auf dem Campus wurde ein großes Zelt aufgebaut, mit Rednerpult und Sternenbanner, und an jeder Ecke bezogen breitschultrige Männer mit Schnauzbärten und dunklen Sonnenbrillen Stellung: Dan Quayle, der amerikanische Vizepräsident nutzte die Gunst der Stunde zu einem offiziellen Besuch des JPL. Er hielt eine euphorische Rede mit den üblichen Leerformeln („... große Nation, ... Wacht im All, ... Nummer eins im Weltall...") und zog anschließend mit seinem Troß von dannen.

Nach zwei Stunden war der ganze Spuk vorbei, und das JPl gehörte wieder den Wissenschaftlern. Die freilich hatten allen Grund zur Euphorie: „Voyager hat funktioniert wie ein trainierter Athlet an der Grenze seiner Leistungsfähigkeit", sagte Edward Stone, „das war die erfolgreichste Nacht des ganzen Unternehmens. Sämtliche Experimente haben geklappt."

„Die Sonde ist zwar in die Jahre gekommen, wie die meisten von uns", fügte Norman Haynes hinzu, „aber ich glaube, wir haben 99,9 Prozent von dem herausgeholt, was in ihr steckte." Voyager 2, schrieb anschließend das amerikanische Fachblatt *Science,* sei eines der wenigen Raumfahrtprogramme gewesen, das mehr gehalten hätte, als es versprach.

Grund genug, am Abend des 25. August ausgiebig und außergewöhnlich zu feiern: Unter den Gästen waren unter anderem zwei Männer, die wichtige Beiträge zu Voyagers Nachrichtenpaket an die Außerirdischen geleistet hatten: Auf dem Fest tanzte Carl Sagan, der „Erfinder" der Voyager-LP zu Chuck Berrys „Jonny B. Goode" – live dargeboten, versteht sich.

Der 68jährige Chuck, lebende Legende und Miterfinder des Rock and Roll, ist der einzige noch lebende Komponist, der auf der Schallplatte an E. T. verewigt ist. Und er griff noch einmal kräftig in die Saiten, um die Astronomen aufzumöbeln – zumindest jene, die nicht schon wieder vor ihren Bildschirmen und Computern saßen. Diese hätten sich ruhig gedulden können, denn ihre eigentliche Arbeit begann ohnehin erst eine Woche später, als alle Nachrichten von Neptun auf der Erde angekommen waren.

Die meisten der Wissenschaftler haben mit diesem Datenwust eine Beschäftigung für die nächsten Jahre, und nur wenige verfolgen die Sonde weiter auf ihrem Flug ins tiefe All. Etwas länger als einen Monat noch dauerte die sogenannte Post Encounter Phase, in der das Raumschiff den entschwindenden Neptun beobachtete. Dann nahmen die Kameras noch ein Gruppenportrait mit allen neun Planeten des Sonnensystems auf und schlossen anschließend für immer ihre Augen. Um Strom zu sparen, schalteten die Ingenieure die meisten der Voyager-Instrumente ab. In Lauerstellung blieb das Meßgerät für ultraviolette Strahlen, damit es nach aktiven Galaxien, Quasaren, Schwarzen Löchern oder Weißen Zwergen Ausschau halten kann.

Vom 1. Januar 1990 an fliegen die Voyager-Zwillinge unter neuem Namen – „Voyager Interstellar Mission" – und suchen nach den Grenzen des Sonnensystems. Nach einer Art Schockfront, ähnlich jener um die Planeten, an der die immer schwächer werdenden Sonnenwinde gegen die Teilchenströme des interstellaren Raumes stoßen.

Möglicherweise steckt noch Leben in dem Raumschiff, wenn es diese „Heliopause" durchdringt, und es funkt eine schwache letzte Nachricht von dem Erlebnis an die Irdischen. Der Hydrazintreibstoff zum Manövrieren wird voraussichtlich bis zum Jahr 2009 reichen, und der Plutonium-Generator an Bord wird im Jahr 2030 ausfallen. Voyager 2 wird dann stumm, taub und blind, als technische Ruine, durch das All treiben, als kosmische Flaschenpost für alle Außerirdischen, die gerne Bach, Beethoven oder Chuck Berry hören.

Keine 50 Jahre nach dem Start von der Erde, wenn das Raumschiff gerade 0,000 000 03 Prozent des Weges durch die Milchstraße hinter sich hat, steht ihm das meiste noch bevor. 13 Sterne wird es bis zum Jahr 957963 passieren, aber keinem von ihnen allzu nahe kommen. Der erste wird Barnards Stern im Jahr 8571 sein, eine Sonne, die sich derzeit mit einer Geschwindigkeit von 108 Kilometern in der Sekunde der Erde nähert. Relativ „nah" wird Voyager im Jahr 40176 an Ross 248 vorbeifliegen – in einem Abstand von 1,7 Lichtjahren. Auch Sirius, der hellste Stern am Himmel, steht auf dem Programm, wenn auch erst in 296 048 Jahren.

Den amerikanischen Planetologen bleibt wenig Zeit, über derartige Distanzen zu grübeln. Ihre neuen Ziele liegen näher: Wenn alles gut geht, wird im Herbst 1989 der Space Shuttle „Atlantis", mit siebenjähriger Verspätung und der Raumsonde Galileo im Gepäck, auf eine Umlaufbahn um die Erde starten. Dort werden die Astronauten um den Kommandanten Donald Williams die Ladeluke der Raumfähre öffnen, die Sonde aussetzen und sicherheitshalber mit Atlantis auf Distanz gehen. Eine Stunde später sollen Galileos eigene Triebwerke zünden und den Roboter auf die Reise schicken. Mit Galileo (und der im Mai 1989 gestarteten Magellanmission zur Venus) endet eine Durststrecke der Nasa: Seit dem Flug zweier Venussonden im Jahr 1978 hatte die Weltraumbehörde nicht ein Raumschiff mehr auf eine Planetenreise gebracht. Schuld an der Verzögerung war die anfällige und ungeeignete amerikanische Raumfähre, seit langem das einzige Transportmittel der Nasa. Mehrfach mußte das Antriebssystem von Galileo modifiziert werden, damit die Sonde überhaupt in dem Shuttle Platz fand. Nach der Challenger-Katastrophe wurde auch der Wasserstoff-Sauerstoff-Antrieb von Galileo durch eine sicherere, aber schwächere Feststoffrakete ersetzt.

Inzwischen war so viel Zeit vergangen, daß die Flugingenieure für den Roboter einen neuen Kurs planen mußten: Galileo wird jetzt zum Schwungholen zunächst zur Venus, dann zweimal um die Sonne und die Erde fliegen, bevor er endlich die nötige Geschwindigkeit erreicht, um zu Jupiter zu gelangen. Kein Wunder, daß dieser Irrweg einen irrsinnigen Namen trägt: „Venus-Earth-Earth-Gravity-Assist" – kurz: VEEGA.

Die frustrierten Wissenschaftler machten aus der Not eine Tugend und werden sich alles anschauen, was der Sonde auf der weiten Tour durch das All begegnet. Sie wollen die Venus studieren (dazu mußte die Nasa wegen der Sonnennähe eigens Segel über Galileo setzen, um das wertvolle und empfindliche Gerät zu schützen) und anschließend sogar die Erde. Immerhin ist Galileo das erste Raumschiff, das *zur* Erde fliegt. Den PR-Spezialisten der Nasa wird sicher etwas einfallen, um selbst diese Banalität großartig zu vermarkten.

Neun Monate später, inzwischen unterwegs im Asteroidengürtel zwischen Mars und Jupiter, wird der modernste je gebaute Raumroboter den Asteroiden Gaspra in einem Abstand von nur 1 000 Kilometern passieren und erstmals einen solchen Körper aus der Nähe fotografieren. Nach der zweiten Erdbegegnung wird Galileo einen weiteren Asteroiden namens Ida aufsuchen und sich zweieinhalb Jahre später wie ein Bakterium teilen – in eine Meßkapsel und einen Orbiter. Beide sollen im Dezember 1995 nach einer Strecke von vier Milliarden Kilometern Jupiter erreichen. Das eigentliche Forschungsprogramm kann beginnen.

Der Kapsel steht jetzt ein kurzes Abenteuer bevor: Sie fliegt in die Planetenatmosphäre, so rasend schnell wie noch kein von Menschen gebauter Apparat, und richtet einen Hitzeschild auf, der bei der Höllenfahrt durch Jupiters Gashülle fast vollständig verglüht. Zum weiteren Abbremsen entfaltet sich ein Fallschirm und sechs verschiedene Instrumente beginnen damit, während des Abstiegs durch die Atmosphäre, die Wolken, die Gewitterblitze und die geladenen Teilchen zu untersuchen. Viel länger als 75 Minuten wird die Meßkapsel den Sturz nicht überleben. Derweil empfängt der Orbiter die Signale seines verendenden Kameraden, funkt alles zur Erde und macht sich dann selbst auf eine mindestens 20monatige Reise. In ellipsenförmigen Schleifen geht es wenigstens zehnmal um Jupiter herum und zwischendurch immer wieder auf Mondtour. Alle Galileischen Monde – Io, Europa, Ganymed und Kallisto – soll Galileo besuchen und von den Satelliten bis zu tausendmal schärfere Fotos machen, als die Kameras der Voyager-Zwillinge es je konnten.

Zwar ist Galileo den Voyager-Robotern technisch meilenweit überlegen – doch er muß seine Tauglichkeit zuerst einmal beweisen. Ausgerüstet mit 19 hochkarätigen Mikroprozessoren und modernsten Kameras, die hundertmal empfindlicher sind als Voyagers Geräte, mit speziell gehärteten Computerchips gegen das Strahlungsfeld des Jupiter und 101 kleinen Heizgeräten, die alle empfindsamen Teile des High-Tech-Fliegers wohltemperieren, soll Galileo die Vorstellung von dem Gasgiganten Jupiter und seinen Monden abermals revolutionieren.

Einige der Voyager-Forscher arbeiten auch an diesem Projekt mit. Viele junge Wissenschaftler sind neu dabei, nur die alten Leitfiguren aus Pasadena fehlen, die zwölf Jahre lang mit Voyager lebten und litten: Edward Stone wird sich wieder etwas ausgiebiger seinem Job als Vizepräsident des California Institute of Technology widmen. Bradford Smith will seinen Professorenstuhl in Tucson aufgeben, und am Teleskop hoch oben auf dem Mauna Kea möchte er die ersten Planeten in einem anderen Sonnensystem entdecken. Und Charles Kohlhase, der Missionsdirektor, denkt eher an sein Privatleben als an neue Planetenprojekte: „Ich habe einen kleinen Enkel, der ist anderthalb Jahre alt", erzählt er, „und ich freue mich jetzt schon darauf, mit ihm in der Sierra zu wandern. In zehn oder zwölf Jahren, wenn wir eines Nachts draußen in den Bergen sind, werden wir Sirius sehen, an dem Voyager irgendwann vorbeifliegen wird. Ich werde ihm dann all die Geschichten von dem alten Raumschiff erzählen. Und ich glaube, er wird sich ein wenig wundern."

Ist da wer?

Die vergebliche Suche nach den Außerirdischen

Einmal hätte es fast geklappt: Es war im Jahr 1960, und der amerikanische Astronom Frank Drake richtete das Radioteleskop von Green Bank in West Virginia auf Epsilon Erdiani, einen relativ nahen, elf Lichtjahre entfernten, sonnenähnlichen Stern. „Unmittelbar danach", erinnert sich der Wissenschaftler, „empfingen wir ein Signal, genau so, wie wir es erwartet hatten."

Drake und seine Mitarbeiter waren wie elektrisiert. Gerade erst hatten sie mit dem sogenannten Ozma-Projekt begonnen, bei dem es darum ging, das Weltall nach künstlichen Radiowellen abzusuchen. Und schon waren die Außerirdischen zur Stelle, hatten sich prompt gemeldet. Grüne Männchen? Blaue Weibchen?, Lila Neutren? Der helle Wahnsinn! Dort oben mußte es geradezu wimmeln von Zivilisationen.

Doch dann die Enttäuschung: Das Signal kam nicht von weither sondern von nebenan. Die irdischen Militärs hatten den Forschern unfreiwillig einen Streich gespielt. Was Frank Drake empfangen und irrtümlich für eine Nachricht von einem Extraterrestrischen, von einem „E.T.", gehalten hatte, war lediglich das Funkgestotere eines geheimen Störsenders gewesen.

Die Ozma-Forscher gingen zurück an ihre Instrumente und horchten das All weiter nach Signalen anderer, womöglich belebter Welten ab. Doch sie fanden einen stummen Kosmos. Die Amerikaner und die Sowjets suchten, die Kanadier und die Deutschen suchten, die Franzosen und die Australier suchten – aber niemand erhielt eine Meldung aus dem All. Dann kam das Projekt „Ozma II", und die Astronomen suchten noch einmal vergebens. Die Nasa kurbelte „Seti"* an, ein drittes Multimillionen-Dollar-Programm. Seither horchten, lauschten und suchten Dutzende von Wissenschaftlern – und sie bekamen nichts zu hören.

Die absolute Funkstille scheint die Forscher geradezu anzuspornen. „Ich bin so gut wie sicher", sagt Paul Horowitz, ein Physiker der Harvard Universität in Boston, „daß

---

* Seti = Search for extraterrestial intelligence, engl. für „Suche nach außerirdischer Intelligenz".

unsere Galaxie voller Leben aller Formen ist, und daß jede Zivilisation, auf die wir treffen werden, klüger ist als die unsrige." Horowitz hat vor einigen Jahren ein Radioteleskop mit einem Supercomputer gekoppelt, um rund um die Uhr auf 8,4 Millionen verschiedenen Kanälen aus dem Wust von natürlichen und irdischen Radiosignalen eine fremde Nachricht aus dem All herauszufiltern. Viermal haben die Harvard-Wissenschaftler einen vielversprechenden Pieps erwischt, aber als sie das Teleskop nochmals zur Kontrolle auf den fraglichen Ort im Kosmos richteten, herrschte wieder Funkstille im All. Erfolg der Suchaktion, wie Horowitz selbstironisch anmerkt: „Bisher haben wir zweimal die Sonne neu entdeckt."

Bedeutet dies, daß wir allein sind? Allein in den Weiten des dunklen Universums? Allein zwischen Milliarden und Abermilliarden von Sonnensystemen? Einzig in der Welt?

Die Frage nach dem Leben außerhalb der Erde ist vermutlich nicht viel jünger als die Menschheit selbst. Auf jeden Fall haben sich schon die Philosophen der Antike diese Frage gestellt. Aristoteles glaubte, daß bereits der Mond besiedelt sei, und der römische Dichterphilosoph Lukrez schrieb, es gäbe unzählige unterschiedliche Welten, von denen einzelne bewohnt sein sollten, zum Teil mit Wesen, die uns glichen.

Bis heute sind die Gelehrten nicht viel weiter gekommen. Mangels konkreter Hinweise müssen sie immer noch an die Existenz von Außerirdischen *glauben*. Die Astronomen des 20. Jahrhunderts gehen gemeinhin davon aus, daß es irgendwo im Universum intelligente Wesen gibt. Die Evolutionsbiologen rechnen vor, daß dies schier unmöglich ist. Die Statistiker halten beides für möglich. Die Philosophen versuchen, sich, so gut es geht, aus der windigen Diskussion herauszuhalten. Und die Radioastronomen suchen weiter.

Der schier unmögliche Mensch

Zu Zeiten, als die Nasa ihre Viking-Missionen zum Mars plante, schloß der Evolutionsbiologe Ernst Mayr von der Harvard Universität mit seinem Kollegen Donald Menzel von der astronomischen Fakultät eine Wette ab. Zwar ging es nur um läppische fünf Dollar, aber der Inhalt der Wette war brisant: Gibt es Leben auf dem Roten Planeten?

Die Viking-Sonden fanden einen biologisch toten Mars vor. Kein anderes Raumschiff stieß jemals auf die leiseste Spur von Leben, wo immer im Sonnensystem auch gesucht wurde: keine Mikrobe – geschweige denn irgendwelche E.T.'s.

Dieser Befund sagt wenig aus. Unser Horizont ist klein, das Universum groß und unsere Radioteleskope sind schwach, und so könnten – rein theoretisch – sehr wohl galaktische Brüder und Schwestern um eine andere Sonne kreisen. Doch daß wir ausgerechnet in dieser, unserer Zeit ein Signal von ihnen empfangen, daß sie gezielt eine Nachricht aussenden oder auch nur imstande wären, so etwas zu tun, halten Biologen für extrem unwahrscheinlich. „In meinen Augen", schreibt der Harvard-Professor Ernst Mayr, „ist Seti eine beklagenswerte Verschwendung von Steuergeldern".

Läßt man den Streit und die Wünsche der wissenschaftlichen Fakultäten einmal für einen Moment beiseite, dann eröffnen sich prinzipiell vier Möglichkeiten für die (Nicht-)Existenz von fremder Intelligenz:

Es gibt die Aliens. Wir haben sie nur noch nicht gefunden. Es ist aber auch möglich, daß wir sie niemals finden werden.

Wir sind kosmische Nachzügler. Es gab Zivilisationen zuhauf, aber sie waren nur kurzlebig. Einige von ihnen haben sich vor ihrem Ende noch einmal gemeldet, und ihre Funksprüche sind womöglich noch zu uns unterwegs.

Wir sind die ersten weit und breit. Wenn es lange dauert, bis Leben entsteht, sind wir vielleicht die Vorreiter der Zivilisationen. In diesem Fall können wir allenfalls eine Nachricht an jene schicken, die noch kommen werden.

Wir sind allein. Das ist ernüchternd, bedrückend und bürdet uns eine große Verantwortung auf. Denn wenn wir unseren Planeten zugrunde richten, ist Schluß mit der Intelligenz. Allüberall.

Unter welchen Bedingungen aber könnten sich Wesen entwickeln, die intelligent genug wären, um sich bei anderen bemerkbar zu machen?

Generell sind (wie im Kapitel „Von Parkfield zum Pluto" angedeutet) die Möglichkeiten für die Entstehung von Leben auf Planeten und Monden sehr begrenzt. Die Temperaturen müssen stimmen; Leben braucht eine Atmosphäre und einen Schutz vor energiereicher Strahlung; die Bahn des Planeten darf nicht zu langgezogen sein, damit er sich zeitweise nicht zu weit vom Zentralgestirn entfernt, beziehungsweise ihm zu nahe kommt; der Körper sollte nicht zu groß sein, sonst würde die Schwerkraft höhere Lebensformen schlichtweg erdrücken. Kurzum – Leben entsteht nur an einem Ort wie der Erde.

Aber gibt es im Universum weitere „Erden"? Ja – gibt es überhaupt andere Sonnensysteme mit Planeten?

Schon mit dieser Frage haben die Astronomen ihre liebe Last, denn bisher ist es ihnen nicht gelungen, neben dem heimischen ein zweites Planetensystem zu entdecken. Am nächsten dran waren bislang die beiden Voyager-Forscher Bradford Smith und Richard Terrile. Als sie im April 1984, von einem Observatorium in Chile aus, nach Monden des Uranus und des Neptun suchten, hatten sie zufällig etwas Zeit, um den Stern Beta Pictoris aufzunehmen. „Wir sahen aus dem Stern etwas herausragen, das aussah wie die Enden eines Propellers", erinnert sich Terrile. Das könnte, meinen die Astronomen, eine Planetenebene in ihrer Entstehung gewesen sein.

Zugegeben: Planeten sind sehr schwer zu finden, denn sie leuchten nicht wie eine Sonne am Nachthimmel. Selbst der nahe Pluto entkam bis zum Jahr 1930 den irdischen Fernrohren, und am Ende kreist vielleicht noch ein bisher unentdeckter zehnter Planet um die Sonne.

Die Experten gehen daher in einer großzügigen Schätzung davon aus, daß es in unserer Galaxis mit ihren 100 Milliarden Sonnen etwa eine Million Systeme gibt, die einen Planeten oder Mond besitzen, der die äußeren Bedingungen für die Entstehung von Leben erfüllt.

Vorausgesetzt, daß in jener Region des Alls die gleiche Zusammensetzung an Elementen und die gleichen physikalischen Gesetze herrschen wie in unserem Sonnensystem (woran kaum zu zweifeln ist), sollte auch dort auf einem erdenähnlichen Planeten spontan das Leben erwachen.

Aus den Elementen Wasserstoff, Sauerstoff, Stickstoff und Kohlenstoff können unter ultravioletter Bestrahlung primitive organische Moleküle entstehen, aus denen sich womöglich komplexere Verbindungen formieren, wie Eiweißstoffe oder die Moleküle der Erbsubstanz, die in der Lage sind, sich selbst zu vervielfältigen. Diese Entwicklung „aus dem Nichts" halten die Evolutionstheoretiker für universell möglich. Das heißt: Wo immer physikalische und chemische Bedingungen herrschen wie einst auf der Erde, als das Leben entstand, kann – ja muß nach dieser Theorie – zunächst einmal das gleiche geschehen. Die Frage ist, was anschließend nach diesen allerersten evolutionären Gehversuchen weiter geschieht.

Nach allem, was die Evolutionsbiologen wissen, ist die Entstehung der Arten unkalkulierbar, und es ist so gut wie ausgeschlossen, daß eine Evolution ein zweites Mal zu dem führt, was wir einen Menschen nennen. Zweifellos ist der Mensch kein *logisches* Endprodukt der biologischen Zeitgeschichte.

Die Biologen benutzen gern eine Art Zeitraffer, um diese Unwahrscheinlichkeit zu verdeutlichen. In diesem Zahlenspiel wird das Alter der Erde dem Zeitraum eines Jahres gleichgesetzt:

Am 1. Januar begann demnach die Existenz unseres Planeten – ein Ereignis, das sich in Wirklichkeit vor 4,6 Milliarden Jahren abspielte.

Die ältesten Formen von Leben, die Prokaryonten, einfachste Bakterien oder Blaualgen, tauchten am 27. Februar auf.

Dann geschah eine lange Zeit nichts besonderes, fast den ganzen Frühling und den ganzen Sommer lang. Offenbar probierte die Evolution damals dies und jenes an den Prokaryonten aus, jedoch war mit den daraus erwachsenden Primitivlingen der Vorzeit wenig Staat zu machen. Immerhin: Es waren die Prokaryonten, die den ungebundenen Sauerstoff in der Atmosphäre freisetzten und damit den Weg für komplexere Organismen bereiteten.

Am 4. September kam es zu jenem Ereignis, das Ernst Mayr für „höchst unwahrscheinlich" hält. Es bildeten sich, wohl aus verschmolzenen Prokaryonten, die ersten einzelligen Wesen mit einem abgeschlossenen Zellkern, die Eukaryonten, die Ururur-Ahnen höheren Lebens. Die Evolution entfaltete auf vier parallelen Linien ihr großes Feuerwerk der Arten: Neben den Einzellern entstanden die Vorläufer der Pilze, der Pflanzen und der Tiere. „Keines dieser Reiche", gibt Ernst Mayr zu bedenken, „mit Ausnahme des Tierreiches, hat es auch nur zu den Anfängen einer Intelligenz gebracht."

Der Weg dorthin war ein Weg der Mißerfolge. Zunächst machten sich am 17. November auf der Erde Arten breit, die keinen Außenpanzer und auch kein Innenskelett besaßen: wurm- oder quallenartige Tiere.

Am 21. November tauchten die ersten Wirbeltiere auf, die Vorläufer der Fische.

Höhere Fische entwickelten sich am 29. November, und nur aus einer einzigen Linie der frühen Wirbeltiere entstanden die Amphibien, von denen wiederum nur eine Linie am 2. Dezember zu den Reptilien führte.

Diese Kriechtiere waren lange Zeit die Herren der Erde. Sie traten in einer ungewöhnlichen Vielfalt auf: Als Echsen, Schlangen, Krokodile, Schildkröten – und als Dinosaurier, die um den 13. Dezember herum erstmals durch die Farnwälder des Trias* liefen. Die Saurier starben am 26. Dezember aus, vermutlich, weil ein katastrophaler Meteoriteneinschlag das Klima auf der Erde nachhaltig verändert hatte.

Schon vorher, am 12. Dezember, hatten sich die ersten, mausgroßen Säugetiere geregt, doch im Schatten der Saurier konnten sie sich nie entfalten. Sie kamen erst zum Zuge, nachdem die herrschenden Riesen verschwunden waren.

Die Evolution setzte erneut zu einem großen Schlag an und entleerte ihr ganzes Füllhorn der Arten über die Erde. Jetzt war Platz für Beuteltiere und Urpferde, für Wale und Fledermäuse – und, bereits am 26. Dezember, für eine damals rattenartige Gruppierung, die man Primaten nennt.

Einige der Säugetierarten, beispielsweise Delphine, haben seither eine gewisse Intelligenz entwickelt, doch nur unter den vielfältigen Primaten gab es den Typ des Menschenaffen, der zu höheren Leistungen in der Lage war. Dieser tauchte um ein Uhr am 30. Dezember auf der Erde auf. Aus ihm wurden die heute noch lebenden Gibbons, die Orang-Utans, die Gorillas, die Schimpansen und die Hominiden.

Am Silvestertag um zehn Uhr stolperten diese ersten Menschenartigen auf zwei Beinen durch die Savanne. Der südafrikanische Anatomieprofessor Raymond Dart hat

---

* Trias = erdgeschichtliches Zeitalter, 248–213 Millionen Jahre vor der Jetztzeit.

diese Art in den zwanziger Jahren *Australopithecus,* den „südlichen Affen" genannt. Dieses Wesen war längst kein Affe mehr, auch wenn es noch weit davon entfernt war, ein Mensch zu sein. Sein Gehirnvolumen von 450 Kubikzentimetern war viel zu klein, um intelligente Leistungen hervorzubringen. Auch das Verhalten des frühen *Australopithecus* muß noch recht primitiv gewesen sein. Er kannte keine Sprache und benutzte keine Werkzeuge. Vermutlich stand er auf einer Entwicklungsstufe wie der heutige Schimpanse.

Doch der aufrechte Gang gab ihm die Möglichkeit, seine Hände zu benutzen und sich überdurchschnittlich gut fortzuentwickeln. Wahrscheinlich setzte sich von mindestens vier *Australopithecus*-Unterarten nur die handfertigste durch, eine Linie, die später zum Homo habilis, dem „geschickten Menschen" führte. Aus ihm entstand der *Homo erectus* und daraus der *Homo sapiens.* Sein Gehirn war mittlerweile auf etwa 1400 Kubikzentimeter angewachsen.

Der erdgeschichtliche Uhrzeiger stand zu diesem Zeitpunkt auf 23 Uhr und 22 Minuten in der Silvesternacht. Der weiterentwickelte *Homo sapiens sapiens,* zu dem auch wir uns zählen dürfen, erschien gar erst um 23 Uhr 55 auf der Bildfläche.

Es war fünf vor Zwölf am letzten Tag des Jahres, als der heutige Mensch entstand!

Er brachte noch vor unserer Zeitrechnung – in China, in Ägypten oder in Griechenland – beachtliche kulturelle Leistungen zustande, durchlebte dann die finsteren Jahrhunderte des Mittelalters, bevor er in der Neuzeit die Technik und die Industrie entwickelte. Seit etwa 50 Jahren ist er in der Lage, Radiowellen zu produzieren, die stark genug sind, um die Erde zu verlassen, und die – rein theoretisch – von anderen Wesen registriert werden könnten. Die allermeisten dieser Nachrichten haben wir, vor allem über unsere Fernsehsender, „versehentlich" abgeschickt. Die Außerirdischen müßten sich also aus der Lindenstraße, Dallas und der Sportschau ein Bild von den Bewohnern der Erde machen. Denn daß sie zufällig einmal den vier Pioneer- oder Voyagersonden mit ihren verschlüsselten Grüßen begegnen, ist eher unwahrscheinlich.

In dem erdgeschichtlichen Vergleich sind wir also erst seit 0,3 Sekunden hörbar! Und es ist ungewiß, wie lange wir noch von uns hören machen. Wir wissen nicht, ob unsere Intelligenz und unsere Hochtechnik nicht ein begrenzender Faktor für das Fortbestehen des *Homo sapiens sapiens* ist. Zumindest sind wir die einzige bekannte Spezies, die dank der Technik in der Lage wäre, sich selbst zu vernichten.

Auch wenn wir das nicht tun, ist der Mensch allem Anschein nach ein sehr kurzes und zufälliges Ereignis im Laufe der Erdgeschichte.

„Die Vorstellung", erklärt deshalb Ernst Mayr, „daß irgendein intelligentes, außerirdisches Leben den technischen Stand und die Art des Denkens vergleichbar einem Menschen des ausgehenden 20. Jahrhunderts besitzt, ist unvorstellbar naiv."

Ebenso einfältig ist die Annahme, die Linie von dem ersten, sich selbst vervielfältigenden Molekül bis zum Menschen sei vorgezeichnet. Das Studium der Evolution zeigt, daß jeder einzelne Schritt auf der Stufenleiter der Entwicklung von äußeren Zufällen abhängig war. Die Evolution mag uns noch so zielgerichtet erscheinen – unter anderem, weil sie zu uns geführt hat – sie hat dennoch kein Ziel.

Ein Beispiel von unzähligen Millionen: hätten vor rund 65 Millionen Jahren nicht die Saurier das Zeitliche gesegnet, wäre nie der Raum für die Weiterentwicklung der Säugetiere entstanden. Es gäbe keine Zebras, keine Giraffen, keine Schweine – und keine Menschen, die kleine, hochkomplizierte Raumsonden durch das Weltall schicken. Daß sich Mensch und Saurier nie begegnet sind, ist offenbar kein Zufall: Die Urzeitriesen schlossen die Evolution der höheren Säugetiere regelrecht aus.

Das bedeutet nicht, daß unter anderen Umständen keine intelligenten Wesen hätten entstehen können. Aber es ist fraglich, ob sie ausgerechnet eine Technik erfunden hätten, die der unseren gleicht. Delphine oder Elefanten jedenfalls bauen keine Radioteleskope, um damit nach den Außerirdischen zu horchen.

„Es gab", schreibt Ernst Mayr, „wahrscheinlich über eine Milliarde Tierarten auf der Erde, die zu vielen Millionen verschiedenen Entwicklungslinien gehörten. Alle lebten auf einem Planeten Erde, der sehr gastfreundlich zur Intelligenz war – und trotzdem gibt es nur eine Art, die es so weit gebracht hat."

Entsprechend ist die Wahrscheinlichkeit nahe Null, daß auf irgendeinem anderen Planeten im Universum je ein „Mensch" geboren wurde. Genauso unrealistisch ist es zu glauben, daß nach einem möglichen Aussterben der Menschheit, bei einem zweiten Versuch der Evolution auf der Erde wiederum der Mensch entstünde.

Warum glauben dann dennoch so viele Astronomen an die Existenz der Außerirdischen?

„Ich kann mir einfach nicht vorstellen, daß wir die einzigen sind", sagte Bradford Smith, der Chef des Voyager-Bildteams. Und Ellis Miner, der stellvertretende Projektleiter des ganzen Unternehmens, bemüht sogar seinen mormonischen Glauben, um ein Leben auf anderen Planeten zu rechtfertigen: „Meine Religion sagt mir, daß wir nicht allein sind im Universum."

Lewis White Beck von der University of Rochester im Staate New York, einer der wenigen Philosophen, die sich in die E. T.-Debatte gewagt haben, glaubt, zwei Gründe für das scheinbar schizophrene Wunschdenken der Astronomengemeinde zu kennen. „Einen zynischen und einen sentimentalen", sagt Beck.

„Einer der Gründe, Raumfahrt zu betreiben", erläutert der Wissenschaftler seine zynische Variante, „ist die Hoffnung, außerirdisches Leben zu finden. Und solange diese Hoffnungen nicht sehr hochgeschraubt werden, lassen sich die enormen Kosten für die

Raumfahrt nicht begründen." Ist E. T. also ein Lockvogel, um den Regierungen das Geld für die Erforschung des Weltalls aus der Tasche zu ziehen?

Die sentimentale Variante, so meint Beck, beruhe auf einer fast religiösen Hoffnung. Die Außerirdischen, so glaube mancher Wissenschaftler, seien auf einer derart hohen Entwicklungsstufe angelangt, daß sie längst das Geheimnis des Überlebens auf einem Planeten wie der Erde kennen. Carl Sagan vermutet beispielsweise, daß unter den ersten Nachrichten aus dem Kosmos „womöglich eine Anleitung ist, wie wir die Selbstzerstörung unserer Zivilisation verhindern können."

Wenn die Extraterrestrischen aber so klug und weise sind, warum haben sie sich nicht längst schon einmal warnend in unser Leben eingeschaltet? Mit dieser Frage geht Michael Hart, ein Astronom aus Arnold, Maryland, seit 15 Jahren den Seti-Forschern auf die Nerven. Wenn alle E. T.'s so sind wie wir, das ist Harts Argument, wenn sie Raumfahrt betreiben und aufgrund ihrer Intelligenz beginnen, das All zu kolonisieren, dann würde sich die Galaxie langsam (beziehungsweise sehr schnell, in astronomischen Zeiträumen gerechnet!) aber sicher mit diesen Wesen füllen, und sie wären längst auch bei uns vorbeigekommen. Die Tatsache, daß wir bisher keinen Besuch bekamen, wäre demnach ein Beweis dafür, daß es eine Zivilisation außerhalb der Erde nicht gibt.

Frank Drake, einer der enthusiastischsten E. T.-Anhänger, entgegnet auf Michael Hart, die Außerirdischen würden womöglich bewußt einen Kontakt mit uns vermeiden: „Denen geht es blendend dort, wo sie sind, in der Umgebung ihres eigenen Sternes." Doch warum empfangen wir dann nicht wenigstens eine *Nachricht* von unseren fernen Brüdern? Dieser Frage ist Frank Tipler von der Tulane Universität in New Orleans nachgegangen. Eine intelligente Zivilisation, so meint der Mathematiker, würde zumindest versuchen, von-Neumann-Maschinen* auf die Reise durch das Universum zu entsenden. Solche Geräte sind durchaus denkbar, und in Japan gibt es bereits eine Firma, in der große Roboter kleine Roboter herstellen. Rohstoffe für den Bau fänden die Geräte auf allen Asteroiden oder Kometen. In nur 300 Millionen Jahren könnte eine solche Gesandtschaft der Maschinen unsere gesamte Milchstraße einmal durchsucht haben – und zwar auch dann, wenn ihre Erfinder längst nicht mehr existierten. Einige dieser selbständigen Roboter sollten also auch die Erde erreicht oder sie zumindest einmal „abgehorcht" haben.

Vielleicht hat die elektronische Vorhut ja nur den Auftrag, uns zu erkunden und sich vorsichtshalber vor uns zu verstecken. Ein guter Unterschlupf für die automatischen Horchposten wäre etwa der Asteroidengürtel, wo zahlreiche Kleinstplaneten eine ideale Tarnung böten. Diese Region haben die Irdischen freilich längst mit „Iras", dem „astrono-

---

* Benannt nach dem Mathematiker John von Neumann, sind dies Roboter, die sich selbst erneuern oder vervielfältigen.

mischen Infrarot-Satelliten" der Nasa auf künstliche Objekte abgesucht. Einen E. T.-Roboter fand man nicht, denn er hätte sich bestimmt durch die Abwärme irgendeines Generators verraten.

Weil sich die Außerirdischen weder persönlich noch indirekt bei uns gemeldet haben, resümiert Tipler, existieren sie auch nicht: „Wir sollten uns nicht wundern, wenn es im Universum nur ein Sonnensystem mit intelligenten Wesen gibt."

Die Argumente der E. T.-Freunde haben einen weiteren Schönheitsfehler. Sie setzen voraus, daß Leben immer wieder und überall wo möglich, *spontan* entsteht. Aber dafür gibt es keine Beweise. Zwar führen die Exobiologen, wie sich die Spezialisten für außerirdisches Leben nennen, seit dem Jahr 1953 ihre bekannten „Ursuppen-Experimente" durch, bei denen aus Methan, Ammoniak, Wasserstoff und Wasserdampf im Labor komplexe Moleküle entstehen. Aber nie begann sich diese Suppe tatsächlich zu regen. Das mag an der beschränkten Zeit liegen, die den Exobiologen zur Verfügung stand (wer plant schon Versuche, die ein paar Millionen Jahre dauern?). Doch der entscheidende Schritt von der unbelebten Natur zum ersten primitiven Wesen bleibt weiterhin mysteriös.

Die Exobiologen erwägen deshalb seit langem eine andere Erklärung zum Ursprung des Lebens auf der Erde: Wenn es nicht hier entstanden ist – dann ist es eben aus dem Weltall zu uns gekommen. Panspermie heißt diese Theorie von der Saat, die aus der Kälte kommt.

Die Ur-Idee zu diesem Gedanken hatte um die Jahrhundertwende der schwedische Chemiker und Nobelpreisträger Svante Arrhenius, jener Forscher, der die Menschheit schon damals vor den Folgen eines Treibhauseffektes auf der Erde gewarnt hat. Das Leben sei durch Bakteriensporen* oder Viren zu uns gekommen, die einem anderen Planeten entstammten, dachte der Schwede. Eingeschlossen in kosmischen Staub seien diese Mikroben durch das All vagabundiert und wären als Meteorit auf die Erde gestürzt. Das klingt sehr fiktiv, und lange Zeit haben die Astronomen diesen Gedanken als töricht verworfen. Doch heute ist die Theorie wieder in Mode gekommen und es gibt sogar zwei Denklinien der Panspermie: Entweder soll die Saat in Form von Erbsubstanzmolekülen oder einfachsten Mikroben zufällig zur Erde gekommen sein. Oder sie wurde bewußt und „gerichtet" von außerirdischen Wesen geschickt, die mit diesem Trick versuchen, das ganze Universum zu besiedeln – sozusagen mit einer gezielten Genschwemme.

„Als ich zum ersten Mal von dieser Theorie hörte", meint Norman Horowitz – ein Biowissenschaftler des JPL –, „dachte ich, das sei Mumpitz. Aber als Francis Crick ein Buch veröffentlichte, in dem er die gezielte Panspermie als ernsthafte Alternative zum

---

* Sporen sind Lebensformen, die in einer Art Trockenstarre lange Zeiträume ohne Nahrung überdauern können.

Entstehen von Leben auf der Erde beschrieb, habe ich meine Ansicht geändert. Es gibt zwar keine Gründe, die für diese Theorie sprechen aber immerhin auch keine, die dagegen sprechen."

Der Wahlamerikaner Francis Crick, Nobelpreisträger und Mitentdecker des Erbmoleküls DNA, ein ziemlich arroganter und exzentrischer Forscher mit erstaunlichen Ideen, sowie Fred Hoyle, ein britischer Astronom und professioneller Querdenker, stellten vor wenigen Jahren die Behauptung auf, Bakterien könnten, versteckt in kosmischen Klumpen, durch den Weltraum reisen.

Weil es kaum vorstellbar ist, wie Mikroorganismen eine solche Reise überleben sollen, haben Peter Weber und Mayo Greenberg von der holländischen Universität in Leiden Bakteriensporen im Vakuum bei tiefsten Temperaturen mit ultraviolettem Licht bestrahlt. Und siehe da: Erstaunlicherweise hielten die Bakterien die quasikosmische Behandlung weit besser aus als eine Bestrahlung bei Zimmertemperatur.

Weitere Unterstützung bekamen die „Panspermisten" durch die Untersuchungen von Kometenmaterie. Chemikern gelang es, aus diesen Eindringlingen aus dem All eine ganze Reihe von Aminosäuren zu isolieren – Moleküle, die auf der Erde die Bestandteile der lebenswichtigen Eiweißstoffe liefern. Auch in dem Halleyschen Kometen konnten die Astronomen langkettige, kohlenstoffhaltige Verbindungen nachweisen, die womöglich den Bausteinen des Lebens ähnlich sind.

In der Frühzeit unseres Sonnensystems sind schätzungsweise 100 000 Meteoriten verschiedenster Größe auf die Erde niedergeprasselt. Es ist fraglich, ob in ihnen Leben steckte. Aber möglich ist, daß sie zumindest die Grundstoffe enthielten, aus denen Leben erwachsen kann.

Diese Erkenntnis sagt wenig über den tatsächlichen Ursprung des Lebens – weder auf der Erde noch anderswo. Vor allem sagt sie nicht, wo und ob sich im Universum ein Extraterrestrischer aufhält. Die Frage ist so ungelöst wie zu Aristoteles' Zeiten.

Die Astronomen wollen daher auf jeden Fall mit besseren Radioteleskopen weiter nach den Außerirdischen suchen. Schon 1971 schlugen einige Nasa-Forscher vor, „Cyclops" zu bauen, ein gigantisches Feld aus tausend gekoppelten 100-Meter-Radioteleskopen. Sie wollten zehn Milliarden Dollar für das Projekt – und so blieb es eine Utopie.

Was tun, wenn der Alien kommt?

Statt auf eine Nachricht von E. T. zu warten, wäre es möglicherweise besser, daß wir uns selbst melden und eine verschlüsselte Flaschenpost ins All senden. Dies taten bereits 1974 Carl Sagan und seine Kollegen, als sie vom größten Radioteleskop der Welt aus, der

305-Meter-Schüssel von Arecibo in Puerto Rico, einen dreiminütigen galaktischen Gruß* zum Kugelsternhaufen M 13, einer 25 000 Lichtjahre entfernten Sternengruppe im Sternbild Herkules schickten. Selbst wenn dort ein Radioastronom, ähnlich wie Paul Horowitz, an seinen Computern säße, wäre es unwahrscheinlich, daß seine Instrumente empfindlich genug wären, um auf diese Entfernung noch etwas von den Sagan-Sprüchen zu erwischen.

Doch angenommen, die fremde Zivilisation verstünde, was Sagan zu sagen hat, und wollte dem New Yorker Phantasten einen Gruß zurücksenden, dann bekämen dessen Nachfahren erst in 50 000 Jahren eine Antwort. Die Frage ist, ob dann überhaupt noch Menschen auf der Erde leben werden.

Betrüblich wäre die Vorstellung, wir erhielten einen Funkspruch, könnten ihn aber nicht entziffern. Mit anderen Worten – E. T. ruft, und wir verstehen nur Bahnhof. Das hätte etwa den gleichen Effekt, als würde man einem Schimpansen die Voyager-Schallplatte vorlegen.

Würden wir unserer Phantasie einmal freien Lauf lassen und davon ausgehen, daß in der nächsten Zeit mit einem Besuch von einem fremden Stern zu rechnen ist – wie stellt man sich als Erdenbürger auf eine solche Begegnung ein? Fremde Wesen waren dem Menschen in der Vergangenheit eher suspekt denn eine Freude. Wer früher auf einen unbekannten Bruder aus der Ferne traf, der schlug ihn im allgemeinen tot – reine Vorsicht, gewissermaßen. Sollten wir nach all der Warterei das gleiche mit den Außerirdischen tun?

„Wir wissen aus der Science Fiction, daß alle Extraterrestrischen englisch mit einem Mittelwestern-Akzent sprechen", ulkt der amerikanische Autor Gregg Easterbrook, „daß die Männer wallende, metallene Gewänder tragen und die Frauen Messing-Bikinis und daß kein einziger Alien geradeaus schießen kann." Nach dieser gängigen Vorstellung wären die E. T.'s zwar schlau genug, um die Erde zu finden, aber eigentlich doch eher unsympathisch, wenn nicht gar kriegerisch oder gefährlich.

Die Seti-Forscher malen – verständlicherweise – ein anderes Bild von unseren Brüdern und Schwestern von der Galaxie soundso. Die Aliens sind demnach nette und freundliche, allenfalls etwas skurrile Wesen. Ähnlich wie E. T., das leibhaftige Schrumpelmonster aus dem gleichnamigen Film, dem erfolgreichsten Hollywoodstreifen der Geschichte. Oder wie Alf (Alien life form), der putzige 229 Jahre alte Zottelfreak, dessen Raumschiff vom Kurs abkam, und der etwas unwirsch durch das Garagendach der

---

* Die Nachricht, vorwiegend aus elektronischen Bildern zusammengestückelt, sagte folgendes: „Wir sitzen hier auf dem dritten Planeten in unserem Sonnensystem. Wir sind ungefähr 4,5 Milliarden und wir sehen etwa so aus wie diese Strichmännchen (...). Unsere Körper bestehen aus folgenden Elementen (...) und diese Nachricht kommt von einem Radioteleskop aus Puerto Rico.

amerikanischen Familie Tanner notlanden mußte. Trotz des zerstörten Daches kommen – wie man weiß – die Tanners seither mit ihrem galaktischen Besucher einigermaßen zurecht.

Für alle, die eine ähnliche Visite in naher Zukunft erwarten, lohnt es, den Aufsatz „Marsmenschen und Moral – wie behandelt man einen Alien" des kanadischen Philosophen Jan Narveson zu studieren.

Wenn der Fremde uns Menschen ähnelt, rät Narveson, dann sollten wir versuchen, ihn möglichst wie einen Mitmenschen aufzunehmen. Schwieriger wird die Sache, wenn der E. T. ganz anders ist als ein Mensch; anders aussieht und andere Dinge ißt (beispielsweise Menschenfleisch); wenn er magnetische Felder erfühlen und Gedanken lesen kann; wenn er uns über- oder unterlegen ist; wenn er keinerlei Emotionen zeigt oder ein hoffnungsloser Neurotiker ist.

„Stellen wir uns nur eine spinnenartige Kreatur vor", führt Narveson seine Gedanken aus, „etwa so groß wie wir, die über hohe Gebäude springen und einen Menschen mit ihren fingerförmigen Gliedern zerdrücken kann." Sollen wir uns von derartigen Monstern tyrannisieren lassen? Sollen wir erdulden, daß sie unsere Eigenheime oder Automobile zertrampeln oder unsere Frauen schänden? Gilt gegenüber solchen Unwesen unser herkömmlicher Verhaltenskodex? In diesem Fall, meint der Experte Narveson, dürfe ein Mensch seine Moral, die er sonst allen lebenden Wesen gegenüber aufrecht erhalten sollte, kurzfristig überdenken.

Womöglich würde sich der E. T. nicht einmal wundern, wenn wir ihm so hartherzig begegneten, denn er kennt unsere Moral so wenig, wie wir seine kennen. Vielleicht ist für ihn $2+2=5$, Rot ist Grün und Gut ist Böse.

„Was ist schlimm an der Notzucht auf Andromeda?", fragt Narvesons Kollege Michael Ruse von der University of Waterloo in Ontario, Kanada. Auch er versucht zu ergründen, welche Wertvorstellungen unsere potentiellen Gäste aus dem Kosmos haben könnten. „Möglicherweise gar keine", lautet seine Antwort, zumindest dann nicht, wenn die Notzucht einen Überlebensvorteil für die Bürger von Andromeda bedeutet und somit gesellschaftlich längst akzeptiert wäre.

„Angenommen", schreibt Ruse, „alle außerirdischen Frauen werden gleichzeitig empfängnisbereit, so wie es bei den meisten Säugetieren auf der Erde der Fall ist. Wenn die Männer sich dann nicht zurückhalten können, wird es sicher eine Menge Notzucht geben. Und das wird kaum jemand als unmoralisch erachten, denn es gibt ja keine Wahl."

Am Ende spielen auf Andromeda weder Mann noch Manneskraft eine große Rolle: „Vielleicht sind die E. T.'s ja auch Hermaphroditen, Zwitterwesen also", grübelt Ruse. Oder sie haben sich so entwickelt, daß nur die Frauen intelligent sind. Die Männchen könnten als warzenförmige Auswüchse in der Haut ihrer Geschlechtspartner ein stumpfsinniges Leben führen. Sie wären auf das Wesentliche reduziert, das sie für eine Vermehrung brauchen – nichts als kleine Spermiensäcke, ohne Kopf und Kragen, ohne Hand und Fuß. „Wenn so die außerirdische Sexualität funktioniert", sagt Ruse, „dann gibt es auch keinen großen Bedarf an Sexualmoral."

Wir dürfen also, trotz einer gewissen Erfahrung mit einschägigen TV-Berühmtheiten wie E. T. oder Alf, auf einiges gefaßt sein. Oder, um ein letztes Mal mit dem Astronomen Carl Sagan zu sprechen, dem wir die goldene Schallplatte mit den Grüßen der Irdischen an den Rest der Welt verdanken: „Ob wir die E. T.'s nun finden oder nicht – ganz egal. Interessant ist es in jedem Fall."

Postskriptum

Der größte Teil dieses Buches war bereits gedruckt und alle Manuskripte abgeschlossen, da fanden die Astronomen am JPL in Pasadena auf den Voyager-Fotos von Triton einen aktiven Vulkan. Voyager hatte einen rund 6000 Meter hoch aufsteigenden Geysir aufgenommen. Larry Sonderbloms Vermutungen, nur einen Tag nach dem Vorbeiflug des Raumschiffes an dem Neptunmond geäußert, waren also richtig: Es gibt tatsächlich Vulkanismus am Ende des Sonnensystems, in einer Welt, in der die Temperaturen bis auf minus 236 Grad sinken.

Who is who im Weltall?

Die Planeten und ihre Monde

Who is who im Weltall?

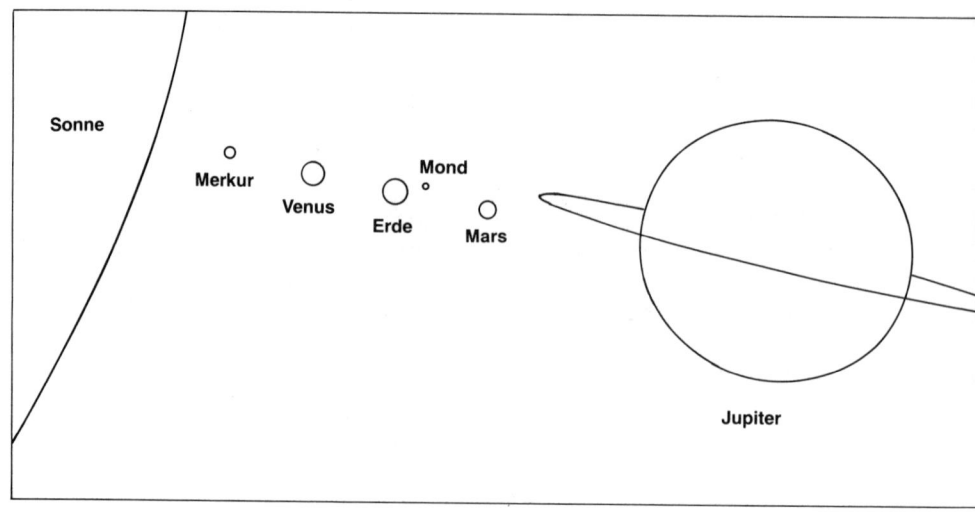

Planet	Mittlerer Abstand von der Sonne in Millionen km	Mittlerer Abstand von der Sonne in Astronomischen Einheiten	Umlaufzeit um die Sonne
Merkur	57,9	0,39	87,9 Tage
Venus	108,2	0,72	224,7 Tage
Erde	149,6	1,00	365,2 Tage
Mars	227,9	1,52	686,9 Tage
Jupiter	778,3	5,20	11,86 Jahre
Saturn	1 427,0	9,54	29,46 Jahre
Uranus	2 869,6	19,18	84,01 Jahre
Neptun	4 504,0	30,11	164,79 Jahre
Pluto	5 899,9	39,44	247,69 Jahre

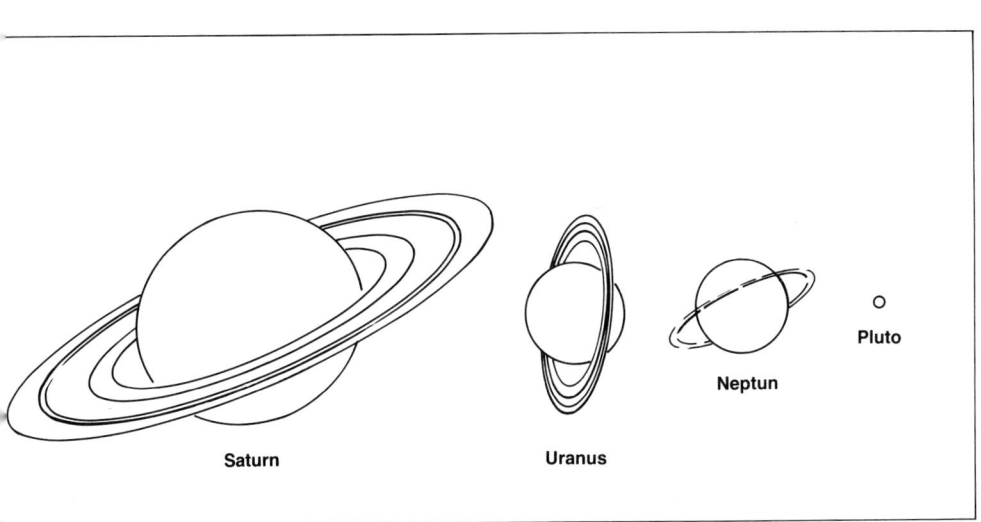

Masse (in Erdmassen)	Durchmesser am Äquator in km	Rotationsdauer des Planeten in Tagen	Temperaturmaximum an der Oberfläche in Grad Celsius	Anzahl der bekannten Monde
0,055	4 878	58,65	430°	0
0,815	12 104	243,02	480°	0
1,000	12 756	1,00	58°	1
0,107	6 787	1,03	28°	2
317,833	142 800	0,41	−160°	16
95,159	120 000	0,44	−180°	23
14,500	51 200	0,72	−216°	15
17,204	49 560	0,67	−218°	8
0,002	2 345	6,39	−223°	1

Who is who im Weltall?

Die Monde der Planeten

Planet	Mond	Mittlerer Abstand des Mondes vom Mittelpunkt des Planeten in 1000 km	Umlaufzeit um den Planeten in Tagen	Durchmesser in km
Merkur				
Venus				
Erde	Mond	385	27,3	3 476
Mars	Phobos	9	0,3	27**
	Deimos	24	1,3	15**
Jupiter	Metis	128	0,3	40
	Adrastea	129	0,3	25**
	Amalthea	181	0,5	280**
	Thebe	222	0,7	110**
	Io	422	1,8	3 630
	Europa	671	3,6	3 138
	Ganymed	1 070	7,2	5 262
	Kallisto	1 883	16,7	4 800
	Leda	11 094	238,7	16**
	Himalaia	11 480	250,6	186
	Lysithea	11 720	259,2	36**
	Elara	11 737	259,7	76
	Ananke	21 200	631*	30**
	Carme	22 600	692*	40**
	Pasiphea	23 500	735*	50**
	Sinope	23 700	758*	36**
Saturn	1980 S 35	118,2	0,5	10**
	1980 S 36	118,3	0,5	15**
	Atlas	137	0,6	40**

Planet	Mond	Mittlerer Abstand des Mondes vom Mittelpunkt des Planeten in 1000 km	Umlaufzeit um den Planeten in Tagen	Durchmesser in km
	Prometheus	139	0,6	140**
	Pandora	142	0,6	110**
	Epimetheus	151,4	0,7	140**
	Janus	151,5	0,7	220**
	Mimas	186	0,9	396
	1980 S 12	186	0,9	10**
	Enceladus	238	1,4	506
	Tethys	295	1,9	1 050
	Telesto	295	1,9	34**
	Calypso	295	1,9	34**
	1981 S 10	350	2,4	12**
	Dione	377	2,7	1 120
	Helene	377	2,7	36**
	1981 S 7	377	2,7	15**
	1981 S 9	470	3,8	15**
	Rhea	527	4,5	1 530
	Titan	1 222	15,9	5 150
	Hyperion	1 481	21,3	400**
	Japetus	3 561	79,3	1 436
	Phoebe	12 952	550,5*	220
Uranus	1986 U 7 (Cordelia)	50	0,3	20**
	1986 U 8 (Ophelia)	54	0,4	25**
	1986 U 9 (Bianca)	59	0,4	50**
	1986 U 3 (Cressida)	62	0,5	40**

Who is who im Weltall?

Planet	Mond	Mittlerer Abstand des Mondes vom Mittelpunkt des Planeten in 1000 km	Umlaufzeit um den Planeten in Tagen	Durchmesser in km
	1986 U 6 (Desdemona)	63	0,5	30**
	1986 U 2 (Juliet)	64	0,5	40**
	1986 U 1 (Portia)	66	0,5	50**
	1986 U 4 (Rosalind)	70	0,6	30**
	1986 U 5 (Belinda)	75	0,6	30**
	1985 U 1 (Puck)	86	0,8	150
	Miranda	129	1,4	480
	Ariel	191	2,5	1 160
	Umbriel	266	4,1	1 190
	Titania	436	8,7	1 600
	Oberon	585	13,5	1 550
Neptun	1989 N 6	48		50**
	1989 N 5	50		90**
	1989 N 3	53		140**
	1989 N 4	62		160**
	1989 N 2	74		200**
	1989 N 1	118		420**
	Triton	354	5,9*	2 720
	Nereid	5 511	360	300
Pluto	Charon	19	6,4	1 200

* Der Mond umläuft den Planeten entgegen dessen Drehsinn.
** Der Mond ist unregelmäßig geformt. Der größte Durchmesser ist angegeben.

Literatur zum Thema

Briggs, Geoffrey und Taylor, Fredric: Cambridge-Fotoatlas der Planeten. Das neue Bild des Sonnensystems. Merkur, Venus, Erde und Mond, Mars, Jupiter, Saturn im Licht der Weltraumforschung, 2. Aufl. Franckh'sche Verlagshandlung, 1985.

DIERCKE Weltraumbild-Atlas, 2. ergänzte Auflage. Georg Westermann Verlag, 1989. Aufnahmen der jüngsten Satellitengeneration unserer Erde.

Elliot, James und Kerr, Richard: Rings, Discoveries from Galilei to Voyager. MIT-Press, 1987. Alles über die Entdeckungen der Ringsysteme.

Frazier, Kendrick: Das Sonnensystem. Time-Life, 1985.

Kippenhahn, Rudolf: Unheimliche Welten, Planeten, Monde und Kometen. Deutsche Verlags-Anstalt, 1987. Interessantes über unser Sonnensystem.

Kohlhase, Charles: The Voyager Neptune Travel Guide. Jet Propulsion Laboratory, 1989. Offizielles Handbuch zum Voyager-Neptun-Vorbeiflug.

Littmann, Mark: Planets Beyond, Discovering the Outer Solar System. John Wiley & Sons, 1988. Hervorragendes Werk über die äußeren Planeten Uranus, Neptun und Pluto.

Morrison, David und Owen, Tobias: The Planetary System. Addison-Wesley Publishing Company, 1988. Ausführliches und verständliches Wissenschaftswerk über die Planeten.

Oberg, James: Red Star in Orbit. Random House, 1981. Die Geschichte der sowjetischen Raumfahrt.

Planeten und ihre Monde. Die großen Körper des Sonnensystems. Spektrum der Wissenschaft, 1988.

Regis, Edward: Extraterrestrials, Science and Alien Intelligence. Cambridge University Press, 1985. Sammlung von Aufsätzen verschiedener Autoren zum Thema Außerirdische.

Sagan, Carl: Signale der Erde. Unser Planet stellt sich vor. Droemer Knaur, 1980. Die Geschichte der Entstehung der Voyager-Schallplatte.

Wolfe, Tom: Die Helden der Nation. Ullstein, 1986. Spannender Reportageroman über die Anfänge der amerikanischen Raumfahrt.

Bildnachweis

Sämtliche Aufnahmen der Planeten und
ihrer Monde: U.S. Information Service, Bonn.

Westermann/Grafik Design Studio (Horst Runge),
Braunschweig: Seite 17, 38 u., 86 u.

Westermann Kartographie/Tegra (Wolfgang Seipelt),
Braunschweig: Seite 34/35 u., 37 u., 88 o. l.,
125, 167 u., 194/195.

Schutzumschlag: Illustration, Broder Brodersen, Hannover